乡村规划
理论与实践探索

农业农村部规划设计研究院　编著

中国农业出版社

北　京

本书编委会

主　　编：张辉

副 主 编：贾连奇　齐　飞　郭京华　曹　举　张燕卿
　　　　　刘海启

编写人员：

绪 论 篇：张　辉　张庆东　杨　照　宋立秋　洪仁彪
　　　　　朱绪荣　段冰清　唐　曈

理 论 篇：贾连奇　张　辉　张燕卿　陈伟忠　康永兴
　　　　　唐　冲　冯　伟　肖运来　洪仁彪　朱绪荣
　　　　　李树君　张庆东　杨　照　郭新宇　宋立秋
　　　　　刘春和　张志民　邵　广　王民敬　孟　蕾
　　　　　陈　霞　严昌宇　聂雁蓉

探 索 篇：齐 飞　张 辉　刘海启　张秋玲　常瑞甫
　　　　　洪仁彪　付海英　张志强　吴政文　陈松云
　　　　　毛翔飞　赵跃龙　张忠明　王丽丽　石智峰
　　　　　易湘生　江 婷　杜 楠　杜立英　朱晓禧
　　　　　李 淼　张汝楠　李纪岳　张 婷　张晓敏
　　　　　张攀华　何 苗　安梦迪　陈曦伟　王亚鑫
　　　　　刘祖昕　李树君　朱绪荣

实 践 篇（评述人员）：
　　　　　郭京华　曹 举　朱绪荣　张凤平　朱晓禧
　　　　　张忠明　童 俊　张志强　龚 芳　孟海波
　　　　　李树君　宋立秋　程勤阳　张汝楠　王丽丽
　　　　　江 婷　李 淼　谭利伟　冯 晶　纪高洁
　　　　　崔永伟　王军莉

审改人员：张 辉　霍剑波　肖运来　洪仁彪　朱绪荣
　　　　　李树君　张庆东　杨 照　宋立秋

前言

习近平总书记指出，民族要复兴，乡村必振兴。乡村振兴，规划先行。规划科学是最大的效益，规划失误是最大的浪费，规划折腾是最大的忌讳。实施乡村振兴战略以来，各地各部门认真落实习近平总书记重要指示精神，高度重视发挥乡村规划导向作用，各类规划机构积极参与，乡村规划工作取得了明显成效，引领乡村振兴实现良好开局。实践表明，乡村规划已成为将党中央关于"三农"工作的决策部署转化为具体行动的重要桥梁，厘清推进乡村振兴思路任务的重要载体，科学优化乡村空间布局、合理安排乡村建设的有力工具。

"十四五"时期是我国全面建成小康社会、实现第一个百年奋斗目标之后，乘势而上开启全面建设社会主义现代化国家新征程、向第二个百年奋斗目标进军的第一个五年，"三农"工作进入全面推进乡村振兴、加快农业农村现代化的新阶段，对乡村规划工作提出了更新更高的要求。面对时代赋予的光荣使命和神圣职责，乡村规划编制工作者必须肩负起历史重任，履行好规划人职责，加强乡村规划理论和实践探索，高质量编制乡村规划，为全面推进乡村振兴、加快农业农村现代化铺好"路"、架好"桥"。

农业农村部规划设计研究院建院40多年来，努力践行"为农业农村现代化擘画未来蓝图，为农民幸福生活描绘美好愿景"的初心使命，承担了大量国家和地方各级各类乡村规划编制工作，积累了一定经验。面对新形势新任务新要求，农业农村部规划设计研究院以习近平总书记关于"三农"工作重要论述为指导，以多年规划理论研究与编制实践为基础，编写了本书，旨在为基层"三农"工作者，特别是为从事乡村规划编制、管理的人员提供一些有益的参考和借鉴，为科学编制乡村规划贡献一份绵薄之力。

本书分为绪论篇、理论篇、探索篇和实践篇，共四篇16章。绪论篇阐释了新发展阶段乡村规划内涵特征，总结了乡村规划的发展历程和演变规律。理论篇学习领会习近平总书记关于"三农"工作重要论述，简要梳理国内外经典规划理论与思想、"三农"发展理论，尝试提出了乡村规划编制的初步观点。探索篇探索构建了乡村规划体系，并探讨了不同类型乡村规划编制内容和编制方法。实践篇精选了国家公开发布和以我院为主编制的不同类型乡村规划典型案例，力求使本书更具有参考性和实用性。

本书在编写过程中，得到农业农村部发展规划司的大力支持和悉心指导，得到了诸多国内规划领域专家学者的支持帮助，他们对本书的编写提出了很多建设性意见，在此一并表示感谢。由于编写人员水平有限，书中遗漏、错误等在所难免，恳请读者批评指正。

编　者

2021年10月

目录

前言

第一篇　绪论篇　/001

第一章　乡村规划的内涵特征　/003
　　第一节　乡村的内涵　/003
　　第二节　规划的内涵　/004
　　第三节　乡村规划的内涵特征　/005

第二章　乡村规划发展历程　/007
　　第一节　探索发展期（1949—1977 年）　/007
　　第二节　改革发展期（1978—2005 年）　/009
　　第三节　转型发展期（2006—2017 年）　/010
　　第四节　全面发展期（2018 年以来）　/012

第三章　乡村规划发展现状与展望　/014
　　第一节　工作成效　/014
　　第二节　存在问题　/016
　　第三节　前景展望　/016

第二篇　理论篇　/019

第一章　经典规划理论　/021
　　第一节　国外主要规划理论　/021
　　第二节　我国传统规划思想　/027

第二章 "三农"发展理论 /033

第一节 农业发展理论 /033

第二节 农村发展理论 /036

第三节 农民发展理论 /040

第四节 城乡融合发展理论 /044

第三章 乡村振兴战略 /048

第一节 主要观点 /048

第二节 实践指导意义 /057

第四章 走中国特色的乡村规划之路 /059

第一节 习近平总书记关于"三农"工作重要论述是
乡村规划工作的总遵循 /059

第二节 遵循乡村发展建设客观规律 /060

第三节 加快乡村规划理论创新和实践探索 /062

第四节 加强乡村规划体系和制度方法建设 /067

第三篇 探索篇 /069

第一章 乡村规划体系探索 /071

第一节 国家规划体系 /071

第二节 乡村规划体系 /074

第二章 乡村规划的一般内容 /080

第一节 规划逻辑框架 /080

第二节 主要内容与要求 /081

第三章 各类乡村规划的侧重点 /091

第一节 乡村总体规划 /091

第二节 乡村区域规划 /094

第三节 乡村专项规划 /096

第四节 乡村空间规划 /107

第四章　规划技术方法　/119

第一节　规划编制流程　/119

第二节　调查方法　/121

第三节　综合分析方法　/122

第四节　规划目标确定方法　/125

第五节　规划布局方法　/127

第六节　主要任务确定方法　/133

第五章　规划表达方式　/137

第一节　常规表达方式　/137

第二节　简化表达方式　/138

第三节　创新展示方式　/139

第四篇　实践篇　/141

第一章　乡村总体规划　/143

案例 4-1-1　乡村振兴战略规划（2018—2022 年）　/143

案例 4-1-2　河南省舞钢市乡村振兴战略规划（2018—2022 年）　/151

第二章　乡村区域规划　/160

案例 4-2-1　京津冀现代农业协同发展规划（2016—2020 年）　/160

案例 4-2-2　三峡库区草食畜牧业开发规划（2002—2010 年）　/166

第三章　乡村专项规划　/175

一、产业类专项规划　/175

案例 4-3-1-1　河北省现代农业发展"十三五"规划　/175

案例 4-3-1-2　陕西省现代果业发展规划（2015—2020 年）　/182

二、工程类专项规划　/189

案例 4-3-2-1　全国农业科技创新能力条件建设规划（2012—2016 年）　/189

案例 4-3-2-2　甘肃省国家级玉米制种基地建设规划（2012—2020 年）　/196

案例 4-3-2-3　海南省国家农业绿色发展先行区建设规划

（2019—2025 年）　/203

三、园区类专项规划　/211

　　案例 4-3-3-1　湖北潜江国家现代农业产业园建设规划（2017—2025 年）　/211

　　案例 4-3-3-2　中国（驻马店）国际农产品加工产业园总体规划
　　　　　　　　　（2018—2035 年）　/219

　　案例 4-3-3-3　深圳市华侨城光明小镇国家现代农业庄园建设规划
　　　　　　　　　（2018—2022 年）　/226

　　案例 4-3-3-4　吉林省延边州国家农业科技园区总体规划
　　　　　　　　　（2011—2015 年）　/237

　　案例 4-3-3-5　广西田东农产品加工与物流产业园控制性详细规划　/243

第四章　乡村空间规划——村庄规划　/254

　　案例 4-4-1　黑龙江饶河县四排赫哲族乡四排村村庄规划（2019—2030 年）　/254

　　案例 4-4-2　贵州威宁县小海镇松山村人居环境整治规划（2019-2022 年）　/265

　　案例 4-4-3　湖北来凤县旧司镇后坝村村庄规划（2020—2025 年）　/279

主要参考文献　/291

1

第一篇

绪论篇

在乡村规划中进行系统的理论研究和实践探索，需要整体把握乡村规划的内涵及其现状，真正做到摸透实情、找准症结、探寻规律。绪论篇具体阐释乡村、规划和乡村规划的内涵特征，追溯新中国成立以来的乡村规划发展脉络，总结当前乡村规划的成效和问题，展望乡村规划的广阔前景，为后续研究探索提供基础依据。

第一章　乡村规划的内涵特征

第二章　乡村规划发展历程

第三章　乡村规划发展现状与展望

第一章　乡村规划的内涵特征

■ 第一节　乡村的内涵

乡村，是一个开放复杂的巨系统，它包含生态、经济、社会等多方面极其丰富的内容。不能够简单定义或静态理解乡村的内涵，而应充分考虑乡村发展在时间维度和空间维度的动态性、乡村不同要素在多层次系统"异质异构"演变以及乡村与城市之间的相对性和连续性。乡村的内涵经历了一个不断演变发展的过程。

学术界从各自角度对"乡村"进行了定义。张小林、李京生、胡晓亮、陈成等国内学者对不同学科视角下"乡村"的内涵进行了综述。生态地理学强调乡村空间地域概念，从聚落人口规模、土地利用类型和隔离程度等视角，认为乡村是城市或者说是城市建成区以外的一切地域，是一个空间地域系统，土地利用类型为粗放利用的农业用地，有着开敞的乡村和人口较小规模的聚落。文化社会学强调乡村文化形态与社会结构，认为乡村是以血缘、地缘为主要社会关系的传统的、地方性的、同质的地域群体。在这里，通过族规家规、乡规民约、言传身教以及村庄舆论等维系村庄秩序，并由此衍生出各自乡土特色的民俗文化生活形态。产业经济学强调乡村经济功能，从产业的角度将乡村等同于农村，指的是农业生产为主体的地域，农业产业成为生产、生存与发展的前提和条件，农民就是这片地域上从事农业生产的人。尽管不同的学科对"乡村"的认识不同，但有一点是一致的，就是通过乡村与城市的相对性来理解和把握乡村的本质。乡村的定义与城市相比较而存在，即乡村与城市有着不同的物质空间、经济活动、文化景观、生活方式、服务职能等。

政府管理部门对"乡村"也进行了界定。2006年，国家统计局《关于统计上划分城乡的暂行规定》将乡村定义为城镇地区以外的其他地区，包括集镇和农村，其中集镇是指乡、民族乡人民政府所在地和经县人民政府确认由集市发展而成的作为农村一定区域经济、文化和生活服务中心的非建制镇，农村指集镇以外的地区，也就是说，乡村指的是集镇、行政村和自然村三个不同层次的聚落。2018年，中共中央、国务院发布的《乡村振兴战略规划（2018—2022年）》中明确提出，乡村是具有自然、社会、经济特征的地域综合体，兼具生产、生活、生态、文化等多重功能，与城镇互促互进、共生共存，共同构成人类活动的主要空间。2021年颁布实施的《中华人民共和国乡村振兴促进法》统筹考虑法律规范的统一性和各地乡村发展的不同情况，参照《乡村振兴战略规划（2018—2022年）》，对乡村概念进行了法律界定，即乡村是指城市建成区以外具有自然、社会、经济特征和生产、生活、生态、文化等多重功能的地域综合体，包括乡镇和村庄等。本书采用这一定义。

■ 第二节　规划的内涵

国内外规划界一般认为，霍华德（Ebenezer Howard）1898年提出的田园城市思想及其由之掀起的田园城市运动是西方现代城市规划诞生的标志。而1909年英国《住房及城市规划诸法》的颁布，标志着现代城市规划的确立。随着时代的发展，规划从城市领域走向了社会、经济、文化等各个方面，规划的涵义也随之更为丰富和多元。

从字面含义看，规划可以表述为"规"和"划"两个层面，"规"是指法则、章程、标准、谋略，即战略层面；"划"是指合算、刻画，具体的设计、筹划，即战术层面。"规"是起，"划"是落，"规"侧重于发展方向，即明确战略、强化指导、体现原则；"划"侧重于时空维度，即谋划重点、明确步骤、落实措施。

从编制过程看，规划是一门理性技术，是一种战略选择过程。刘易斯·吉伯勒（Lewis Keeble）认为，规划师所面临的任务是寻找将规划目标付诸实现的技术手段，而不是对这些目标本身进行论争。规划实质上是选择最优方案以达到特定目标的一种有组织、有意识、持续的努力。谢弗（Bernard Schaffer）认为，规划是根据事实、资料和预期进行优化决策的过程。利维（John M. Levy）认为，规划是一项系统分析过程，通过对问题的系统思考提高决策的质量。丘奇曼（Charles W. Churchman）认为，规划是未来拟采取的一系列行动的指南，并通过最佳的行动达到预期的目标。

从实施角度看，规划是一种社会实践。规划具有鲜明的实践导向性，规划的价值只有通过规划实施才能实现。规划需要解决社会经济发展中的实际问题，必须因地制宜，从实际状况和能力出发；规划要实现发展目标，必须统筹各方诉求，协调近期需要和长期发展；规划的实施需要政府、企业、个人多元主体共同努力，运用政策、经济、法律、行政等各种手段共同推进。

从本质属性看，规划是一种公共政策，是一种资源配置的手段。国际城市管理协会、美国规划协会《地方政府规划实践》一书提出，"规划既要培育和促进增长，也要管理增长""规划要驾驭平衡，使经济增长、基础设施、公共服务、人口相互均衡布局"。规划具有促进政府战略目标实现、弥补市场失灵、有效配置资源、促进全面发展的功能。

综上所述，规划既是一门专业技术，也是一种政府职能、公共政策，更是一项社会实践。据此，本书认为，规划是基于特定区域的资源条件、发展基础和发展环境，确定目标定位，对未来发展任务和各项建设在时空上作出的战略部署和具体安排。

规划具有前瞻性、时代性、集成性、协调性、实施性等基本特点，前瞻性表现为对未来发展建设的系统谋划，是未来发展的战略蓝图；时代性体现为一定历史时期的新特征、新使命、新任务；集成性表现为融合经济、政治、文化、社会、生态等多学科理论，突出多措并举、综合施策，是集成创新的成果；协调性表现为规划内容的统筹、相关规划的衔接、多方需求的兼顾等；实施性表现为科学合理设置发展建设目标和方法、重点任务、重大工程和实施路径，以确保规划可实施、可落实。

■ 第三节　乡村规划的内涵特征

当前，学术界关于乡村规划的内涵存在多种观点，一些学者认为"乡村规划是一个系统"，涉及农村全域土地利用、经济发展、公共服务保障、乡土文化传承等内容的整体发展策略。一些学者认为"乡村规划是一个公共管理过程"，通过政府、村集体、村民以及企业等各主体的合作共治，形成系列准则、指南、策略和计划。一些学者认为"乡村规划是一种治理手段"，是乡村治理体系中的重要组成部分，是提升乡村治理能力的重要抓手，是多元主体参与、注重过程导向和长远整体谋划的"动态式"规划和"渐进式"治理。还有一些学者认为"乡村规划是一种契约活动"，是区别于城市规划的，以农村集体组织和村民自治作为实施基础，必须满足村民的实际需求、得到村民的认可才能实施，是指导乡村建设发展的"乡规民约"和"公共契约"。

党的十九大以来，习近平总书记就实施乡村振兴战略作出了一系列重要论述，明确产业兴旺、生态宜居、乡风文明、治理有效、生活富裕的总要求；强调统筹推进农村经济建设、政治建设、文化建设、社会建设、生态文明建设和党的建设，推动乡村产业、人才、文化、生态、组织的全面振兴；首次以"农业高质高效、乡村宜居宜业、农民富裕富足"描述了乡村振兴的美好蓝图。这为准确理解把握新时代乡村规划的内涵提供了依据、指明了方向。本书认为，乡村规划是对乡村经济建设、政治建设、文化建设、社会建设、生态文明建设和党的建设的全部或部分内容，在空间和时间上的系统谋划和具体安排，是指导乡村发展建设的重要依据。

乡村规划在具有一般规划特征的同时，还具有一些自身鲜明特性。

规划对象的自然资源依赖性。农业生产、农村发展对自然条件、资源环境等具有较强依赖性，乡村规划需要充分考虑不同地域乡村的资源禀赋和生态环境等因素，尊重自然规律，构建自然生态与现代生产生活融为一体、人与自然和谐共生的乡村发展格局。

规划内容的多功能性。乡村兼具生产、生活、生态、文化等多重功能，乡村规划既要统筹谋划乡村产业发展、村庄建设、生态建设和乡村治理等内容，还要科学谋划宗族文化、农耕文化、建筑文化、山水文化、风俗文化等优秀传统文化的传承保护，"五位一体"推进乡村全面振兴。

规划参与的广泛性。乡村建设发展离不开社会各界的广泛参与和共同行动，乡村规划编制要充分听取政府、村集体和广大村民的意见，吸引各界广泛参与，特别是要重视和征求农民意见，充分发挥农民的主体作用。

第二章　乡村规划发展历程

新中国成立以来，我国乡村规划经历了七十多年的发展，其内涵和外延不断丰富、内容不断拓展、体系不断完善。回望这些历程，有三个标志性的历史转折点。第一个标志性转折点是改革开放。1978年党的十一届三中全会，党中央作出实行改革开放的历史性决策，党和国家工作中心转移到经济建设上来，"三农"领域的改革和农村经济发展通过规划计划逐步展开。第二个标志性转折点是2005年党的十六届五中全会。党的十六大明确了完善社会主义市场经济体制改革方向，首次提出统筹城乡经济社会发展。十六届三中全会提出，加强国民经济和社会发展中长期规划的研究和制定；十六届五中全会通过了《中共中央关于制定国民经济和社会发展第十一个五年规划的建议》，首次将"五年计划"改为"五年规划"，强调把规划作为政府经济调节的工具、履行职责的依据、约束社会行为的第二准则；会议历史性地提出按照"生产发展、生活宽裕、乡风文明、村容整洁、管理民主"的要求，扎实推进社会主义新农村建设。在统筹城乡经济社会发展、推进现代农业发展、建设社会主义新农村的历史进程中，乡村规划全面转型升级。第三个标志性转折点是2018年党的十九大。中国特色社会主义进入新时代，逐步建立起"四类三级"的国家规划体系，规划更注重战略性、方向性和引导性，在引导公共资源配置、规范市场主体行为等方面作用日益凸显。随着乡村振兴战略的启动实施和全面推进，乡村规划成为引领乡村振兴的重要手段和方式。立足这三个转折点，本章尝试将新中国成立以来的乡村规划实践，分为探索发展、改革发展、转型发展、全面发展四个阶段，注重突出乡村规划的"时代语境"。

■ 第一节　探索发展期（1949—1977 年）

新中国成立之初，百废待兴。1950年，我国初步尝试编制了第一个全国统一的年度国民经济计划；1953—1957年，借鉴苏联的五年计划模式，编制了新中国成立后第一个五年计划；"二五"到"五五"时期，在国际局势及国内形势的双重影响下，规划编制和实施工作遭受挫折并在曲折中发展。通过梳理公开的国家相关规划计划发现，我国坚持把农业作为国民经济的基础进行谋划部署，农业部（2018年4月更名为农业农村部）从1953年开始，就组织编制和下达了"一五"农业生产计划，主要任务是恢复发展农业生产和推行农业生产合作化。提出通过开垦宜耕荒地、兴修水利、土壤改良等方式大力推动农业增产，重点增加粮棉播种面积；通过"定产、定购、定销"，实行粮食统购统销制度；通过农业合作化，开展农业的社会主义改造。"二五"到"五五"时期，党中央先后提出"进一步发展农业生产""大力发展农业，基本解决人民的吃穿用问题""以粮为纲、全面发展"等发展方针。全国人大通过的《一九五六年到一九六七年全国农业发展纲要》，提出巩固农业合作化制度，大力提高粮食的产量和其他农作物的产量，发展畜牧业，改善农业科学技术研究和指导等，这也是新中国历史上第一个中长期发展规划。1956—1960年，农业部多次印发通知部署土地利用规划工作，要求各地编制以改土治水为中心的田渠井林路村"六位一体"的土地利用规划，并做好机耕区、灌溉区和商品基地地区的规划建设，着力提高农业生产能力。1963年，国家科学技术委员会（1998年更名为科学技术部）和农业部组织编制《1963—1972年农业科学技术发展规划纲要》，系统解决农业现代化进程中的科技问题。从实施效果看，"一五"计划实施较好，全国扩大耕地约6 000万亩[①]、播种面积1.24亿亩，粮棉指标超额完成，畜牧业和水产业也都有显著发展。"二五"到"五五"时期，在急于求成和盲目乐观的"大跃进""人民公社化"以及国内外复杂形势影响下，规划计划未能很好地执行。

这一时期，按照中央部署，1958年农业部印发关于开展人民公社规划的通知，要求规划的内容除农、林、牧、渔外，还要包括平整土地、整修道路、建设新村，被一些学者认为是我国开展乡村规划的起点。

这一阶段的乡村规划呈现出明显的在探索中发展的特征。一是突出生产指令性计划。我国学习苏联模式建立起计划经济体制，通过农业生产指令性计划分配和下达农业生产任务，包括粮食、棉花、油料等主要农作物播种面积、单位面积产量等。二是探索拓展计划内容。不仅重视提升粮食和重要农产品综合生产能力，而且狠抓土地开发利用和农业科技推广等关键领域。同时，通过编制人民公社规划，统筹谋划改善农村生产生活条件。三是计划目标出现偏差。计划中出现盲目追求高速度、高指标的"左"倾思想，出现了"浮夸风"，粮食产量"放卫星"，计划目标未能很好地落实。四是计划期作出了调整。受"大跃进"、三年自然灾害等影响，1963—

---

① 亩为非法定计量单位，1亩 =1/15 公顷。——编者注

1965年党中央作出调整国民经济的安排，没有编制计划。自1966年"三五"开始，计划期不再跨越年代，遵循每个十年两个计划期的规律。

■ 第二节 改革发展期（1978—2005年）

1978年改革开放后，新旧体制转轨，规划计划从制定到实施都发生了显著变化，各类规划计划相继恢复并走上正轨。"六五"到"十五"时期，乡村规划成为推动农业农村发展的重要抓手。农业部先后编制了5个五年计划。"六五"计划，贯彻中央提出的"绝不放松粮食生产，积极开展多种经营"的农业发展方针。主要任务是稳定和完善农民创造的联产承包责任制等农业生产责任制，加强技术推广、植物保护、良种繁育等农业生产服务等。"七五"计划，贯彻中央"走农林牧副渔全面发展、农工商建运综合经营的道路"的农业发展方针。主要任务是完善和发展家庭联产承包责任制，逐步将统购统销调整为全面放开农产品市场，改进农业技术，提高农业机械化水平，允许农民在集镇务工、经商、服务，改善农民就地就业环境等。"八五"时期，计划按照党中央"把加强农业放在发展国民经济的首位"的要求，积极落实支持和加强农业的政策措施，进一步全面发展农村经济。主要任务是稳定和完善农村基本经营制度，提高农业综合生产能力，大力发展乡镇企业，深化粮油等主要农产品流通体制改革，实行"米袋子"省长负责制、"菜篮子"市长负责制等。"九五"时期，计划强调坚定不移地推进农业"两个根本性转变"，实施科教兴国战略和可持续发展战略，走"高产、优质、高效、低耗"的路子。主要任务是进一步深化农村经济体制改革、加强农业科学技术研究和推广、加强重点项目建设、加强农业社会化服务体系建设、加快农业产业化进程、扎实做好扶贫工作等。"十五"时期进入21世纪，计划贯彻"多予、少取、放活"和"工业反哺农业、城市支持农村"方针。主要任务是推进农业农村经济调结构转方式，把增加农民收入作为根本出发点，逐步落实"一免四补""新农合""退耕还林"等一系列扶农惠农政策等。经过5个计划期，我国农业农村呈现出持续稳定健康发展的良好局面，实现了主要农产品由长期短缺到总量平衡、丰年有余的历史性转变，具有中国特色的农村市场经济体制初步建立。

在五年计划总体框架下，相应编制了各类专项规划，如农业部先后组织编制实施了"九五"种子工程总体规划、优质粮食产业工程建设规划、植保工程规划、动物防疫体系规划、优势农产品区域布局规划等一批规划。与此同时，相关部委陆续编制了农村公路、村村通电视工程等农村社会事业发展建设规划，农业农村基础设施建设投资力度不断加大。此外，针对农村土地利用中出现的空间布局散乱、滥占耕地、土地利用粗放、公共设施缺乏、乡村风貌退化等突出问题，国家有关部门通过规划等手段进行管控。1986年颁布《土地管理法》，要求地方政府编制土地利用总体规划；1998年《土地管理法》修订版进一步确立国家、省、市、县、乡镇5级土地利用规划体系，明确国家实施土地用途管制制度。1993年颁布《村庄和集镇规划建设管理条例》，并先后出台《村镇规划原则》《村镇规划标准》《村镇规划编制办法（试行）》等，统一村镇规划标准，提高村镇规划质量。

这一阶段，乡村规划呈现出在改革中发展的态势。一是名称不断演变。五年计划的名称先后由"农业生产计划"转变为"农牧渔业计划"，再转变为"农业和农村经济发展计划"，并陆续编制各类专项规划，出现了"规划"和"计划"两种名称并行的局面。二是内容全面拓展。从农业生产拓展到产业化经营、扶贫攻坚、资源利用和环境保护、农业区划、工程项目等多方面。三是政策性不断增强。谋划实施了种子工程等一系列重大工程项目，规划成为落实工程项目的重要依据、落实国家支农政策的重要载体。四是管理逐步规范。出台了一系列法律法规和标准规范，土地利用规划、村镇规划开始步入规范化、法制化轨道。

■ 第三节　转型发展期（2006—2017年）

为适应建设社会主义市场经济体制的需要，体现计划经济特色的五年计划最终淡出。党的十六届五中全会审议通过《中共中央关于制定国民经济和社会发展第十一个五年规划的建议》，标志着"五年计划"改为"五年规划"，从计划到规划，虽然一字之差，但充分体现出我国经济体制、发展理念、政府职能等方面的重大变革。同时，会议提出建设社会主义新农村的重大历史任务。乡村规划进入了新的历史时期，农业部连续编制了4个五年规划。全国农业和农村经济发展第十一个五年规划，全面落实"重中之重"的战略思想，围绕扎实推进社会主义新农村建设，系统谋划保障粮食综合生产能力、调结构转方式、拓宽农民增收渠道、加快农村公共事业发展等9项重点任务。"十二五"，《全国现代农业发展规划（2011—2015年）》被列为国家重点专项规划，并以国务院名义印发。规划明确提出，坚持走中国特色农业现代化道路，以转变农业发展方式为主线，以保障主要农产品有效供给和促进农民持续较快增收为主要目标，明确提出了创建国家现代农业示范区等事关现代农业发展全局的8项重点任务。这是新中国成立以来我国发布的首个现代农业发展规划，标志着发展现代农业从理念要求变成了实际举措，现代农业发展在国家政策的顶层设计上有了总体部署安排和纲领性文件。与此同时，农业部继续编制发布了《全国农业和农村经济发展第十二个五年规划》。"十三五"，《全国农业现代化规划（2016—2020年）》以国务院名义印发，对农业现代化建设的战略方向和实施路径作出了明确安排。规划贯彻新发展理念，创新性地提出"创新强农、协调惠农、绿色兴农、开放助农、共享富农"，并按照新发展理念谋篇布局。规划科学研判了我国农业现代化发展阶段，提出通过加快发展动力升级、发展方式转变、发展结构优化，推动"四化同步"。经过3个五年规划期，全国农业现代化建设取得显著成效，重要农产品保障水平稳步提升，农业物质技术装备水平整体跃升，多种形式适度规模经营水平不断提高，绿色发展扎实推进，人居环境明显改善，农业现代化进入全面推进、重点突破、梯次实现的新时期。

党的十六届五中全会提出建设社会主义新农村的重大历史任务后，新农村建设规划和美丽乡村建设规划应时而生，现代农业示范区、现代农业产业园、田园综合体、特色小镇等新的乡村规划形态也不断涌现，有力引领了现代农业发展、乡村建设，促进农业增效、农民增收、农村增绿。

这一时期，城乡规划、土地利用规划、主体功能区规划等空间规划改革转型，更加注重构建城乡统筹、区域分工、资源环境相协调的乡村空间开发格局。2008年《城乡规划法》颁布实施，确立了镇规划、乡规划和村庄规划的法定地位，重城市轻乡村的规划思想得到转变。2008年新一轮《全国土地利用总体规划纲要》发布，坚持最严格的耕地保护制度和节约用地制度。2010年《全国主体功能区规划》正式出台，将国土空间分为重点开发区、优化开发区、限制开发区和禁止开发区4类，以"七区二十三带"为主体的农产品主产区划定在限制开发区。

在乡村规划发展过程中，规划管理工作不断加强。2005年国务院印发《关于加强国民经济和社会发展规划编制工作的若干意见》（国发〔2005〕33号），建立了国家级、省级、市县级以及总体规划、区域规划、专项规划的"三级三类"规划体系。在此基础上，2007年，国家发展改革委出台《国家级专项规划管理暂行办法》（发改规划〔2007〕794号）。2009年，农业部印发《农业部规划管理办法》，初步构建了总体规划、区域规划、专项规划和重大工程建设规划的农业规划体系，并对规划编制等工作程序做出相关规定。

这一阶段，乡村规划在转型中不断丰富、完善与调整。一是规划作用更加明确。规划的战略性、纲领性、综合性、指导性不断增强，规划成为经济调节、市场监管、社会管理和公共服务的重要依据。二是规划理念不断创新。从科学发展观到新发展理念，乡村规划理念在国家发展理念指引下不断深化，如《全国农业现代化规划（2016—2020年）》提出了创新强农、协调惠农、绿色兴农、开放助农、共享富农。三是规划内容深度拓展。更加注重农业全产业链建设，更加注重农业绿色发展，更加注重新农村建设和农民增收。四是农业规划体系初步构建。在国家规划体系框架下，农业部明确了农业"四类"规划，规划类别日益清晰，规划关系渐次理顺。五是规划层级不断提高。"十一五"之前的五年农业规划计划是以部门名义发布，从"十二五"开始均被列为国家重点专项规划，由国务院审批发布，充分体现了"重中之重"的战略地位。六是规划编制程序不断完善。更加注重前期研究、广泛听取意见和规划评估工作，规划开始对外正式公开发布，并通过多种形式进行宣传解读。

■ 第四节　全面发展期（2018年以来）

党的十九大作出实施乡村振兴战略重大决策部署，习近平总书记多次就做好乡村规划提出明确要求，乡村规划工作备受重视，进入一个崭新发展阶段。2018年中共中央、国务院印发《乡村振兴战略规划（2018—2022年）》，主要任务是加快农业现代化步伐、发展壮大乡村产业、建设生态宜居美丽乡村、繁荣发展乡村文化、健全现代乡村治理体系、保障和改善农村民生、完善城乡融合发展政策体系等，特别是规划引入了"三生空间"概念，划分了"四类"村庄，构建乡村振兴新格局，规划已成为指导各地区、各部门分类有序推进乡村振兴的重要依据。对标对表国家规划，各地各部门相继出台了乡村振兴相关规划。

党的十九届五中全会提出坚持优先发展农业农村，全面推进乡村振兴。五中全会通过了《中共中央关于制定国民经济和社会发展第十四个五年规划和二〇三五年远景目标的建议》，部署了提高农业质量效益和竞争力、实施乡村建设行动、深化农村改革、实现巩固拓展脱贫攻坚成果同乡村振兴有效衔接等重点任务。2021年3月，《中华人民共和国国民经济和社会发展第十四个五年规划和2035年远景目标纲要》全文发布，第七篇对走中国特色社会主义乡村振兴道路进行专门部署，提出四大任务八大工程。在《纲要》的指导下，目前农业农村部正会同国家发展改革委等部门组织编制"十四五"推进农业农村现代化规划，一批与之配套的专项规划和地方规划也在编制之中。

与此同时，国家加快规划体制改革，完善确立了国家规划体系。2018年11月，中共中央、国务院《关于统一规划体系更好发挥国家发展规划战略导向作用的意见》（中发〔2018〕44号）提出，建立以国家发展规划为统领，以空间规划为基础，以专项规划、区域规划为支撑，由国家、省、市县各级规划共同组成，定位准确、边界清晰、功能互补、统一衔接的国家规划体系。规划体系从"三级三类"转变为"三级四类"，空间规划的制定和实施更加统一有效。文件指出农业、林业草原等特定领域规划列为专项规划。2019年5月，中共中央、国务院《关于建立国土空间规划体系并监督实施的若干意见》（中发〔2019〕18号）进一步阐明了"五级三类"的国土空间规划，即国家、省、市、县、乡镇五级以及总体规划、详细规划和相关专项规划三类。城镇开发边界外的乡村地区，以一个或几个行政村为单元，由乡镇政府组织编制"多规合一"的实用性村庄规划，作为详细规划。

规划管理职能进行了调整。2018年，国务院新一轮机构改革，组建农业农村部，将中央农办设在农业农村部，农业农村部职责转向统筹推进"三农"发展；组建自然资源部，整合原国土资源部的土地利用规划、国家发展改革委的主体功能区规划以及住房城乡建设部的城乡规划管理职责，负责建立国土空间规划体系并监督实施。2021年，国家乡村振兴局挂牌成立，中央农办、农业农村部、国家乡村振兴局合力实施乡村振兴战略。

从这一时期开始，乡村规划进入了全面发展阶段。一是乡村规划得到全党、全社会高度重视。乡村振兴，规划先行。从习近平总书记指示要求到党中央文件，再到党内法规和国家法律，都对乡村规划工作提出明确要求、做出具体部署。编制实施好乡村规划已成为全党、全社会的共识。二是规划任务要求全面升级。从新农村建设的五句话二十字总要求到乡村振兴五句话二十字总要求，再到五大振兴，体现了农民群众对美好生活的需要，这对乡村规划提出了更高、更新要求。三是规划制度建设全面推进。国家分别就统一规划体系、构建空间规划体系、加强村庄规划编制等出台指导文件，进一步理清各类规划之间的关系与层级，为完善乡村规划工作提供了制度保障和政策依据。

第三章　乡村规划发展现状与展望

党的十九大作出实施乡村振兴战略重大决策部署以来，乡村规划工作全面推进，理论研究与实践探索方兴未艾，取得了良好成效，但也面临着诸多问题，需要在具体实践中加以解决。

■ 第一节　工作成效

一、政策措施日益完善

习近平总书记指出，要坚持以实干促振兴，遵循乡村发展规律，规划先行、分类推进，加大投入，扎实苦干。《中国共产党农村工作条例》明确规定，各级党委应当注重发挥乡村规划对农业农村发展的导向作用，坚持规划先行，推动形成城乡融合、区域一体、多规合一的规划体系。为贯彻落实党中央决策部署，相关部委陆续出台了一系列指导意见。中央农办、农业农村部、自然资源部等五部门印发《关于统筹推进村庄规划工作的意见》（农规发〔2019〕1号），自然资源部印发《关于加强村庄规划促进乡村振兴的通知》（自然资办发〔2019〕35号），为编制村庄规划提供了政策指引。各地结合当地实际，出台一系列相关政策文件，如河北省制定《加强乡村规划管理工作三年行动实施方案》、浙江省印发《村庄规划编制导则》等，力求因地制宜、科学有序引导乡村规划建设。一些地方还健全完善了组织领导和督促考核机制，成立了党委政府主要领导任组长的领导机构，制定相关管理办法，落实乡村规划编制和实施任务，并把规划工作纳入到乡村振兴考核体系。如湖南省将村庄规划工作纳入乡村振兴全局，统筹部署、推进、考核。

二、规划编制稳步推进

2018年中共中央、国务院印发《乡村振兴战略规划（2018—2022年）》后，各地纷纷编制本区域乡村振兴地方规划，目前31个省（自治区、直辖市）已全部出台实施了乡村振兴规划，市、县层面规划或实施方案基本实现全覆盖。各部门各司其职，一系列专项规划印发实施。农业农村部编制出台了《国家质量兴农战略规划（2018—2022年）》《数字农业农村发展规划（2019—2025年）》《新型农业经营主体和服务主体高质量发展规划（2020—2022年）》《全国乡村产业发展规划（2020—2025年）》，国家发展改革委、自然资源部印发了《全国重要生态系统保护和修复重大工程总体规划（2021—2035年）》等专项规划。上下衔接、纵横结合的乡村规划体系初步形成，为全面推进乡村振兴和加快农业农村现代化提供科学指引和建设指导。

三、典型经验做法不断涌现

各地遵循乡村发展规律，结合资源禀赋条件和地域、文化等特色，因地制宜开展乡村规划建设实践，探索总结出乡村规划的典型经验做法。如福建省"五留"规划理念。福建省委、省政府明确提出"五个留住"的村庄规划理念，即留住"白"，保留出功能性"空地"、公共空间和生态空间；留住"绿"，保留自然风貌和生态景观；留住"旧"，保护古街、古宅、古树等留住和唤起乡愁；留住"文"，注重把八闽大地悠久的农耕文明留下来；留住"魂"，注重保护村庄固有风貌、特色、肌理、样式，展示乡村独特味道。河南省长垣县群众"点餐"的规划编制模式。在坚持专业规划机构主导的基础上，最大限度引导群众参与乡村规划，创新规划"点餐"模式，由专家提出规划编制纲要思路，由村民挑选商定村庄规划的主要内容，同时发动群众深入讨论规划重大问题，规划审批前要先经村民代表大会审议，使规划更接地气、有特色。贵州省湄潭县"一图一表一说明"的规划表现形式。创新规划成果的表现形式，通过绘制"一张规划图"，制作"一张项目表"，编制"一张说明书"，确保规划内容易懂、能用、好管。

四、社会各界积极参与

社会各界响应党中央号召，积极参与乡村发展研究和规划编制实践。清华大学、同济大学、东南大学等众多高校都设置了城乡规划专业，在乡村规划建设理论和实践教学科研方面进行探索。全国各类规划设计机构、高等院校、科研事业单位等，都纷纷开展乡村规划研究和编制工作。一些地方和规划设计机构还积极开展了规划师下乡活动，重庆市推进规划师、建筑师、工程师、艺术家"三师一家"下乡村，引导大专院校、规划设计单位驻村开展规划编制服务。云南省临沧市推行"万名干部规划家乡行动"。同济大学建筑与城市规划学院一批师生，深入浙江台州市黄岩沙滩村，开展乡村调研及乡村规划实践。清华同衡规划设计研究院作为"北京市首批规划师下乡"的团队成员，开展了一系列乡村规划研究与建设实践，等等，形成了千帆竞渡、百舸争流的格局。

■ 第二节　存在问题

一、理论研究薄弱，理论体系尚未形成

当前规划相关的理论研究主要集中在城市规划领域，乡村规划相关研究较为薄弱，已有的研究多集中在农业产业、农业生态环境、基础设施建设等领域，其他领域如乡村文化、乡村治理、乡村风貌等规划研究起步较晚，研究成果积累较少，还没有形成系统的成熟的理论体系。

二、法律法规有待完善，标准规范尚不健全

《城乡规划法》等法律法规关于乡村规划的相关规定，有些已不适应新阶段全面推进乡村振兴的新任务新要求，需要进一步健全完善。大部分乡村规划编制标准仍然沿用20世纪80—90年代的研究成果，已不适用于当前农业农村的实际需求，部分建设标准甚至缺失，影响了乡村规划的总体质量。

三、编制质量参差不齐，规划落地性亟须加强

当前参与乡村规划编制的机构和人员虽然较多，但熟悉"三农"、了解基层的专业人才数量不足，同时多学科技术手段和现代信息技术应用不足，导致一些规划质量不高、指导性和可操作性不强。有的规划没有充分发挥农民主体作用，不能反映农民意愿与诉求，难以落地实施。

■ 第三节　前景展望

实施乡村振兴战略是前无古人、后无来者的伟大创举，没有现成的、可照抄照

搬的经验。放眼世界，迄今为止，还没有哪个发展中国家能解决好农业农村农民现代化问题；纵观各地广袤农村，发展水平和资源禀赋各不相同，以什么理念规划乡村，规划什么样的乡村，决定着未来二三十年的农村面貌。科学编制乡村规划，直接关系到乡村振兴的成色和质量，这是时代赋予的重大职责和光荣使命，是每个乡村规划编制工作者必须完成的时代答卷。

乡村振兴启新程，奋楫扬帆正当时。我国31个省（自治区、直辖市）有300多个地级市、2 800多个县、3万多个乡镇、50多万个行政村[①]；不同乡村千差万别、各具特色，乡村建设不能"一刀切"和"齐步走"，乡村规划更不能千村一面、一个模子套到底。可以说，乡村规划量大面广、任重道远，这也预示着乡村规划事业前景广阔，必将大有可为、大有作为。

功崇惟志，业广惟勤。作为乡村规划编制工作者，既要善于在实践中编制不同类型的乡村规划，还要勇于探索乡村规划理论方法，回答好振兴什么样的乡村、怎样振兴乡村等一系列重大问题。这是时代的要求，历史的责任。广大乡村规划编制工作者要扛起责任、担起使命，在乡村振兴这片广阔天地，以大地为画板，以乡村为舞台，行走田园阡陌、探寻振兴之要、擘画美丽蓝图，努力探索走出一条中国特色乡村规划之路，共同开创乡村规划事业的美好未来。

---

① 中国统计年鉴（2020年）。

第二篇

理 论 篇

　　乡村振兴涉及农村经济、政治、文化、社会、生态等方方面面，乡村规划既要吸收西方城乡规划经典理论和我国传统规划思想在空间结构、功能布局等方面的精华，又要总结"三农"发展中的经济学、社会学、生态学一般规律，更要深入学习领会习近平总书记关于"三农"工作重要论述。理论篇重点梳理国内外经典规划理论、"三农"发展理论、城乡融合发展理论和实施乡村振兴战略的新理念新思想新部署，通过分析提炼相关理论的核心观点和深刻把握乡村振兴战略的丰富内涵，明确对乡村规划工作的借鉴价值和指导意义，更好地促进理论与实践的有机结合。

第一章　经典规划理论

第二章　"三农"发展理论

第三章　乡村振兴战略

第四章　走中国特色的乡村规划之路

第一章　经典规划理论

■ 第一节　国外主要规划理论

国外规划理论起源于城市规划实践，其形成和发展与资本主义工业革命密切相关，并贯穿欧美国家城市化发展过程。主要针对工业化、城市化带来的城市发展问题，从空间结构和功能调整优化，以及规划价值取向等方面，提出独特的理论主张及规划方法，深刻影响世界各国和地区城市规划建设，对我国乡村规划工作也具有学习、借鉴的价值。

一、主要理论及其观点

19世纪资本主义工业革命带来集聚效应，欧美等国家人口和产业高度集中，推动城市加快扩张，与此同时城市病问题逐步凸显。19世纪末，英国建筑学家霍华德提出田园城市理论，从解决城市发展问题入手，主张改良社会结构形态、建立理想新城市。受此影响，欧美等国家城市规划研究深入开展，探索空间功能管理和有序社会秩序营造，规划理论的学科基础逐步从建筑学拓展到多学科领域。20世纪中叶，规划成为政府部门指导与服务城市各类主体的重要措施，在公共事务中起到协调不同利益团体的作用，被认为是一种公共政策。从城市演变与规划理论发展历程看，代表性的理论包括田园城市、卫星城及新城、邻里单元与社区规划、广亩城市、柯布西耶、系统分析等理论。

1. 田园城市理论

1898年，英国建筑学家霍华德出版《明日：通向真正改革的和平之路》（后改为《明天的田园城市》），代表田园城市理论的形成，成为城市规划思想史上的里程碑。田园城市理论以社会改革作为其规划的指导思想，从解决城市发展问题入手，主张改良社会结构形态、建立理想新城市。该理论有比较完整的规划思想与实践体系，提出田园城市空间、社会与管理三大领域的设想目标,强调城市要控制在一定规模,人口超过规定数量,则应建设一个新城市;若干个田园城市围绕一个中心城市组成城市组群,称为"无贫民窟无烟尘社会的城市群",城市间由铁路、公路等快速交通系统连接;每个城市具有相对完整独立的功能,合理布局商业区、工业区、居住区、农业区和公共活动区等功能区,以及配套相应基础设施,各功能区之间有良好的交通联结。该理论倡议建立一种兼具城市和乡村优点的田园城市,用城乡一体的新社会结构形态来取代城乡分离的旧社会结构形态,深刻影响西方现代城市规划学的产生和发展。

2. 卫星城及新城等理论

1915年美国建筑师泰勒首次提出卫星城概念,1927年英国建筑师恩温主持大伦敦区规划时提出卫星城设计理念,主张在城市外围建设一个绿地圈层,限制城市向外发展,把过多人口和产业疏散到附近的卫星城。卫星城与中心城在空间上有农田或绿带隔离,保持一定距离,并通过便捷交通连接;卫星城与中心城市密切联系,在行政管理、经济、文化与生活等功能上主要依附中心城市。在第二次世界大战后,卫星城建设加快,承载中心城市大量人口的疏散,在促进城市空间结构调整、生活环境改善、综合功能优化等方面发挥越来越明显的作用,其自身功能也逐步完善,对中心城市功能依赖趋弱。在这个过程中,卫星城理论不断演化,逐步发展为新城理论,更强调新城功能的相对独立,在承接中心城市疏散功能外,进一步强化其独立的行政、经济、社会功能,更加注重生态保护和人居环境优化,配置良好公共基础设施与服务,成为周边人口聚集和服务供给的中心城镇,从中心城市附属卫星城逐步转变为独立城镇,与中心城市相互补充、相互联系,共同构建新型的城镇体系。该理论源于霍华德的田园城市理论,在实践中引导中心城市缓解人口、就业、环境压力,带动郊区城乡均衡发展。

3. 邻里单元与社区规划理论

20世纪20年代,美国社会学家佩里通过研究邻里社区问题,首次提出"邻里单元"概念,强调居住区是由若干个"邻里单元"组成的整体,以"邻里单元"规划交通和公共建筑设施,居住区内要有绿地、小学、公共中心和商店,并应安排好区内的交通系统。邻里单元规划理论是社会学和建筑学结合的产物。20世纪60年代,一些社会学家认为城市生活具有多样性、多层次性,居民的活动和社会关系不局限于邻里,单一的"邻里单元"设计不尽符合现实社会的需求,邻里单元理论逐渐演变成为社区规划理论。社区规划理论进一步发展了霍华德田园城市关于"区"的思想,超越微观视角,更加重视城市生活的本质,更加强调人文方面的需求,从控制居住区内部车辆交通、保障居民安全和环境安宁的整体出发，规划城市社区，从而弥补"邻里单元"规划理论的缺陷。

4. 广亩城市理论

1932年，美国建筑师赖特发表《广亩城市：一位建筑师的见解》，首次提出广亩城市设想，主张分散布局的规划思想，提出在城市基础设施不断完备化、现代化的背景下，一切活动集中于大城市的时代已经终结，居住场所、就业场所分散化将成为未来城市发展趋势，应规划构建完全分散、低密度的城市空间结构，并提出按照网格化分散布局城市发展，在居住区间构建纵横交错公路，有机串联农场、商店、学校、住宅等单元，城市公共设施沿公路布置；城市为每户家庭提供至少一英亩土地，生产自给食物，每个建筑实体镶嵌在特定"绿色空间"内。该理论强调城市发展要融入自然乡土环境之中，注重城乡空间、服务设施的均等化、公平化。这种主张高度分散布局的规划思想与柯布西耶主张集中布局的"现代城市"设想形成鲜明对照，成为分散发展与集中发展的两个极端代表。

5. 柯布西耶理论

20世纪20—30年代，法国建筑师勒·柯布西耶先后出版《明日城市》《光明城》等理论著作，强调城市的本质和重要特征是聚集性，他针对大城市发展出现的无序、拥挤等问题，主张用全新的规划和建筑设计改造城市。认为城市发展必须是集中的，只有集中的城市才有生命力，城市规模扩张带来一系列结构性问题，导致其功能性退化，但城市中心对各种事务仍有最大的聚合作用，需要通过技术改造来完善其集聚功能；城市拥挤等问题可以通过提高建筑密度加以解决，在提高建筑密度的同时，可腾出大量空地，用于改善交通、建设绿地空间、优化用地分区和城市内部密度，使人流、车流在整个城市中得到更加合理的分布。该理论注重城市规划功能性的统一和多元化两方面的结合，重点强调城市生活的现代化和环境的舒适。

6. 系统分析理论

20世纪30年代以来推崇理性主义的规划思想，注重城市物质形态的功能，采取分解的方式认识事物，往往导致规划实践的系统性、整体性不强。20世纪60年代，麦克劳林、恰得威克等英国城市规划学家将系统控制论引入城市规划，提出规划本质上就是一种引导式的控制管理，摒弃物质空间规划对建筑空间形态的过度关注，将规划重点转移到城市发展过程以及城市要素间关系、个体与整体相互作用方面。该理论强调应用系统论、控制论和信息论等相关方法分析和谋划城市发展，采用系统预测办法，研究各个要素的现状、发展变化与构成关系，并建立数学模型，运用计算机模拟城市系统形态、空间结构演化，量化分析和规划城市整体发展。该理论开启系统论方法在城市规划领域的实践，形成城市规划系统分析理论。

7. 文脉主义理论

1971年，后现代城市规划学家舒玛什出版《文脉主义：都市的理想和解体》专著，首先提出文脉主义的概念，即突出人与建筑、建筑与城市、城市与其文化背景之间的关系。城市要保持其持久魅力，必须实现历史文化的延续，强调人与城市空间的互动，以及景观设计对居民活动、心理感知的重要意义。文脉主义城市规划注重通过改变工业化城市景观，增强城市亲和力，增加城市历史文化底蕴，如比利时霍斯沙陀区域改造、巴黎哈尔斯区改造等均体现这一理念。文脉主义思想深刻影响西方城市建设，根据人的文化心理活动特点，研究人在城市空间环境中的感知与意义，认为城市空间与形态是市民生活参与的结果，市民活动是城市不可舍弃的重要部分，并以此作为城市规划设计出发点，对城市空间的研究突破物质空间本身，强调保留文化底蕴对城市建设具有重要意义，促进城市建设与大众艺术相结合，构建满足人民活动与心理感知需求的城市环境。

8. 社会公正与公众参与理论

1972年，英国人文地理学家大卫哈维出版专著《社会公正与城市》，提出城市规划公正的理论问题，以巴尔的摩为实证，研究城市不同社会利益团体之间的争议与冲突，试图探寻实现城市社会公正的途径。受此影响，城市规划"公众参与"思潮蓬勃兴起，它认为城市规划是一个充满价值判断的政治决策过程，应保障不同社会团体尤其是弱势团体的利益，满足各类人群发展需求，而公众参与是实现这些目标的重要手段。辩护性规划理论、市民参与阶梯理论和联络式规划理论是这一时期具有代表性的公众参与规划理论。辩护性规划理论提出，规划要统筹考虑城市各种利益群体的需求，建立有效的城市民主需求表达机制，规划师要代表不同价值判断并为不同利益群体提供技术帮助。市民参与阶梯理论认为，根据参与程度不同，市民参与规划可以分为执行操作、教育后执行、提供信息、征询意见、政府退让、合作、权利代表、市民控制8个阶段。联络式规划理论强调规划师的独特作用，在公众参与城市规划过程中，规划师最重要的技巧是"听"和"沟通"，组织不同利益代表进行交流协商、达成共识。西方国家逐步将公众参与规划作为缓解城市社会矛盾的重要手段，普遍在法律层面作出明确规定，以强化公众参与的法律制度保障。

9.《马丘比丘宪章》

1977年，国际建筑师协会制定颁布《马丘比丘宪章》，利用后现代主义城市规划思想方法，进一步修正《雅典宪章》，树立了城市规划的第二座里程碑。其核心观点是：不过分追求清晰的功能分区而牺牲城市有机构成和活力；城市规划是一个动态的过程，不仅包括规划编制，还包括规划的实施；人与人之间的相互关系是空间规划的基本依据；倡导社会文化论，强调物质空间只是影响城市生活的一项变量，而起决定作用的是城市中的各类群体、社会交往模式和政治结构；强调城市个性和特征取决于城市的体型结构和社会特征，一切能说明这种特征的有价值的文物都必须得到有效保护；科学技术是规划手段而不是目的，要正确运用；强调规划的公众参与，认为不同群体有不同价值观，规划要表达多元的价值判断并为不同利益团体提供技术帮助等。该理论修正《雅典宪章》所崇尚的纯粹功能分区，强调人与人之间的相互关系对于城市和城市规划的重要性。

10. 新城市主义理论

20世纪80年代末，面对郊区城市化蔓延导致低密度发展、空间资源低效率利用等问题，美国等西方国家开始对郊区城市化发展模式进行深刻反思，形成新城市主义思潮。新城市主义强调，由于郊区城市化发展而功能弱化的传统中心区需要进行全新改造，使之重新成为居民集中的地点及形成新的更加密切的邻里关系；主张采取一种有节制的、公交导向的"紧凑开发"模式，推进郊区城市化发展，提高集中发展程度。新城市主义注重从区域整体的高度来看待与解决城市问题，核心观点是根据现代需求修复改造旧城市中心，恢复强化其核心作用，使其重新承担起满足现代城市生产生活需求的新功能；整合重构松散的郊区使其成为真正的邻里社区及多样化地区，强调环境宜人性及服务居民生活的便利性；注重保护自然环境，强调规划设计与自然、人文和历史环境的和谐性；保留传统建筑风貌，保护建筑遗产，扭转郊区无序城市化趋势。该理论强调城市周边郊区的规范化建设，明确郊区承担城市功能疏解的重要地位和作用。

11. 精明增长理论

受新城市主义等思潮的影响，20世纪90年代，美国马里兰州首先提出精明增长的概念，强调对城市外围有所限制，注重发展现有城区。主要观点包括通过有效的增长模式，提高城市竞争力，改变城市中心区衰退的趋势；应最大限度地利用已开发的土地和基础设施，鼓励对土地利用采用"紧凑模式"，在现有建成区内进行"垂直加厚"，提高建筑密度与土地利用效率；打破绝对的功能分区和严格的社会隔离格局，提出土地混合使用，促进住房类型多样化；鼓励市民参与规划，支持社区间协作，促进共同制定地区发展战略；保持良好的环境，为每个家庭提供步行休憩场所，扩展多种交通方式，强调以公共交通和步行交通为主的开发模式。在开展大量卓有成效的精明增长城市建设实践的同时，精明收缩理论也得到发展，主要是针对城市人口减少、规模收缩的情况，主张适度范围集中集聚发展，对低效率、低活力的空间进行优化，围绕新的功能定位和发展方向，精明配置土地利用、设施建设，以局部资源和功能的合理退出换取新的增长点，高效集约利用废弃和闲置用地等资源，优化"三生"空间，提高空间品质和生活品质，探索城市、区域转型升级的新路径。

二、国外理论的实践借鉴

现代城市规划围绕工业发展给城乡带来的诸多问题，从建筑、生态、社会、经济等学科领域提出了解决矛盾的诸多经典规划理论，对深入分析我国城乡发展实践提供了多维视角和科学方法。同时，经典规划理论针对不同时期发展问题，对城市发展建设提出新的理念，探索新的路径，对世界各地城市规划、设计、管理产生深远影响，使现代规划工作更加科学、有序。其突出处理好社会关系、坚持以人为本的价值取向，协调生产、生活、生态的空间管控和功能分区，强调规划公众参与动态调整的规划管理，以及采取定量模式预测分析区域发展建设等理念和方法，为我国开展乡村规划实践提供有益的借鉴。

1. 借鉴空间管控理念，优化"三生"布局和乡村发展

空间结构理论主张功能疏导和合理确定区域发展布局，引导欧美等国家管控城市发展，并延续影响现代城市的空间规划和管理。做好我国乡村规划工作，可以借鉴其空间管理理念，多维度分析问题，科学确定乡村生产、生活、生态空间，合理布局居住、生产、游憩等功能区和交通设施，高效集约利用土地，注重景观环境与公共空间营造，强化文化的价值回归，在时间维度上突出对发展历史的尊重与传承。同时借鉴和运用"卫星城""有机疏散"等基本原理，结合我国实际，构建"中心城市＋周边新城/功能区"等协调发展格局，把乡村作为城市发展的重要支撑系统，承载城市部分功能疏散，并划定城镇开发边界，对生态、农田和农村社区等予以严格保护，进一步完善"三区、三线"管理，在解决当前我国城市无序扩张等问题的同时，推动新型城镇化建设和城乡融合发展。

2. 借鉴系统分析方法，加强乡村规划定量分析和模型预测

系统论和系统分析方法把城市发展视为一个复杂的巨系统，采取多要素多层次相互交织叠加的分析方法，并运用数学模型模拟预测城市发展未来。做好乡村规划，可以借鉴系统分析的方法，统筹建立乡村产业、社会、生态、文化、人口等数据库，研究提出影响发展若干变量，科学运用系统论、信息论与控制论等方法，构建动态预测模型，分别模拟集聚提升类、城郊融合类、特色保护类、搬迁撤并类等村庄居住人口、建设形态、空间结构等演变，量化分析乡村整体发展，科学确定乡村公共

资源和社会资源配置，推动乡村规划工作步入精确把握、科学预测的轨道。

3. 借鉴公共政策理念，建立农民和社会参与乡村规划的工作机制

公共政策理论把人的相互作用与交往作为城市规划的依据，突出以人为本，倡导决策民主化，保证公众有合法正当的途径表达自己的诉求，注重协调处理好相关群体的利益关系。借鉴公共参与理念，在乡村规划编制和实施过程中，突出农民的主体地位，把规划建设作为深化乡村治理和基层民主实践的重要领域，畅通农民全程参与、平等协商、民主决策的渠道，引导规划技术人员驻村入户，汇集群众意见和协调不同群体利益，建立健全自上而下与自下而上相结合的信息沟通和决策机制，让乡村规划体现公共政策的综合平衡要求，成为全体农民共同参与的创造性活动。

4. 借鉴"过程"式规划理念，注重乡村规划实施评估和动态调整

经典规划理论强调规划是一个动态的适应性调整过程，根据经济社会发展及环境变化，对规划进行系统、动态调控，而不仅是描绘城市的终极状态。当前我国城市化加快发展，农村经济社会不断变迁，在这个背景下做好乡村规划，一方面要强化前瞻性研究，超前考虑未来发展挑战及应对策略；另一方面，要进一步重视规划实施跟踪评估，建立健全"调查—分析—编制—评估—调整"配套衔接的规划管理体系和动态调整机制。

■ 第二节 我国传统规划思想

我国传统规划思想起源早、历史悠久，从《周礼》的传统礼制思想，到老子追求天、地、人和谐统一的天道思想和人文思想，历经"权利主义"到"自然主义"再到"人本主义"，最后形成"天人合一"的思想。"天人合一"是我国儒释道三大文化派系普遍认同和主张的精神追求，体现了中华民族对自然客观朴素的认识和把握，也反映出中华民族文化发展特色。它既包括聚居空间结构设计的自然主义思维，也包括社会关系秩序建设的人本主义理念，是我国传统规划思想内核，深刻影响着我国历朝历代城市和村落规划建设。

一、主要思想理念

从"天人合一"对我国传统规划的影响看，主要演变出"风水理念"和"礼制思想"。其中，风水理念更多是从物质层面影响我国传统规划的布局建设，礼制思想更多是从精神层面影响我国传统规划的内部管控，两者共同构成我国传统规划思想

的根基。

1. 风水理念

风水理念是我国古代建筑、规划、环境以及其他相关设计的基础性依据，贯穿乡村规划始终，吸纳道、气、阴阳、五行、八卦等哲学范畴内涵，结合天文星象学、地理地质学、环境生态学、宗法礼制、传统美学、环境心理学等方面的知识，形成一套完整的规范体系。其宗旨是审慎周密考察、了解自然环境，利用和改造自然，创造良好的人居环境条件，实现天时、地利与人和，营造天人合一的最佳生存空间。风水理念在我国传统规划中体现出以下思想内涵：

（1）整体和谐统一。以人为中心，把天地万物作为一个整体系统，宏观把握各子系统之间的关系，强调整体与局部、功能与环境的和谐统一，注重观形察势，有势然后有形，有形然后知势，把小环境放入大环境考察，从大环境中观察小环境，优化规划布局、合理设计建筑，从而达到天、地、人与万物生存的和谐关系。"古者包牺氏之王天下也，仰则观象于天，俯则观法于地，观鸟兽之文与地之宜，近取诸身，远取诸物，于是始作八卦，以通神明之德，以类万物之情。"这强调了人与周围环境和谐相处的关系，天、地、人互相影响、互促共生。整体和谐统一是风水理念的基本特点，突出以整体原则认识和处理人与环境的关系。

（2）顺应自然规律。因地制宜是我国务实思想的体现，根据环境的客观性，采取适宜于自然的生活方式，使人与建筑融为一体，尊重自然规律，追求天人合一，是传统规划设计的真谛所在。风水理念认为自然界有其普遍规律，即"天道"，它的存在与运作乃"作天地之祖，为孕育之尊，顺之则亨，逆之则否"，也就是人只能顺应自然，而不能违背"天道"行事，更不能倚持人力同自然对抗。"务全其自然之势，期无违于环护之妙而止耳"，在进行基址选择和规划设计之时，强调依山傍水和坐南朝北进行规划建设，就是对自然现象的认识和把握。按照我国地理环境等因素，依山傍水利于藏风纳气，朝南的房屋便于采光，冬季便于取暖、避北风，夏季便于凉风吹入。清末何光廷在《地学指正》中云："平阳原不畏风，然有阴阳之别，向东向南所受者温风、暖风，谓之阳风，则无妨。向西向北所受者凉风、寒风，谓之阴风，宜有近案遮拦，否则风吹骨寒，主家道败衰丁稀。"强调顺应天道，可得山川之灵气，受日月之光华。

（3）坚持因势利导。万物在不断演变，顺应事物发展趋势，根据目的需要进行合理利用和改造。《礼记》记载，上古有巢氏时，"冬则居营窟，夏则居橧巢"，古人因自然环境的不同而改变穴居。神农氏教人因天时、就地利，制耒耜，都是因势利导的智慧。人们选择更好的地理环境就是选择更好的生态环境，强调原生态的自然美要与一定程度上的人工改造相结合，更有利于乡村经济、民生和生态等协调发展。

因势利导首先是积极利用，通过观测地质、考察水的来龙去脉，按照山脉、水流、朝向等进行选址、确定建筑规模和建设方案，便于营造，也便于生活，提倡房屋的建造应在有生气的地方，叫做顺乘生气，只有生气勃勃，植物才会欣欣向荣，人们才会健康长寿。宋代黄妙应在《博山篇》中云："气不和，山不植，不可扦；气未上，山走趋，不可扦；气不爽，脉断续，不可扦；气不行，山垒石，不可扦。"其次是合理改造，传统规划设计认为有些自然条件的不足，可以通过开渠引水、培龙补砂、修补住宅、采用风水镇物、调整花草树木等人工方式进行改造和补救，创造优越的生存条件。《周易》有象曰：巳日乃孚，革而信之。文明以说，大亨以正，革而当，其悔乃亡。天地革，而四时成。汤武革命，顺乎天而应乎人。革之时大矣哉！"

（4）强调阴阳平衡。阴阳是对立统一的两个方面，阴与阳各有利弊，善于调节两者关系，就能发挥最大效能，打破平衡会给处于整个大环境中的人造成紧张感和压迫感。"夫五运阴阳者，天地之道也，万物之纲纪，变化之父母，生杀之本始，神明之府也，可不通乎"，阴阳合则化生万物，阴阳不和则灾咎百出。阴阳合强调动静平衡，动者为阳、静者为阴，动静不一，阴阳相异，要强化内部环境的调节，使整个环境系统达到趋于协调、连贯的态势，如步移景异的风景线是动，各具特色的近景点是静，景观线和景观点要协调平衡；强调聚散合理，聚为阳、散为阴，居住区和建筑是聚，公共空间是散，两者比例要合理，更加注重回归自然和田园牧歌等"分散主义"的生活方式，把握好"聚集"和"分散"的平衡；强调山水相宜，山是阳，水是阴，山是大地的骨架，水是万物生命之源，"水随山转，山因水活"，山水相互交融、依存。六朝古都南京，濒临长江、四周是山，有虎踞龙盘之势。明代高启有诗赞曰："钟山如龙独西上，欲破巨浪乘长风。江山相雄不相让，形胜争夸天下壮。"我国传统园林注重堆山理水，目的就是创造一个山环水抱的空间，形成优良的局部小气候，进而养"活"土地，催发生气。

2. 礼制思想

《周礼》是理解我国古代城市规划制度的一把钥匙，其蕴含的礼制思想是人文管理规划思想的核心，成为我国古代规划思想发展的主脉。礼制主要是通过规定人与人之间的礼法关系，强化秩序等级观念，从而维护社会稳定。礼制文化对中国社会的影响极其深远，而各个朝代的规划建设大都体现礼制思想。在封建社会尊儒重教、定等分级规则等背景下，礼制发展成以血缘为纽带、以等级分配为核心、以伦理道德为本位的思想体系和制度，表现在建筑上，主要通过建筑的规模、类型、宽度、深度、屋顶性状、装饰、色彩的不同来体现，建筑也就成为传统礼制具有代表性的独特标志与象征。

（1）尊卑有序。"礼"强调敬畏、尊重、约束，通过规范人的行为以达到社会稳定，在宫廷规划建设方面，等级分区、规模大小等方面都有严谨的礼制制度，形成一套营国"官治"标准，强调等级差异和尊卑有序。在建设选址方面，《周礼·考工记·匠人》记载："匠人建国，水地以县，置槷以县，眡以景，为规，识日出之景与日入之景，昼参诸日中之景，夜考之极星，以正朝夕。"主要讲述了建国选址的依据以及方位测量的操作方法，突出"以中为贵"。在都城规划布局方面，《周礼·考工记·匠人》记载："匠人营国，方九里，旁三门。国中九经九纬，经涂九轨，左祖右社，面朝后市，市朝一夫。"详细介绍了古代都城以"王权至上""中为贵"为基础，按尊卑分区、围绕宫廷依次布置的规划布局形式。在规模制度方面，根据人的尊卑，制定房屋的具体尺寸和规模，《周礼·考工记·匠人》记载："王宫门阿之制五雉，宫隅之制七雉，城隅之制九雉，经涂九轨，环涂七轨，野涂五轨。门阿之制，以为都城之制。宫隅之制，以为诸侯之城制。环涂以为诸侯经涂，野涂以为都经涂。"根据等级，分别从城墙高度、应用以及城内道路的宽窄上作明确规定。在建筑风格方面，等级差异和尊卑有序往往通过建筑的规模、建筑的类型、房屋宽度、深度、屋顶形式、装饰、色彩的不同表现出来，建筑成为传统礼制的一种独特的具有代表性的标志与象征。同时民间规划建设也是依据乡村社会权威和社会组织的行为规范，形成以伦理伦常为基础的"民治"，以建筑形式、方位等来划分人的等级，表现不同地位，表达对长辈的敬意，维护宗族利益，形成一个等级分明、尊卑有序而又和睦相处的整体，突出以父子延续式为特点的纵向延伸结构来划分建筑的中轴线"前堂后室，居中为尊，两厢次之，倒座为宾"的位置序列。

（2）和而不同。在遵循礼制的基础上，规划布局、建筑设计既要保持整体一致的秩序，又要适度体现个性特征。从原始巢居、穴居到原始村落民宅建设以及到后来的都城、宫殿的规划建设都体现了这一理念，展示了我国不同民族、不同地域所表现的民俗风格迥异但又整体一致、规范有序的文化特征。"夫和实生物，同则不继，以他平他谓之和，故能丰长而物旧之，若以同稗同，尽乃弃矣"。在民族变迁和交融的过程中，我国逐步形成了华夏一族、同宗同源共同的文化理念，这是我国传统礼制上的大统一、大和谐，体现了中华文化的整体性、共同性和一致性；但是我国又是一个多民族国家，族群部落间文化和自然条件存在差异，而这种差异体现在规划设计、建筑营造等多个方面，形成了我国礼制对多元文化的包容性，"所贵乎君子者以能兼容并蓄，使才智者有以自见，而愚不肖者有以自全。"规划建设既突出社会制度的统一性要求，又尊重人文和自然环境的特殊性，体现出兼容并蓄、多元合一的特点。

二、我国传统规划思想实践

"天人合一"哲学思想及其衍生出的风水理念和礼制思想，表现在传统规划上就是追求与自然和谐统一。这些思想、理念对乡村空间布局、村庄空间结构与建设、村庄建筑营造具有深远影响。

1. 宏观层面的乡村空间布局

传统乡村建设选址以"相形为胜"等风水学说为主要参考，追求空间、形象上的天地人合一，通过觅龙、察砂、观水、点穴、取向等风水术五诀来确定选址，对我国乡村建设选址、空间布局等具有借鉴意义。觅龙，即是寻找龙脉，龙脉即水脉和山脉。如广西秀水古村落北侧是秀水河，形成了当地河流环绕、视野开阔的风水格局。察砂，即是对前后左右环抱村落的群山进行考察，"砂"是指"前后左右环抱村落的群山，群山隶属于村落所依靠的主山"。如江西赣州的东龙古村的龙脉为武夷山脉的支脉，包括东龙岭与东龙峰两支余脉，这两支山脉又包括若干小山脉，围合形成椭圆形盆地，村落的四方山脉分别为凤山、象山、龙山、狮山。观水，是指观察村落溪流流向，风水理念中对理想水系的描述为"金城环抱"，其中的"金"是指"五行至金，取象其圆，城寓意为水之罗绕"，即水系沿村庄三面环绕为最佳状态。如广西岭南的扬美村南北两面都有河流，且两条河流从南北两侧向东西方向流向村内的盆地，并最终在村西汇流，同时，村落盆地内有上百个鱼塘，各个鱼塘相互连接，远观如同一湖，这与风水理念所描述的"双溪环抱"相符合。点穴，即在觅龙、察砂、观水的基础上确定最佳的修建位置，其重点是确定阳基位置，阳基要求左山右水、枕山襟水、局面阔达，村落建筑主要以矩形为主，建筑格式不宜纵深修建，不宜建造狭长形建筑。取向，即是确定村落与村落建筑物的修建朝向，风水理念中朝向遵循"北子、南午"的原则，选择面南而居，村落布局采取南北向分布。

2. 中观层面的村庄建设规划

风水理念和礼制思想均对传统的村庄空间布局结构和村庄建设具有深远的影响。风水理念的应用主要体现在朝向、形态、建筑等方面，传统乡村形态格局趋意吉祥，主要有封闭完整的"山水环绕"格局、模拟吉祥事物的象形格局和体现文化意境的写意格局三种"风水吉局"。礼制思想在建筑营造和布局中起着决定性作用，在古代城市规划布局中表现尤为突出，遵循以中为尊、先左后右的原则，逐渐演化成为"中央为宫城、左侧皇族宗庙、右侧祭祀社稷坛；社稷以南为政府部门；宫城东、西、南方为大臣府邸；东北端设市；其他地区居民闾里为'三套方城''宫城居中'面南朝北、中轴对称"的布局方式。在古代村镇地区，宗族关系占据重要地位，在村落布局中，首先强调的是宗祠位置布局，特别是要优先考虑宗族祠堂或宗族首领（族长）住房位置，即"君子营建宫室，宗庙为先，诚以祖宗发源之地，支派皆本于兹"。通常村落的整体布局以宗祠（或族长房）为中心逐步展开，形成在平面上由内向外的自然生长的村落发展格局。由于受到地形、土壤、水资源等影响，不同自然条件的乡村布局有一定差异，如平原区呈现"十字"交叉形势，呈几何形状依次向外扩张；山区一般平行或垂直于山体等高线建设；水乡区则依据水流走势、湍缓，临水而建，呈现条带状分布特征。

3. 微观层面的建筑营造规划

中国古代建筑体现礼制思想，通过形制、色彩、规模、结构、部件等反映等级差异；"天人合一"思想也同样体现在我国古代建筑的营造过程中，促进建筑与自然的互相协调与融合。这些思想主要应用在村庄的单体住宅布局以及建筑风格的确定两个方面。单体住宅的空间布局，按照"前堂后室，居中为尊，两厢次之，倒座为宾"的父子延续式位置安排序列，以建筑形式、方位等来划分人的等级，表现不同地位，表达对长辈的敬意，维护宗族秩序，形成等级分明、尊卑有序而又和睦相处的整体。我国古代建筑多以木结构体系为主，少量为砖石建筑和金属建筑。木结构以四根立柱，上加横梁、竖枋而构成"间"，间数一般由奇数构成，开间越多等级越高。立面上可将建筑物分为台基、屋身、屋顶三个部分。其中，官式建筑屋顶体形硕大、出挑深远，是建筑造型中最重要的部分。屋顶的形式按照等级分为单坡、平顶、硬山、悬山、庑殿、歇山、卷棚、攒尖、重檐、盝顶等多种制式，又以重檐庑殿为最高等级。在色彩使用方面，只有皇家建筑才可以使用黄色琉璃瓦，而民间则以黑白灰为主。彩画的使用也有明确规定，以龙凤为题材的和玺彩画型制最高，只能用于皇帝听政、祈天、祭祀及住所等专用建筑；旋子彩画等级次之；苏式彩画（历史人物、山水风景题材）可用于民间。

以风水理念和礼制思想为代表的"天人合一"思想对我国城市、村落、园林等方面的选址及规划设计产生重要影响。我国地域辽阔，地形地貌复杂多样，区域气候、自然条件不同，社会文化地域特征明显，决定了我国乡村建设应因地制宜、风格多样、特色突出，合理汲取"天人合一"思想的理论方法，有利于更好地开发利用土地、提升乡村风貌、整治人居环境、做好文化传承等，对打造各具特色的现代版"富春山居图"具有一定借鉴意义。

第二章 "三农"发展理论

在乡村发展实践中，中外理论界对"三农"各个领域进行了系统、深入研究，逐步形成农业发展、农村发展和农民发展三大方面的相关理论。这些理论互为依存、互为条件、相互促进，同时针对不同的研究对象，又有各自的特定理论内涵。根据不同国情、农情和乡村发展阶段特征，分别梳理其核心观点和实践应用，有利于把握乡村发展的一般规律，为一体设计、一并推进农业农村现代化，做好我国"三农"工作顶层设计和开展规划实践提供理论支撑。

■ 第一节 农业发展理论

农业形成和发展经历了不同的阶段，大体包括原始农业、传统农业和现代农业三个时期，基于历史、地理、经济等状况，不同国家和地区农业发展进程有所差异。理论界针对农业、特别是现代农业发展阶段特征，分析其内外条件变化，并主要聚焦要素变化、区域聚集、产业组合等规律，研究其影响农业进步的动力因素和推进机理，逐步探索形成以改造传统农业理论、技术创新诱导理论、杜能农业区位理论等为代表的农业发展理论。

一、主要理论及其观点

1. 改造传统农业理论

1964年，诺贝尔经济学奖获得者美国经济学家舒尔茨发表《改造传统农业》，提出农业投入与回报理论，强调与传统农业比较，现代农业实现"低投入、高回报"，在于改造传统农业，寻求一种成本低的新的生产要素、特别是人力资源要素进行投入，促进增长、提高效益，农业现代化就是用现代生产要素替代传统生产要素的过程。该理论有三个核心观点：一是加强现代生产要素研发。包括科技等现代生产要素的研发以及国外的先进生产要素适应性研发，后者是发展中国家农业研发的重要

033

路径。二是加强人力资本投资。农民是农业生产的主体，是科技等新要素的载体，其自身素质是制约现代化进程的最关键要素，需要加大对农村劳动者的教育、培训等投入力度。三是充分发挥市场机制作用。市场竞争产生有效刺激，推动经济发展，引入市场机制有利于科技与其他生产要素自由流动和合理配置。

2. 技术创新诱导理论

1985年，美国学者费农拉坦和日本学者速水佑次郎提出了技术创新诱导理论，把现代要素、特别是技术创新要素看做农业发展的内生变量，提出技术创新诱导机制，从科技进步、制度创新和先进模式等方面，研究要素间的替代演进规律，认为农业技术结构的形成及变革具有诱导性和非自发性，技术进步对农业生产率和产出水平的提高具有重要拉动作用。该理论有以下核心观点：一是农业技术的选择产生于生产诱导。要素比价和要素—产品比价会诱导农业生产者不断调整各要素的投入比例，以相对廉价高效的要素来代替昂贵低效的要素，选择最优技术或引进生产要素与生产条件进行"新组合"。二是加强"内生"创新是破解农业发展约束的基本路径。农业技术进步和体制变革是农业发展的内生变量，而"外在"的保护、支持和"反哺"只能够作为辅助手段。

3. 杜能农业区位理论

德国农业经济学家杜能的农业区位理论对城市外围地区农业生产的合理分布进行了详细论述，分析了自然地理区位、经济地理区位和交通地理区位对农业产业发展的影响。主要有以下核心观点：一是与城市的距离决定了地租高低和土地利用集约化程度，距离消费中心越近地租越高，土地利用集约程度越高。二是农产品受气候、土壤等自然条件限制，必须在特定产区进行生产，通过加工销往消费市场。因此农业在生产布局上形成了许多有规则的、界限明显的同心圈，每个圈层都有自己的主要产品，并有自己相应的耕作制度。三是"同心圆状"扩展的农业圈层呈现土地单位面积产量和收益由中心向外逐渐递减、农业集约化水平也由内向外逐渐降低的趋势。该理论对于科学规划城市郊区农业生产，根据不同区位地租水平布局主导产业等，具有参考价值。

4. 增长极理论

在新技术革命和经济全球化的双重推动下，产业分工协作、区域集聚发展日益明显。理论界对产业集聚效应、规模效应和区域竞争力进行了研究，有代表性的理论是法国经济学家佩鲁首次提出的增长极理论，其核心观点有三方面：一是经济增长主要依靠技术进步和创新，具有非均衡分布特征，一些优先拥有技术创新能力的产业或部门，在某些地区集聚，以较快速度优先发展，形成增长极。二是增长极的核心主体是具有创新技术的促进型企业（产业或部门），促进型企业与前后生产关联企业之间存在支配作用，通过经济联系形成非竞争联合体。三是增长极具有极化效应和扩散效应，极化效应表现为吸纳周边地区生产要素资源，扩散效应表现为生产要素资源流向周边地区，带动其他产业和周围腹地的发展。

5. 农业六次产业化理论

随着产业聚集发展，产业间的交叉渗透、前后联动、要素聚集、跨界配置等现象日趋增多，产业融合突破行业间壁垒，催生出一批新技术、新业态、新商业模式。20世纪90年代，理论界从经济学的角度研究产业融合规律，揭示农业现代化的产业联动、技术渗透，以及资本、技术、资源要素跨界集约化配置的内涵、原因、内容、类型和效应，形成农业六次产业化理论。其核心观点包括：一是通过培育农业生产、农资制造、食品加工、农产品流通、休闲农业旅游等本土化农业产业链，实现农村第一、第二及第三产业的融合发展，简单地讲就是第一产业＋第二产业＋第三产业。日本学者今村奈良臣对这一提法进行修正，认为农业的"六次产业化"应当是农村地区各产业之乘积，即农业的"六次产业化"＝第一产业×第二产业×第三产业，表明只有依靠以农业为基础的各产业间的合作、联合与整合，才能取得农村地区经济效益的提高。二是重视让农村生产者基于农业后向延伸发展第二、第三产业，从而让农户分享农产品加工、流通和销售环节的收益，而不是让城市工商业资本前向整合，吞噬和兼并农业。

二、实践借鉴

根据农业经济发展和产业转型的演进特点，把握要素替代、产业融合和区域聚集等一般规律，结合我国国情、农情和现代化建设要求，有序规划建设现代农业产业体系、生产体系和经营体系，促进农业全面升级。

1. 遵循要素替代规律，优化现代农业发展路径

在我国总体上已进入加快改造传统农业、促进高质量发展的关键时期，需要把推动现代生产要素替代传统生产要素作为实现农业现代化的关键举措。一是要强化现代生产体系建设，重视用现代物质条件装备农业，用现代科学技术改造农业，鼓励农业技术创新，提高农产品生产的技术含量，着力改善技术装备条件，并根据不同区域特点，分别探索机械化大农业、技术密集型农业等模式，提高土地生产率和劳动生产率，提升农业质量、效益和竞争力；二是强化现代经营体系建设，用培养新型农民发展农业，创新农业生产经营制度，壮大现代农业建设的主体力量，化解

农户小规模分散生产经营困局；三是强化专业体系建设，充分利用市场机制作用推动科技与其他生产要素优化配置，形成人才、土地、资金、产业、信息汇聚的良性循环，不断激发农业发展内生动力和活力，促进农业提档升级。

2. 注重区域布局优化，打造现代农业发展增长极

我国经济区域类型多样，农业发展水平参差不齐，决定了农业现代化不可能一蹴而就，也不可能"齐步走"，需要把握区域发展规律，合理确定主攻方向，注重打造区域发展增长极，科学推动农业发展。一方面，根据区位条件和产业基础，优化调整发展布局，明确农业区域的分类定位，促进区域专业化分工和特色农业产业发展，推动农产品生产向适宜区域集中，形成产业聚集、集群发展的格局；另一方面，遵循非均衡发展的理念，集中优势力量打造现代农业发展的核心平台，在时间和空间上更好更快地集聚政策资源、先进要素、经营主体，重构产业链、价值链、供应链和创新链，发展壮大主导产业，形成区域发展增长极，并通过增长极的极化效应和扩散效应，加快区域经济发展进程。

3. 推进一二三产业融合发展，积极培育新产业新业态

发展现代农业需要打破单一的一产发展框架，注重用现代产业体系提升农业，把推进农村一二三产业融合发展作为转变农业发展方式、拓宽农民增收渠道、构建现代农业产业体系的重要举措。一方面要加强产业的纵向融合，延伸农业产业链，以新型农业经营主体为依托，促进生产经营向上游延伸至生产资料供应乃至技术研发等环节，向下游扩展至加工、销售服务环节，实现贸工农一体化、产加销一条龙发展；另一方面要加强产业的横向融合，拓展农业多种功能，推进生态农业、都市农业、休闲农业、循环农业等多元化发展，培育"农业＋工业""农业＋互联网""农业＋旅游""农业＋文化""农业＋节会"等新产业新业态，有效放大产业融合发展的乘数效应。

■ 第二节　农村发展理论

农村是以农业生产为基础、以田园山水为自然本色、以土地为依托、以文化血缘地缘为联结的乡村经济社会生态载体，其发展具有空间分散性、类型多样性等特征。基于农村自然条件、社会秩序、政治制度和经济发展的重构，理论界聚焦农村社会建设、生态文明和文化传承，研究其发展的价值实现、动力激活和发展道路选择等问题，探索形成了以乡村社区改造理论、原乡发展理论、可持续发展理论、生活圈理论等为代表的农村发展理论。

一、主要理论及其观点

1. 乡村社区改造理论

在工业现代化和全球化的大背景下，城市社会与农村社会发展形成强烈反差，大城市对人口和资源的虹吸效应加速了农村的凋敝，为解决农村社区公共设施缺乏、环境卫生状况混乱、群众参与管理意识薄弱等问题，美国学者弗里德曼和道格拉斯在广泛调研亚洲等国家城市与农村发展不均衡的基础上，试图从完善农村地区的基础设施、制度建设、发挥农民主观能动性等方面改造农村社区发展，从而建立一个多样化的地方经济结构。弗里德曼与道格拉斯于1975年发表《乡村社区发展：论亚洲区域规划新战略》，其核心观点包括：一是强调农村社区的社会关系。与农村区域范围边界划定不同，农村社区是一种社会关系的基本单元，是指一定农村地域上具有相对稳定和完整的结构、功能、动态演化特征及一定认同感的社会空间，由有共同目标和利害关系的人组成的社会团体，社会交往和价值认同是社区形成和存续的重要基础。二是社区是一个利益共同体。社区单元相对稳定的条件是有足够的自主权和经济资源，强调农村社区发展是"满足人基本需求"的空间，在社区内要推行土地制度变革，确保财富由农村社区各个成员控制，建立多样化的区域单元经济体系，确保农村社区存续和发展。该理论强调城乡间的生产、资本、人才等要素流动对农村发展起到至关重要的作用，同时城市应作为非农业和行政管理功能的场所而不是一个增长极。该理论对各国和地区制定农村发展规划产生了巨大而持久的影响，包括更加注重建立规划科学、设施齐全、环境优美、管理完善的农村社区，改善居民居住环境，以及推进农村居民与城市居民享有同等基本生活条件和公共服务等方方面面。

2. 原乡发展理论

该理论由我国台湾地区学者提出。工业化和城镇化快速发展，导致大量的村落被毁，自然生态系统遭到严重破坏，为了遏制城市病的蔓延，保护乡村生态文明，产生了"原乡发展理论"。该理论借鉴老庄哲学顺应自然的"无为自化"思想，强调人与自然的和谐，主张天人合一的自然观，保持原住民的生活方式，提出在农村规划建设中尽量保持自然的特色、保留历史的记忆。该理论有两个核心观点：一是尊重自然，避免过度开发，不能违背自然规律，破坏原有的生态和景观，农村建设要满足人类返璞归真、回归自然的需求，体现农村自然特色和生态价值；二是尊重文化，避免割裂历史文脉，不能违背农村社会演变规律，破坏与自然生态和传统文化相协调的农村空间格局、街巷肌理，农村建设要以人为本、以生态为基，适应农村生活方式、生产方式的内在要求。其核心思想是倡导保护农村原生态景观环境，回归本色的生产生活方式，避免"农村城市化"破坏农村的传统文化，阻断"城市病"蔓延至农村。当前原乡发展理论已融入各国各地区农村规划及农村旅游发展建设理念当中，通过以村庄聚落的原有布局为本底，以最少的人工干预和谐处理人与环境、人与人之间的关系，统筹安排、科学规划农村的布局，营造最纯真的农村氛围，从而实现对农村原真性保护。

3. 可持续发展理论

美国经济学家K·波尔丁在20世纪60年代提出可持续发展的观点。由于工业化的发展，资源、能源加速消耗，生态环境遭到严重破坏，人类的生存和发展面临前所未有的严重威胁和挑战，很多发达国家不得不进行反思，探索调整高消耗、高污染的粗放型发展模式，可持续发展理论由此产生、发展。可持续发展理论强调在人、自然资源和科学技术的大系统内，在资源投入、企业生产、产品消费及废弃的全过程中，把传统的依赖资源消耗的线性增长方式转变为依靠生态资源循环的发展方式。其理论核心观点包括：强化资源节约和综合利用、废旧物资回收利用、环境保护等，运用清洁生产、环境管理等技术和法制手段，以尽可能少的自然环境代价获取最大的经济和社会效益，实现人类社会的可持续发展；要用发展的办法解决资源约束和环境污染的问题，强调通过生产方式和消费模式的根本转变，促进经济社会发展和环境保护的有机统一。

4. 生活圈理论

在二战后日本社会重建的大背景下，大量资源要素涌向城市，城市建设飞跃发展，但农村基础设施落后、生活环境恶化等问题凸显。日本政府在第三次全国综合开发规划中提出建立"生活圈"的构想，将生活圈划分为村落、大字、旧村、市町村和地方都市圈5级，从居民生活环境与公共服务等方面合理布局公共服务资源。该理论主要是从人的需求出发，以人为本组织生活空间，构建公共服务网络、配置农村公共设施，同时注重自下而上、广泛的社会参与，以达到均衡资源配置、保障社会民生、维护空间公正的目的。在该理论的影响下，韩国制定《全国国土综合开发规划》，将生活圈划分为大都市生活圈、地方都市圈与农村生活圈3个圈层，并分别拟定开发策略。我国台湾地区也采用了"地方生活圈"的概念对城市进行分等定级，以城市为中心划分圈层，建立3级生活圈层体系，形成了20个地方生活圈。

二、实践借鉴

农村是乡村经济、社会、生态和文化发展的空间载体，当前我国农村发展呈现新特征，传统社会关系发生深刻变化，农村老龄化、空心化明显，推进农村现代化建设，需要重新认识其生态、文化、社会价值，把握乡村社会发展的规律，加快农村全面进步，让农村成为安居乐业的美丽家园。

1. 重视利益共同体构建，建设和谐有序、充满活力的乡村

农村是乡村社会关系发展的承载空间，社会交往和价值认同是社区形成和存续的重要基础，需要借鉴乡村社区改造理论，根据我国熟人社会演变的特点，统筹协调各种利益诉求，重构农村社区价值秩序。一方面要培育形成共同价值追求，以社会主义核心价值观为引领，推进社会公德、职业道德、家庭美德、个人品德建设，积极倡导科学文明健康的生活方式，满足农民丰富多样的精神需求，促进农民全面发展；另一方面要处理好农民与土地关系，土地是农业最重要的生产资料，是农民赖以生存和发展的最基本的物质条件，稳定农村土地权益，平衡乡村各方面的利益诉求，是农村社会和谐发展的基础，需要守住不能损害农民利益的底线，在坚持农村基本经营制度的基础上，深化农村改革，完善土地权能，优化资源配置，保障和提高农民的财产收益。

2. 重视文化和生态保护，建设望得见山、看得见水、记得住乡愁的乡村

文化和生态功能是农村的本质特征和不可替代的价值所在，需要借鉴原乡发展等理论的基本理念，延续历史文脉、保护青山绿水，维系农村的本色和底色。一方面要重视农耕文化传承发展。农村生产生活孕育了悠久厚重的农耕文明，蕴含优秀思想观念、人文精神、道德规范，同化和规范社会群体行为，需要遵循乡村文化自身规律，保留乡土特色、乡村风貌，保留乡村文化的精髓和内核，发展乡村特色文化产业，注重发挥村规民约在乡村治理中的作用，汇集民意、聚集民智、化解民忧、维护民利，促进村民的自我管理、自我教育、自我服务和自我约束，维系社会秩序。另一方面要重视生态恢复保护。农村生态是人类社会赖以生存和发展的基本条件，保护生态环境是乡村发展的题中应有之义，需要坚持"绿水青山就是金山银山"的理念，深化可持续发展理论实践，让农村经济活动、人的行为限制在自然资源和生态环境能够承载的限度内，构建起以生态系统良性循环和环境风险有效防控为重点的生态安全体系。通过挖掘乡村文化价值，盘活乡村闲置资源，发展休闲农业与乡村生态旅游，促进绿水青山转化为金山银山。

3. 重视生活条件优化，建设公共服务普惠共享的乡村

农村是农民生产生活的家园，农村基础设施和公共服务条件状况关系到农民幸福感、获得感、安全感的实现程度，需要汲取生活圈等理论的内涵和基本思想，合理布局公共服务网络、完善公共设施配套，保障农村社会民生，让乡村生活更加便捷、平等。一方面要补齐农村基础设施和公共服务短板，扭转农村脏乱差状况，全面推进无害化卫生厕所改造、垃圾分类处理体系和农村污水排放及处理设施建设，着力解决农村水、电、路等基础设施建设普遍滞后问题，大幅增进农村民生福祉；另一方面要在有条件的地区探索优化乡村15分钟生活圈，在以乡村聚落为中心的15分钟步行可达范围内，合理配置和布局建设较为完善的教育、商业、交通、文体、养老等公共设施，实施美化、绿化、亮化等工程，为农村居民提供更加简便及时、全方位的服务和体现农村特色的优美环境，全面提升农村的生活品质。

■ 第三节　农民发展理论

农民发展的根本是农民自身能力与素质的提升和社会关系的发展，两者相辅相成，即农民通过能力的提升拓展劳动范围，丰富社会关系，社会关系的丰富反过来又可以促进农民对自身理性认知，进而促进个人能力和素质的提升。农民发展理论主要从发展动力和发展路径两个维度，对其发展的动因、趋势、目标及路径等进行研究。

一、主要理论及其观点

1. 农民发展需求理论

根据美国社会心理学家马斯洛的需求五层次理论，人的需求分为生理的需求、安全的需求、社交的需求、尊重的需求和自我实现的需求，从下到上层层递进，呈一个正三角形，下层的需求基本满足后，上层需求取代其成为主因，且下层需求并不会消失，与上层的需求仍然存在一定的联系。马斯洛认为，从下到上满足的难度越来越高，五种需求完全满足的可能性非常低，但可以通过努力无限趋近于这个目标。一个国家多数人的需求层次结构与该国经济、科技、文化和民众受教育的程度直接关联。根据马斯洛需求五层次论，结合农村生活条件的具体性和农民角色的特殊性，农民的生理需求是解决吃饱穿暖这些基本需要，农民的安全需求是实现人身安全和身体健康，农民的社交需求是满足与外部社会的交流需要和对家乡家族的归属感，农民的尊重需求是得到社会的认可及消除身份差别的需要，农民的自我实现需求是农民最大限度发挥个人潜力并实现理想抱负的需要。著名的德国社会学家马克思·韦伯认为，在农业社会中，由于人们缺乏求利欲望与积累动机，只以"够用"为满足，因而表现出与"正常的"供应曲线不一致的"非理性"行为，一旦农民生活水平达到某一水平时，就会出现反常的"向后转"供应曲线，农民各种需求得以释放。我国现代学者高君（2016）认为，农民发展需求是多方面、多层次的，不仅包括农民物质财富的增加，满足其基本的生存与安全需要，还包括知识、素质、政治权力、法权等精神财富的提升，以及满足精神、民主、个性自由发展的需要。根据农民发展需求理论，农民需求随着社会条件、经济水平、人文环境的变化而改变，激发农民自我发展的内生动力，是不同时期、不同阶段制定农民发展政策的重要依据。

2. 农民全面发展理论

马克思在《1844年经济学哲学手稿》中首次提出了人的全面发展思想，认为人是现代化的主体，人的自由全面发展是人的现代化的终极目标，是"人的本质力量的展示"和"人的本质力量的发展"，包括生活、素质、能力和社会关系等各个层面。实现人的全面发展，是马克思主义追求的根本价值目标，也是共产主义社会的根本特征，它所强调的不是片面的发展、畸形的发展、不自由的发展、不充分的发展，而是包括人的社会关系的全面发展、人的能力的全面发展、人的个性的充分发展。从人的全面发展维度研究农民全面发展的学者认为，农民全面发展是人的全面发展在农民身上的具体体现，具有人的全面发展的一般共同本质特征。晏阳初提出了著名的平民教育思想，针对农民愚、贫、弱、私四大问题，主张开展四大教育：文艺教育培养智识力，生计教育培养生产力，卫生教育培养健强力，公民教育培养团结力。通过学校式、家庭式和社会式平民教育的方式，实现农民有觉悟、有道德、有公共心、有团结力的全面发展目标。梁漱溟认为，中国没有阶级，只有职业不同，是伦理本位社会，而伦理情谊之根在农村，应主张乡村教育，恢复古朴之风，重振伦理精神，以实现"伦理本位、职业分途"理想。他放眼中国，以农民本位进行思考，看到了农民发展在国家兴亡中的作用，提出从农民全面发展出发，解决农民实际问题。我国现代学者单飞跃等人认为，农民全面发展就是农民权利的发展，也就是农民发展权的获得和保护，包括农民的政治发展权、经济发展权、文化发展权以及社会发展权。农民全面发展理论是对农民发展需求理论的继承，它从发展环境与条件的塑造角度，提出了满足农民全面发展的外部响应，定位了农民发展的终极目标。

3. 剩余劳动力转移理论

国外学者对农村剩余劳动力转移的规律进行深入研究，认为剩余劳动力转移是由城乡两个劳动市场的差异所引起的。19世纪末，英国学者E.G.雷文斯坦在《人口转移规律》一书中首次提出了系统的人口迁移理论——"推拉理论"，他将影响迁移的因素分为"推力"和"拉力"两个方面，前者是消极因素，后者是积极因素。

20世纪50年代，美国学者唐纳德·博格较为系统地提出了"推拉理论"，认为劳动力由农村向城市迁移受农村内部推力和城市拉力两种力量同时作用的影响，迁移的推拉因素除了更高的收入以外，还有更好的职业、更好的生活条件、为自己与孩子获得更好的受教育机会以及更好的社会环境等。剩余劳动力转移理论认为，农村剩余劳动力的转移过程，是伴随着经济社会结构变迁的长期发展过程，与工业化水平、城市化水平和社会保障制度、户籍制度等政策性因素紧密相关，为各国各地区推进城镇化建设、选择农业农村现代化发展道路提供了主要依据。

4. 农民终结理论

20世纪下半叶，在部分西方国家由于受到来自农村外部的嵌入性影响，农民处于深重的危机当中。在此背景下，法国著名社会学家孟德拉斯在《农民的终结》中提出"农民终结理论"。他认为由于受到工业与城市施予的技术、经济和政治上的压力，以及内部资源的竞争，"小农终结"是必然的、不可避免的，并提出了农业人口的减少和农业生产方式的转变两种实现方式。孟德拉斯所谓的终结不是"农业的终结"或"乡村生活的终结"，而是"小农"的终结，在孟德拉斯看来，从"小农"到"农业生产者"或农场主的变迁，是一场巨大的社会革命。长期以来，农民在相当程度上仍然是一种身份象征，而不是职业概念，具有优质和专门技艺的职业化农民缺失。随着农业现代化的推进和农民综合素质的提高，到后现代农业时期，农民的价值应该与教授、医生等职业等同。根据农民终结理论，农业会成为一个竞争性的生产部门，农民的最终归宿是变成农业的职业生产者，确切地说，农民终结并非农民群体的消失，而是传统农民的终结或者涅槃，通过这一"终结"，农民才得以在发展变迁中重新找到新的定位与社会角色。

二、实践借鉴

推进农业农村现代化需要高度重视农民的主体作用，研究和掌握农民发展的内在需求、动力机制和转型渠道，创造有利于农民全面发展的制度和通道，培育有文化、懂技术、善经营、会管理的高素质农民队伍。

1. 满足全面发展需求，促进农民共享改革发展成果

农民发展动力理论表明，农民发展需要平等的发展权利与机会，要满足农民多层次需求、推进农民全面发展，充分保护农民的政治发展权、经济发展权、文化发展权以及社会发展权。一方面要进一步赋予农民生产经营自主权，巩固和完善农村基本经营制度，深化农村集体产权改革，明晰产权权属，充分调动农民自主发展的积极性、主动性和创造性，践行以人民为中心的思想，加大政策反哺力度，确保实现全体人民共同富裕的目标；另一方面要进一步畅通农民参与乡村治理的渠道，落实和保障其知情权、决策权、参与权和监督权，逐步增强其主体地位和作用，让农民平等参与改革发展进程，共同享受改革发展成果。

2. 立足现代化发展，让农民成为有吸引力的职业

在传统农业社会向现代社会转变发展的过程中，推动农民向现代农民转型，是实现现代化的必由之路，是解决好"谁来种地"问题的根本途径。根据农民终结理论，现代化既是改造传统农业使之成为现代产业的过程，也是改造传统农民使之成为现代职业农民的过程，现代化并不是消灭农业与农民，而是要改造农业与农民，并将之纳入现代产业体系与职业体系。要适应农业现代化要求，加快农民职业化进程。一方面，实施高素质农民培育计划。以现代青年农场主、产业扶贫带头人、新型经营主体带头人和返乡回乡农民为重点，推动各地分层分类开展农民教育培训，支持农业产业化龙头企业和现代农业经营服务主体承担实习实训和专项技术培训服务，采取"农学结合、弹性学制"方式培育乡村振兴带头人，加快培育有文化、懂技术、会经营、善管理的高素质农民队伍。另一方面，要推动农业新型经营主体高质量发展。支持家庭农场使用规范的生产记录和财务收支记录，提升标准化生产和经营管理水平，加快家庭农场立法进程；引导农民合作社依照章程加强民主管理、民主监督，支持农民合作社依法自愿组建联合社，扩大合作规模，提升合作层次，增强市场竞争力和抗风险能力；深入推进示范家庭农场、农民合作社示范社、农业示范服务组织创建，发挥好示范带动作用。

3. 畅通上升发展通道，推动农民实现转型发展

随着工业化、城市化进程的不断加快，我国农村社会结构、人口结构发生了深刻变化。推动农民的转型发展，要建立以权利公平、机会公平、规则公平为主要内容的社会公平保障体系，努力营造公平的社会环境，保证农民平等参与、平等发展的权利。一方面，让已经有能力在城镇稳定就业和生活的常住人口有序实现市民化，尽快取消城市常住的农业转移人口、在城镇稳定就业生活的新生代农民工、农村学生升学和参军进城的人口等重点人群落户限制。另一方面，维护进城落户农民土地承包权、宅基地使用权、集体收益分配权，支持引导其依法自愿有偿转让上述权益，并按照同工同酬同权和循序渐进的原则，逐步统一城市农民工与市民的低保、医保和养老保险标准，积极推进城镇基本公共服务向农民工全覆盖，不断提高进城农民工的经济、政治、社会地位，为农民工创造公平公正的发展环境。

■ 第四节　城乡融合发展理论

在工业化、城镇化大背景下，仅仅依靠乡村自身动力已无法解决"三农"发展的深层次问题，只有跳出"三农"抓"三农"，用城乡融合发展的思路和理念，才能切实打破农业增效、农民增收、农村发展的体制性制约，从根本上破解"三农"难题，进一步解放和发展农村生产力，加快农业农村现代化建设。也就是说，推动城乡融合发展是解决"三农"问题的根本途径。各界学者对城乡融合发展的研究集中在城乡关系、城乡发展及其模式。马克思、恩格斯从城乡关系的演进入手，深入剖析城乡关系演变、发展规律、路径和动力等，探究资本主义社会城乡对立的根本原因。此外也有很多西方经济学者提出二元结构理论、城乡动力学和城乡等值化等理论，把城乡融合扩展提升至经济、地理及空间层面，为城乡一体化的规划提供了理论依据。

一、主要理论及其观点

1. 马克思主义城乡关系理论

马克思、恩格斯用历史唯物主义方法论，从生产力和生产关系矛盾运动的角度，将城乡关系的产生及其运动变化过程视为历史的范畴，辩证地分析了城乡分离与对立的根源以及城乡的运动过程，揭示了城乡关系在生产力的进一步发展中趋于融合的历史趋势，马克思主义城乡关系理论为我国破解城乡二元经济结构、缩小城乡区域差距、加快推进乡融合发展提供了理论支撑。马克思主义城乡关系理论剖析了城乡分离的原因，强调"城乡的对立和差别只是工农业发展水平还不够高的表现"，认为城乡分离是生产力发展的必然产物。同时指出城乡关系发展一般都要经历从"无城乡差别"到"城乡分离"，再到"高水平新的均衡与融合"的过程，认为城乡分离与对立是社会发展的必经阶段；城乡分离既促进了城市发展、带来大量社会财富剩余，也孕育了城乡协调发展的萌芽，城市与乡村之间联系增多、不断融合，乡村中形成了一批新型城镇等，为城乡融合的实现提供了前提条件。另外，马克思、恩格斯认为"消灭城乡之间的对立，是社会统一的首要条件之一，这个条件又取决于许多物质前提，单靠意志是不能够实现的"，实现城乡融合需要经历一个较长的历史时期，要沿着三方面路径发力：一是要发展生产力，尤其是提高农业生产力水平，通过大工业带动城市化和农业现代化，促进城乡融合；二是要消灭资本制，建立一个适合城乡关系良性发展的制度安排，"农民将在无产阶级专政的条件下通过合作社组织大规模经济"；三是要发挥城市先导作用，走工农结合的道路，"把农业和工业结合起来，促使城乡之间的对立逐步消失"。

2. 西方经济学城乡关系理论

（1）二元结构理论

1954年，英国经济学家刘易斯在《劳动力无限供给条件下的经济发展》一文中阐述了"两个部门结构发展模型"的概念，首次提出二元结构理论，被后人称为"刘易斯模式"，是分析城乡关系问题的重要转折点和城市偏向的理论策源地。该理论揭示了发展中国家并存着"传统"的农业经济体系和"现代"的城市工业体系两种经济部门；强调农村拥有更加丰富的资源，应当将农业剩余转移到工业部门中去以实现发展中国家的经济转型升级，传统部门的"剩余劳动力"逐步向现代部门转移，经过两个"刘易斯拐点"之后，经济结构最终由"二元"转为"一元"。1961年，美国经济学家拉尼斯和费景汉继承并发展了刘易斯模式，在考虑工、农两个部门平衡增长的基础上，形成了"刘易斯—拉尼斯—费景汉"模型。该模型指出刘易斯忽视了农业增长的作用，农业生产效率的提高所带来的农产品剩余才是农村劳动力流向城市的先决条件；将农村劳动力分为劳动力无限供给—农业剩余转移减少—农业商业化三个阶段，认为农业不仅为现代部门供给了劳动力，也为现代工业部门提供了农业剩余，强调将农业剩余转移到工业部门以实现发展中国家向现代一元经济结构的转换。托达罗提出"托达罗假说"（1969年）对以上观点提出质疑，并指出刘易斯"二元结构理论"并不能解决发展中国家农村剩余劳动力的问题，消除发展中国家二元经济结构，不仅要依靠农村劳动力向城市转移，还应以发展农村经济为契机，保持工业和农业的平衡发展，伴随工业部门的技术进步和资本积累，不断扩大农业就业市场，提高农民收入，改善农村生活条件，以实现农村和城市协调发展。

（2）城乡动力学理论

20世纪70年代以来，随着城乡关系研究和实践的不断深入，西方学者相继提出发展中国家城乡相互作用的理论，其中具有代表性的是肯尼斯·林奇"城乡动力学"理论。肯尼斯·林奇从食物流、资源流、人流、观念流、资金流五个方面阐述了发展中国家城乡的相互作用，提出了"城乡动力学"的概念，认为在"资源分配"上城乡联系具有复杂性，城乡相互作用在不同国家和地区间表现不同，要通过把握各种"流"对城乡间的影响效应和动力作用来制定相应的政策措施。

（3）城乡等值化理论

该理论源于二战后经济复苏时期的德国，当时大批农民卖掉土地，涌入城市寻找就业，城乡的差别迅速扩大，城市也不堪重负。在此背景下，德国巴州政府首先提出"城乡等值化"的发展战略，主张通过政府投资，加强农村基础设施和公共服务建设，缩小城乡差距，使农村经济与城市经济得以平衡发展，城乡等值化成为德国推进农村发展的普遍模式。城乡等值化理论有两个基本观点：一是农村与城市"不同类但等值"，即农村生活条件、生活质量与城市的"不同类但等值"、有差异无差别，农村有其独特的生产生活方式和经济社会生态价值，在城市化发展过程中，逐步消除城乡生产、生活质量的差别，而不是通过耕地变厂房、农村变城市的方式，使农村的独特性、城乡的差异性消失；二是实现"不同类但等值"需要推进城乡均衡发展，农村社区变迁的内在动力是生产力的发展，城镇由农村的不断发展分化而来，而城镇化一方面对农村社区文化、生态、经济价值和功能带来冲击，另一方面引导着农村社区现代化进程，解决农村问题不能仅着眼于农村自身，还需要协调城乡发展，实现城乡经济社会互促共进。城乡等值化发展理论是城乡协调发展理念的表达，目的是促进城乡基本公共服务均等化。美国著名城市学家芒福德发表了《城市发展史：起源、演变与前景》，对城乡等值化也提出其观点：城与乡不能截然分开；城与乡同等重要；城与乡应当有机结合在一起。城乡等值化理念逐步融入到各国各地区城乡发展规划之中，指导各国各地区建立城乡统一、科学、权威的规划体系，增强城乡依存度，促进城乡发展更趋协调平衡。

二、实践借鉴

如何处理城乡关系是我国乡村发展建设所面临的重大理论和实践问题，需要深刻认识和把握城乡关系发展的客观规律，科学吸收和转化中外理论和实践成果，着力化解城乡发展不平衡等深层次矛盾，破除二元结构制度壁垒，促进城乡居民基本权益平等化、城乡基本公共服务均等化、城乡居民收入均衡化、城乡要素配置合理化，推动形成新型城乡关系。

1.遵循城乡关系发展规律，协同推进城镇化与乡村建设

从城乡关系发展的理论研究和实践探索看，城镇与乡村不是孤立存在的，城乡之间既有对立矛盾的一面，也有紧密联系、互相作用和双向促进的关系，特别是当前我国进入城镇化提速阶段，城镇与乡村之间互动交流明显增多，客观上要求调整发展的战略重心，促进城镇与乡村一体发展、融合发展。顺应城镇化大趋势，实施双轮驱动战略，以完善产权制度和要素市场化配置为重点，协调推进新型城镇化和乡村振兴战略，增强改革的系统性、整体性、协同性，推动城乡一体化规划、公共资源均衡配置、基础设施互联互通和公共服务共建共享，建立健全有利于城乡要素合理配置、有利于城乡基本公共服务普惠共享、有利于城乡基础设施一体化发展、

有利于乡村经济多元化发展和有利于农民收入持续增长的体制机制,在城镇化进程中前瞻性、系统性解决乡村问题,突出发挥城镇生产要素和产业集聚的平台和纽带作用,辐射带动乡村发展,为城乡融合发展注入新活力。

2. 针对城乡发展不平衡性,推动公共政策优先支持乡村发展

从我国发展阶段看,城乡发展不平衡、农业农村发展不充分是城乡关系的主要问题。推动城乡融合发展,要明确工农城乡发展优先序,把着力点放在促进农业农村发展上,立足进一步调整理顺工农城乡关系,把创新完善农业农村优先发展的政策体系作为解决农村发展不充分、农业农村短腿短板等关系全局性问题的重要举措,大力实行工业反哺农业、城市支持农村,健全再分配调节机制,落实有利于缩小城乡差距和收入差距的政策,建立健全相应的考核体系,推动各地转变政绩观,自觉主动地做好"三农"工作,畅通技术、资本、人才和服务下乡通道,在干部配备上优先考虑,在要素配置上优先满足,在资金投入上优先保障,在公共服务上优先安排,把更多的公共资源和生产要素向农业农村配置,解决"一条腿长一条腿短"的问题,实现城乡的均衡发展。

3. 树立城乡等值化理念,全面激活乡村发展动力

城乡融合发展不是最终实现农村的消亡,而是城乡两个方面互促共存。在双向互动中,应树立城乡等值化理念,充分发现和实现乡村的价值,着力释放和赋能乡村活力,努力在农村土地制度、集体产权制度改革上取得突破,明晰权属、盘活要素,平等保护并进一步放活经营权,保障和实现农民的财产权,推进集体资产资源的统一开发利用,发展壮大农村集体经济,确保集体资产保值增值,全面激活市场、激活主体、激活要素。应注重保留乡土特色、乡村风貌,并依托城镇、服务城市,开发乡村的经济、社会、生态和文化功能,结合美丽乡村建设,发展"互联网+""共享农场""农业电商"、文创项目、乡村民宿等新模式新业态,同步改善乡村生产生活生态环境,促进乡村人口集中、要素集合、功能集成、产业集聚,培育城乡融合发展的新动能,促进城乡之间有差异、无差距,各美其美、美美与共,形成新型的城乡关系。

第三章　乡村振兴战略

党的十九大首次提出实施乡村振兴战略。习近平总书记系统阐述了乡村振兴的重大理论和实践问题，明确了总目标、总方针、总要求和制度保障，指明了乡村振兴的目标任务和实现路径，形成了一系列新思想、新理念、新论断，是我们党关于"三农"工作理论创新和实践创新的最新成果，也是实施乡村振兴战略、做好新时代"三农"工作的行动指南。

■ 第一节　主要观点

一、战略思想

习近平总书记关于实施乡村振兴战略的论述，深刻阐明了乡村振兴总目标、总方针、总要求和制度保障等一系列重大问题，立意高远、内涵丰富、思想深刻。

1. 一个总目标：实现农业农村现代化

民族要复兴，乡村必振兴。习近平总书记指出，农业农村现代化是实施乡村振兴战略的总目标。没有农业农村现代化，就没有整个国家的现代化。新时代"三农"工作必须围绕这个总目标来推进。农村现代化既包括"物"的现代化，也包括"人"的现代化，还包括乡村治理体系和治理能力的现代化，必须坚持农业现代化和农村现代化一体设计、一并推进。

2. 一个总方针：坚持农业农村优先发展

重农固本，国之大纲。习近平总书记在党的十九大报告中对乡村振兴战略进行了概括，提出要坚持农业农村优先发展。在十九届中央政治局第八次集体学习的讲话中进一步明确指出，坚持农业农村优先发展是实施乡村振兴战略的总方针，在资金投入、要素配置、公共服务、干部配备等方面采取有力举措，加快补齐农业农村发展短板。这些重要论述指向鲜明具体，使农业农村优先发展成为现代化建设的一项重大原则。

3. 一个总要求："二十个字"

党的十六届五中全会，基于当时我国社会总体上进入以工促农、以城带乡阶段的科学判断，提出了"生产发展、生活宽裕、乡风文明、村容整洁、管理民主"新农村建设二十个字总要求。党的十九大紧扣我国社会主要矛盾变化，提出新的二十个字总要求。"生产发展"升级为"产业兴旺"，反映了农业农村经济适应市场需求变化、加快优化升级、促进产业融合新要求；"生活宽裕"升级为"生活富裕"，反映了广大农民群众日益增长的美好生活需要；"村容整洁"升级为"生态宜居"，体现了广大农民群众对建设美丽家园的追求；"管理民主"升级为"治理有效"，核心是推进乡村治理能力和治理水平现代化，让农村既充满活力又和谐有序。重提乡风文明，重点是弘扬社会主义核心价值观，保护和传承农村优秀传统文化，提高乡村社会文明程度。这些都反映了乡村振兴战略的丰富内涵和更高远的目标定位。

4. 一个制度保障：建立健全城乡融合发展体制机制和政策体系

党的十八大以来，我国在统筹城乡发展方面取得了显著进展，但城乡要素流动不顺畅、公共资源配置不合理等问题依然突出，城乡融合发展的体制机制障碍尚未根本消除，成为加快农业农村现代化的最大瓶颈。实施乡村振兴战略必须把建立健全城乡融合发展的体制机制和政策体系作为制度保障，促进各种要素向乡村流动，在乡村形成人才、土地、资金、产业、信息汇聚的良性循环，为乡村振兴注入新动能。

二、战略任务

乡村振兴包括产业振兴、人才振兴、文化振兴、生态振兴、组织振兴，是"五位一体"总体布局在"三农"领域的具体体现。这五大振兴是乡村振兴的战略任务。

1. 产业振兴

发展乡村产业是促进乡村振兴的根本所在。习近平总书记指出，产业兴旺是解决农村一切问题的前提。产业振兴不仅是推进乡村现代社会发展的动力引擎，也是农民增收致富的源泉，更是农业大国向农业强国转变的核心所在。产业振兴应突出一个安全、一个主题和三大体系等重点任务。一是扛稳粮食安全重任。把粮食安全作为乡村产业振兴首要任务，深入实施"藏粮于地、藏粮于技"战略，确保谷物基本自给、口粮绝对安全。二是突出高质量发展主题。深化农业供给侧结构性改革，坚持质量兴农、绿色兴农、品牌强农，推动农村一二三产业融合发展，不断提高农业质量效益和竞争力。三是构建完善现代农业产业体系、生产体系和经营体系。优化生产结构，提升农业物质技术装备水平，推进设施化、园区化、绿色化、数字化发展，加快生产体系现代化；积极培育新型农业经营主体和社会化服务主体，发展多种形式的适度规模经营，促进小农户与现代农业有机衔接，加快经营体系现代化；大力发展农产品加工业、流通业和新产业新业态，提升产业链供应链现代化水平，促进全产业链增值增效，加快产业体系现代化。

2. 人才振兴

乡村振兴，人才是关键。习近平总书记强调，要推动乡村人才振兴，把人力资本开发放在首要位置，强化乡村振兴人才支撑，加快培育新型农业经营主体，让愿意留在乡村、建设家乡的人留得安心，让愿意上山下乡、回报乡村的人更有信心，激励各类人才在农村广阔天地大施所能、大展才华、大显身手。乡村人才振兴，重点应培养五类人才。一是农业生产经营人才。加快培育新型农业经营主体，突出抓好家庭农场经营者、农民合作社带头人培育，培养高素质农民队伍。二是农村二三产业发展人才。培育农村创业创新带头人，壮大新一代乡村企业家队伍，加强农村电商人才培育，挖掘培养乡村手工业者、传统艺人等乡村工匠。三是乡村公共服务人才。加强乡村教师队伍、乡村卫生健康人才队伍、乡村文化旅游体育人才队伍和乡村规划建设人才队伍建设。四是乡村治理人才。把"干部配备优先考虑"作为落实"四个优先"的首要任务，加强乡镇党政人才队伍建设，推动村党组织带头人队伍整体优化提升，加强农村社会工作人才队伍、农村经营管理人才队伍和农村法律人才队伍等建设。五是农业农村科技人才。加快培育农业农村高科技领军人才、科技创新人才和科技推广人才，发展壮大科技特派员队伍。

3. 文化振兴

乡村振兴既要塑形，也要铸魂。习近平总书记强调，要推动乡村文化振兴，加强农村思想道德建设和公共文化建设，以社会主义核心价值观为引领，深入挖掘优秀传统农耕文化蕴含的思想观念、人文精神、道德规范，培育挖掘乡土文化人才，弘扬主旋律和社会正气，培育文明乡风、良好家风、淳朴民风，改善农民精神风貌，提高乡村社会文明程度，焕发乡村文明新气象，为乡村振兴提供精神动力。习近平总书记这些重要论述为乡村文化振兴指明了方向、明确了重点。一是践行社会主义核心价值观。以"富强、民主、文明、和谐；自由、平等、公正、法治；爱国、敬业、诚信、友善"社会主义核心价值观为引领，通过教育引导、实践养成、制度保障，使之内化于心、外化于形。二是保护和传承乡村优秀传统文化。充分挖掘具有农耕特质、民族特色、地域特点的物质文化遗产，加大对古镇、古村落、古建筑、农业遗迹等保护力度，深入挖掘民间艺术、手工技艺等非物质文化遗产，把保护传承和开发利用结合起来，赋予新的时代内涵，展现独特魅力和风采。三是加强农村公共文化建设。推进文化下乡，整合乡村文化资源，广泛开展群众性节日民俗活动，丰富传统节日文化内涵，吸收现代文明元素和健康生活理念，培育新的节日风尚和习俗，繁荣乡村文化产业。严守村规民约，倡导移风易俗新的生活方式，开展精神文明创建活动，抵制未富先奢、人情攀比、厚葬薄养等陈规陋习和封建迷信活动，提高乡村社会文明程度。

4. 生态振兴

乡村振兴，生态宜居是关键。习近平总书记指出，良好生态环境是农村最大优势和宝贵财富。要守住生态保护红线，推动乡村自然资本加快增值，让良好生态成为乡村振兴的支撑点。推动乡村生态振兴，必须深入践行"绿水青山就是金山银山"的理念，再现山清水秀、天蓝地绿、村美人和的美丽画卷。一是推进农业绿色发展。以生态环境友好和资源永续利用为导向，严格保护耕地，降低耕地开发利用强度；推动形成农业绿色生产方式，实现投入品减量化、生产清洁化、废弃物资源化、产业模式生态化；开展面源污染、土壤重金属污染、地下水超采等农业环境突出问题治理，提高农业可持续发展能力。二是持续改善农村人居环境。以建设美丽宜居村庄为导向，以农村垃圾、污水治理和农村改厕为重点，开展新一轮农村人居环境整治行动，提升村容村貌和农村人居环境质量。三是加强乡村生态保护与修复。统筹山水林田湖草生态综合治理，建设乡村生态保护与修复重大工程，完善重要生态系统保护制度，建立健全生态保护补偿机制，促进乡村生产生活环境稳步改善，自然生态系统功能和稳定性全面提升，生态产品供给能力进一步增强。

5. 组织振兴

组织振兴是乡村振兴的重要保障。习近平总书记指出，要加强和创新乡村治理，建立健全党委领导、政府负责、社会协同、公众参与、法治保障的现代乡村治理体制，健全自治、法治、德治相结合的乡村治理体系，让农村社会既充满活力又和谐有序。推进乡村组织振兴，必须加快构建共建共治共享的社会治理格局，推进治理体系和乡村治理能力现代化。一是加强农村基层党组织建设。落实《中国共产党农村基层组织工作条例》，推进农村党组织标准化、规范化建设，加强党员队伍建设，不断提升基层党组织组织力；完善村党组织领导各类村级组织的具体形式，全面实施村党组织带头人整体优化提升行动；加强农村基层党风廉政建设，全面推行小微权力清单制度，营造风清气正的乡村政治生态。二是深化农村"三治"结合实践。以自治增活力、以法治强保障、以德治扬正气。健全党组织领导的村民自治机制和"民主协商、一事一议"的村民协商模式，全面实施村务公开"阳光工程"；加强农村法治宣传教育和普法工作，推进综合行政执法改革向基层延伸，健全农村公共法律服务体系；创新运用村规民约的治理方式，深入推进农村移风易俗。三是深入推进平安乡村建设。围绕农村社会和谐稳定，维护公平正义的秩序，着力健全矛盾排查、现场调解、利益受损者救济救助等机制；完善农村治安防控体系建设，拓展全科网格化管理，健全农村地区扫黑除恶防范打击长效常治机制；完善乡村自然灾害、事故灾难应急体系；提升村级服务规范化标准化水平。

三、战略路径

实施乡村振兴战略，关键就是走中国特色社会主义乡村振兴道路。习近平总书记提出的城乡融合发展、共同富裕、质量兴农、绿色发展、文化兴盛、乡村善治、中国特色减贫"七条道路"，明确了推动乡村全面振兴的战略路径，构成了中国特色社会主义乡村振兴道路的具体内涵。

1. 重塑城乡关系，走城乡融合发展之路

城乡融合发展是我国现代化必经的历史阶段。当前，我国正处于正确处理工农关系、城乡关系的历史关口。走中国特色社会主义乡村振兴道路，必须推动新型工业化、信息化、城镇化、农业现代化同步发展，加快形成工农互促、城乡互补、协调发展、共同繁荣的新型工农城乡关系，走城乡融合发展之路。一是优化城乡要素合理配置。坚决破除妨碍城乡要素自由流动和平等交换的体制机制壁垒，推动人才、土地、资本等要素在城乡间双向流动和平等交换，激活乡村振兴内生活力。二是城乡基本公共服务普惠共享。建立城乡公共资源均衡配置机制，推动公共服务向农村延伸、社会事业向农村覆盖，增加农村教育、医疗、养老、文化等服务供给，健全全民覆盖、普惠共享、城乡一体的基本公共服务体系，推进城乡基本公共服务标准统一、制度并轨。三是城乡基础设施一体化发展。把公共基础设施建设重点放在乡村，加快推动乡村基础设施提挡升级，健全城乡基础设施统一规划、统一建设、统一管护机制，推动市政公用设施向郊区乡村和规模较大中心镇延伸，完善乡村水、电、路、气、邮政通信、广播电视、物流等基础设施，提升农房建设质量。

2. 巩固和完善农村基本经营制度，走共同富裕之路

把好乡村振兴战略的政治方向，坚持农村土地集体所有制性质，发展新型集体经济，走共同富裕道路。一是巩固和完善农村基本经营制度。以处理好农民和土地关系为主线，坚持农村土地集体所有，坚持家庭经营基础性地位，坚持稳定土地承包关系，建立健全土地承包权依法自愿有偿转让机制，进一步夯实实现共同富裕的制度基础。二是促进小农户和现代农业有机衔接。既要把发展规模经营作为农业现代化必由之路与前进方向，也要认清小规模农业经营仍是很长一段时间内我国农业基本经营形态的基本国情农情，突出抓好家庭农场和农民合作社两类经营主体，鼓励发展多种形式适度规模经营，创新发展多种形式的社会化服务，强化服务联结，把小农生产引入现代农业发展轨道。三是持续深化农村产权制度改革。着力推进农村集体经营性资产股份合作制改革，发展新型农村集体经济，稳慎推进农村宅基地制度改革，推动农村集体经营性建设用地入市，增加农民财产性收入，推动共同富裕。

3. 深化农业供给侧结构性改革，走质量兴农之路

顺应我国农业发展主要矛盾变化，以深化农业供给侧结构性改革作为农业现代化的主线和重要路径，根据供需结构调整农业生产结构，实施质量兴农战略，不断提高农业质量效益和竞争力，实现粮食安全和现代高效农业相统一。一是突出固本强基。建设提升粮食产能，加强粮食生产功能区和重要农产品生产保护区建设，建设国家粮食安全产业带，深入推进优质粮食工程。加快推进高标准农田建设，加强耕地保护和地力提升，大力推动种业创新发展，支持提高科技为农服务水平，加快补齐水利薄弱环节和突出短板。二是突出提质增效。实施"三品一标"提升行动，推动品种培优、品质提升、品牌打造和标准化生产，坚持质量兴农、绿色兴农、品牌强农，强化标准引领，推进科技创新，突出品牌打造，选育突破性农作物品种和畜禽水产良种，建设绿色标准化农产品生产基地，培育带动性强的农业企业集团，打造有影响力的农业知名品牌，加快推进农业转型升级，更好地满足消费者需求。三是突出产业融合。着力推动农业生产、加工、物流、营销一体化发展，做强一产、做优二产、做活三产，促进三产深度融合，不断延伸产业链、提升价值链、打造供应链，提升产业链现代化水平。

4. 坚持人与自然和谐共生，走乡村绿色发展之路

牢固树立和践行"绿水青山就是金山银山"的理念，落实节约优先、保护优先、自然恢复为主的方针，统筹山水林田湖草系统治理，严守生态保护红线，全面落实乡村生态振兴的战略任务。一是加强农业资源保护。加强耕地质量保护与提升，实施国家黑土地保护工程，推广保护性耕作模式，健全耕地休耕轮作制度，全面建立耕地质量监测和等级评价制度。促进农业节水，发展高效节水灌溉等农业节水工程。加强动植物种质资源保护利用，实施生物多样性保护重大工程。加大农村生态保护和修复力度。二是治理农业环境突出问题。推行农业清洁生产方式，持续推进化肥农药减量增效，推广农作物病虫害绿色防控产品和技术。加强畜禽粪污资

源化利用，全面实施秸秆综合利用和农膜、农药包装物回收行动，加强可降解农膜研发推广。三是推动农村人居环境整治。分类有序推进农村厕所革命，统筹农村改厕和污水、黑臭水体治理，因地制宜建设污水处理设施。健全农村生活垃圾收运处置体系，推进源头分类减量、资源化处理利用。深入推进村庄清洁和绿化建设，实现村庄公共空间及庭院房屋、村庄周边干净整洁。

5. 传承发展提升农耕文明，走乡村文化兴盛之路

坚定乡土文化自信，从更加全面、更加深刻的角度去审视农耕文明的历史价值和现实意义，不断提升乡土文化的社会影响力，切实增强社会大众对农耕文明的理性认知和情感认同。一是保护传承和开发利用农耕文化。实施乡村记忆工程，让有形的乡村文化留得住，让活态的乡土文化传下去，重点加强历史文化名村、传统村落、少数民族特色村寨、特色景观旅游名村保护。加强非物质文化遗产传承发展，推动分类保护和区域性整体保护。发展乡村特色文化产业，打造乡村特色文化品牌，丰富和提升农文旅融合服务产品，促进乡村优秀传统文化创造性转化、创新性发展。二是筑牢农村思想道德阵地。突出社会主义核心价值观的引领作用，采取符合农村特点的方式、方法、载体，培育和弘扬社会主义核心价值观，促进核心价值观深度融入农村生产生活之中。实施公民道德建设工程，推进农村移风易俗，培养形成乡村新风正气。三是提升乡村公共文化服务。加强乡村文化基础设施建设，推动公共文化基础设施资源向农村倾斜。优化乡村文化服务供给，促进乡村文艺创作，建构政府主导、农民主体、社会参与的公共文化供给模式，增强乡村公共文化服务保障。构建城乡文化共同体，促进城乡文化交流和融合。

6. 创新乡村治理体系，走乡村善治之路

深刻把握乡村组织振兴的任务要求，全面加强农村党的建设，深化基层民主实践，创新完善乡村社会各类组织，建立共建共治共享新格局，有力推动乡村治理能力和治理体系现代化建设，夯实乡村振兴基层基础。一是加强农村基层党组织建设。规范和加强农村党组织创设，探索在乡村产业链、社会化服务领域创设服务型党组织，扩大组织覆盖和工作覆盖。强化党组织的领导核心地位和作用，完善村党组织领导各类村级组织的具体形式，建设基层党组织带头人队伍。全面整顿软弱涣散村党组织，建立第一书记派驻长效工作机制。加强农村基层党风廉政建设，进一步筑牢新时代基层党组织战斗堡垒。二是深化乡村基层民主实践。以自治增活力，探索自治民主权利实现形式，建立健全民主决策程序。创新村级议事协商制度，实施村级事务阳光工程。以法治强保障，探索乡村法治实现形式，加强农村法治宣传教育和普法工作，推进综合行政执法改革向基层延伸，健全农村公共法律服务体系。以

德治扬正气，探索乡村德治实现形式，修改完善农村行为准则，创新运用村规民约的治理方式，建立道德激励约束机制，深入推进移风易俗。三是完善乡村社会治理组织。建立健全村民自治组织、农村集体经济组织、农民合作组织和其他社会服务组织，推动建立共建共治共享的乡村社会治理新格局。四是健全农村基层服务和保障体系。完善农村便民服务，切实解决好服务群众"最后一公里"问题。推进平安乡村建设，完善乡村社会治安和生产安全防控基础设施。强化基层运行基本保障，建立村级组织运转经费最低保障机制。

7. 打好精准脱贫攻坚战，走中国特色减贫之路

党的十八大以来，以习近平同志为核心的党中央把脱贫攻坚摆在治国理政的突出位置，立足我国国情，出台一系列超常规政策举措，构建了一整套行之有效的政策体系、工作体系、制度体系，探索出了一条中国特色减贫道路，取得了脱贫攻坚战的全面胜利，创造了人类减贫史上的奇迹。

习近平总书记强调，脱贫摘帽不是终点，而是新生活、新奋斗的起点。打赢脱贫攻坚战、全面建成小康社会后，必须进一步巩固拓展脱贫攻坚成果，接续推动脱贫地区发展和乡村全面振兴。一是持续巩固拓展脱贫攻坚成果。健全防止返贫动态监测和帮扶机制，对易返贫致贫人口建立健全快速发现和响应机制，及时纳入帮扶政策范围，守住防止规模性返贫底线。扎实做好易地搬迁后续帮扶工作，持续加大就业和产业扶持力度，推动特色产业可持续发展，注重扶贫产业长期培育，扩大支持对象，延长产业链条，抓好产销衔接。二是接续推进脱贫地区乡村振兴。贫困地区脱贫摘帽以后，整体发展水平仍然较低，自我发展能力仍然较弱。保持财政投入力度总体稳定，大力发展乡村产业，把脱贫攻坚形成的政策、制度和工作体系等一整套行之有效的办法移植到乡村振兴中，全面推进乡村产业、人才、生态、文化、组织五大振兴。三是加强对农村低收入人口分类帮扶。健全农村社会保障和救助制度，以现有社会救助和社会保障体系为基础，健全农村低收入人口分类帮扶机制。

四、战略保障

党的十九大以来，党中央采取了一系列重大举措，不断加强全面推进乡村振兴的组织领导、制度供给、要素保障。2018年1月，中共中央、国务院印发《关于实施乡村振兴战略的意见》；2018年9月，中共中央、国务院印发《乡村振兴战略规划（2018—2022年）》；2019年9月，中共中央颁布《中国共产党农村工作条例》；2021年6月1日，《中华人民共和国乡村振兴促进法》正式实施，等等，这些共同构成实施乡村振兴战略的"四梁八柱"。

1. 2018年以来的中央1号文件

2018年中央1号文件《关于实施乡村振兴战略的意见》全面贯彻党的十九大精神，以习近平新时代中国特色社会主义思想为指导，围绕实施乡村振兴战略讲意义、定思路、定任务、定政策、提要求，对统筹推进农村经济建设、政治建设、文化建设、社会建设、生态文明建设和党的建设，都作了全面部署，明确了实施乡村振兴战略的时间表、任务书和路线图，是谋划新时代乡村振兴的顶层设计和政策保障。随后，2019年中央1号文件要求对标全面建成小康社会"三农"工作必须完成脱贫攻坚、粮食生产、农民增收等硬任务。2020年中央1号文件明确集中力量完成打赢脱贫攻坚战和补上全面小康"三农"领域突出短板。2021年中央1号文件部署全年必须完成的任务，并着眼"十四五"开局，明确"十四五"时期的工作思路和重点举措。

2. 乡村振兴战略规划

习近平总书记强调，乡村振兴是一盘大棋，要沿着正确方向把这盘大棋走好，必须规划先行。2018年中共中央、国务院印发《乡村振兴战略规划（2018—2022年）》，重点围绕加快农业现代化步伐、发展壮大乡村产业、建设生态宜居的美丽乡村、繁荣发展乡村文化、健全现代乡村治理体系、保障和改善农村民生、完善城乡融合发展政策体系7个方面，部署了82项重大工程、重大计划、重大行动，是全面推进乡村振兴的行动指南，使乡村振兴战略顶层设计更加具体。

3. 中国共产党农村工作条例

2019年9月，为了坚持和加强党对农村工作的全面领导，贯彻党的基本理论、基本路线、基本方略，深入实施乡村振兴战略，根据《中国共产党党章》制定了《中国共产党农村工作条例》。《条例》共7章36条，对党的农村基层组织的组织设置、职责任务、领导班子和干部队伍建设、党员队伍建设等作出明确规定，把党管农村工作的总体要求转化成行动指南，实现了党在实施乡村振兴战略中有章可循、有法可依，从制度机制上把加强党的领导落实到农业农村工作的各个方面、各个环节，是新时代党管农村工作的总依据，是全面推进乡村振兴的政治保障和组织保障。

4. 乡村振兴促进法

2021年6月1日《中华人民共和国乡村振兴促进法》正式施行。该法共用10章74条的篇幅对实施乡村振兴战略作出全面规定。第一章总则，规定了促进乡村振兴的总要求、主要原则、重要制度。第二章到第六章，以"五大振兴"为主要内容，将党中央有关政策和地方成功经验通过立法形式确定下来。第七章规定各级人民政府应当协同推进乡村振兴战略和新型城镇化战略的实施，整体筹划城镇和乡村发展。

第八章明确国家建立健全农业支持保护体系和实施乡村振兴战略财政投入保障制度。第九章明确实行乡村振兴战略实施目标责任制和考核评价制度、工作年度报告制度和监督检查制度。该法从制度上将实践证明行之有效的政策体系、工作体系和责任体系规范化、法定化，为推动乡村振兴破难题、开新局、聚合力提供了法治利器和法治保障[①]。

■ 第二节　实践指导意义

一、为新阶段全面推进乡村振兴指明了方向

乡村振兴战略的总目标、总方针、总要求和制度保障，既鲜明具体、各有侧重，又一以贯之、浑然一体，充分体现了习近平总书记对"三农"发展规律的深邃思考，具有极强的思想性、理论性、创新性、指导性，是习近平新时代中国特色社会主义思想的重要组成部分。"加快推进农业农村现代化"总目标，把过去单纯的农业现代化概念拓展为农业农村现代化，丰富了新时期国家现代化的内涵，明确了在新发展理念指导下，我国"三农"工作的新使命、新任务、新要求；"二十个字"总要求，是"五位一体"总体布局在"三农"工作中的具体体现，内涵更加丰富，对农业农村发展提出了更高要求，相比于社会主义新农村建设的五句话二十个字，既一脉相承又与时俱进。"农业农村优先发展"总方针，针对社会主要矛盾变化，顺应工农城乡关系演变和现代化建设规律，明确把农业农村工作摆在党和国家工作全局的优先地位，进一步强化了"重中之重"的鲜明导向；"建立健全城乡融合发展体制机制和政策体系"制度保障，把农业农村现代化置于工农城乡关系大局中来把握和认识，强调加快农业农村现代化，不能就"三农"论"三农"，必须把城镇和乡村贯通起来，一体设计与谋划，从制度上打破城乡二元结构、确保乡村振兴行稳致远。这些都为全党上下全面推进乡村振兴、加快农业农村现代化指明了方向，提供了根本遵循。

二、为全面推进乡村振兴找准了靶心和路径指引

乡村振兴战略系统科学地回答了新时代"三农"工作的重大理论和实践问题，

---

① 全国人大常委会法制工作委员会，农业农村部．全国人大常委会法制工作委员会和农业农村部有关部门负责人就乡村振兴促进法回答记者提问［J］．云南农业，2021（5）：10-12.

蕴含着马克思主义哲学的实践观和方法论，坚持问题导向、目标导向、结果导向相结合，强调把"重中之重"真正落实到思想上、行动上、措施上，不断完善乡村振兴战略的实践路径。以"五个振兴"锚定靶心。任务明确、重点突出，其中产业振兴是基础，人才振兴是关键，生态振兴是支撑，文化振兴是灵魂，组织振兴是保障，创新性地丰富和发展了辩证唯物主义和历史唯物主义世界观方法论，明确了全面推进乡村振兴的长期发展方向和紧迫现实任务。以"七条路径"开辟中国特色乡村振兴道路。聚焦城乡融合发展、共同富裕、质量兴农、绿色发展、乡村文化兴盛、乡村善治、中国特色减贫等关键环节，方向明确，路径清晰，勾画了中国特色的乡村振兴路线图。从"五个振兴"到"七条道路"，是习近平总书记乡村振兴战略思想丰富内涵在实践层面的展开，是做好新时代"三农"工作的方法指导和路径指引。

三、为全面推进乡村振兴提供了政策法律保障

2018年中央1号文件发布以来，中央接连又发布了三个1号文件，聚焦脱贫攻坚、全面建成小康社会、加快农业农村现代化等主题，持续敲响乡村振兴的响鼓重锤。《乡村振兴战略规划（2018—2022年）》出台后，31个省级乡村振兴规划全部出台实施，市、县层面规划或实施方案基本实现全覆盖，各类乡村振兴专项规划相继发布，规划体系逐步完善，指导引领作用不断增强。《中国共产党农村工作条例》和《乡村振兴促进法》颁布以来，各省份先后印发贯彻《中国共产党农村工作条例》实施办法，相继出台乡村振兴促进条例，使推进乡村振兴的政治保障、组织保障和法治保障更加坚强有力。这些重大举措已经成为将党的创新理论落实到乡村振兴实践的重要支撑，在实践中发挥出巨大效力，全党全社会关心支持乡村振兴的氛围日趋浓厚、合力不断增强，五级书记抓乡村振兴的政治责任不断强化落实；一系列含金量高的政策、项目相继实施，促进土地、人才、资金等要素更多流向农业农村，未来必将发挥出更大的保障推动效力。

第四章　走中国特色的乡村规划之路

当前，我国已开启全面建设社会主义现代化国家新征程，"三农"工作重心已转向全面推进乡村振兴。乡村振兴是一盘大棋，要沿着正确方向把这盘大棋走好，必须规划先行，谋定而后动。但是，我国乡村规划理论研究较为薄弱，实践探索也刚刚起步，可谓众说纷纭。如何根据我国的国情、农情、村情、民情，走出一条中国特色的乡村规划之路，是所有乡村规划工作者的共同责任。

■ 第一节　习近平总书记关于"三农"工作重要论述是乡村规划工作的总遵循

乡村振兴是新时代"三农"工作的总抓手。习近平总书记关于"三农"工作的重要论述，深刻回答了为什么要振兴乡村、怎样振兴乡村等一系列重大理论和实践问题，是实施乡村振兴战略的总遵循。作为乡村规划工作者，必须提高政治站位，把学习习近平总书记"三农"工作重要论述作为第一要务，系统学懂弄通习近平总书记关于实施乡村振兴战略的新思想、新观点、新论断，领悟其深刻内涵，掌握思想方法和工作方法，切实打牢理论功底。

不仅如此，习近平总书记就做好乡村规划也作出了一系列重要论述，既有理论性、又有实践性，既有价值观、又有方法论，既有目标导向、又有问题导向，是乡村规划工作的思想源泉和行动指南。比如，"推进城乡发展一体化，是工业化、城镇化、农业现代化发展到一定阶段的必然要求，是国家现代化的重要标志"，"要把工业和农业、城市和乡村作为一个整体统筹谋划，促进城乡在规划布局、要素配置、产业发展、公共服务、生态保护等方面相互融合和共同发展。着力点是通过建立城乡融合的体制机制，形成以工促农、以城带乡、工农互惠、城乡一体的新型工农城乡关系，目标是逐步实现城乡居民基本权益平等化、城乡公共服务均等化、城乡居民收入均衡化、城乡要素配置合理化，以及城乡产业发展融合化"，"要完善规划体制，通盘考虑城乡发展规划编制，一体设计，多规合一，切实解决规划上城乡脱节、重城市轻农村的问题"，"编制村庄规划不能简单照搬城镇规划，更不能搞一个模子套到底，要科学把握乡村的差异性，因村制宜，精准施策，打造各具特色的现代版'富春山居图'"，"合理确定投资规模、筹资渠道、负债水平，合理设定阶段性目标任务和工作重点，形成可持续发展的长效机制。要坚持尽力而为、量力而行，不能超越发展阶段，不能提脱离实际的目标，更不能搞形式主义和'形象工程'"，"要遵循乡村建设规律，着眼长远谋定而后动，坚持科学规划、注重质量、从容建设，聚焦阶段任务，找准突破口，排出优先序"，"要围绕农民群众最关心最直接最现实的利益问题，加快补齐农村发展和民生短板"，"要补齐农村基础设施这个短板，……，重点抓好农村交通运输、农田水利、农村饮水、乡村物流、宽带网络等基础设施建设"，"要健全投入保障制度，创新投融资机制，拓宽资金筹集渠道，加快形成财政优先保障、金融重点倾斜、社会积极参与的多元投入格局。公共财政要向'三农'倾斜，逐步解决欠账较多的问题"，等等，这些都应该作为乡村规划工作者必须坚守的准则、要求和方法，并努力贯彻落实到乡村规划编制的实践中。

■ 第二节　遵循乡村发展建设客观规律

有序推动乡村规划建设，需要充分借鉴国外经典规划理论的有益探索和吸收我国传统规划思想的优秀内涵，深刻把握"三农"发展客观规律和新阶段乡村振兴新要求，进行系统探索与创新发展。

一、借鉴国外经典规划理论

国外经典规划理论从物质到人文、从目的到过程、从局部到整体，针对不同时期存在的问题，其理论和实践探索不断深化，对区域经济、社会和生态发展谋划进行了多维视角的理论和实践探索，对世界各地发展建设规划、设计、管理产生深远影响，其价值取向、空间管控、实施管理等理念和方法，为我国乡村规划建设实践提供了有益的借鉴。坚持以人为本、以文为脉的价值取向。西方经典规划理论比较注重人与空间的互动，以及规划设计对居民活动、心理感知的影响，强调城市建设发展要保留"文脉"。借鉴其有益的探索，做好我国乡村规划，既要看到"物"，更要突出"人"的因素，把农民生产生活需要作为规划发展的出发点，全面落实新时代人民至上的理念，在顶层设计上回应人民对美好生活的向往，同时注重对文化的传承保护，留住乡愁、夯实文化根基，丰富乡村精神文化生活。强调城乡一体、"三生"协调的空间管控。借鉴西方经典规划理论中功能分区的思想、理念和方法，立足我国乡村发展实际，统筹城市和乡村空间格局，优化乡村生产生活生态"三生"空间，严格落实"三区三线"空间管控。推行公众参与、过程式的规划管理。西方经典规划理论把规划作为一种公共政策，强化公众参与，体现不同利益群体多元价值诉求。借鉴其探索，进一步创新我国乡村规划理念，突出农民主体作用，畅通小农户、农业新型经营主体的利益诉求渠道，更加突出过程的管理，探索建立上下联动、动态调整的规划管理机制。

二、吸收我国传统规划思想精华

传统规划思想反映出中华民族文化发展特色，是我国传统文化的重要组成部分，在聚居空间结构设计的自然主义思维和社会关系秩序建设的人本主义理念两个方面，影响着乡村规划的用地选址、空间布局和建设风格等，去其糟粕，取其精华，对做好新时代乡村规划建设具有重要借鉴意义。践行"天人合一"的观念，传统规划思想强调天道就是自然规律，要与自然和谐统一，体现了中华民族对自然的客观朴素认识。在乡村规划中，一方面要敬畏自然，不能违背自然规律，探索适宜于人与自然和谐共生的生产生活方式；另一方面要把握自然规律特点，因地制宜、因势利导，探索不同类型农业农村可持续发展的实现路径，实现生产空间集约高效、生活空间宜居适度、生态空间山清水秀。注重社会秩序的构建。我国的礼制思想贯穿在城镇及村庄空间结构设计和具体建筑营造全过程，虽然有其历史的局限性，但其注重社会文化和社会关系建设，对新时代乡村规划工作依然有可吸收的价值。充分发挥德治和自治在乡村治理中的重要作用，深入挖掘乡村熟人社会蕴含的道德规范，结合时代要求进行创新，完善村规民约，强化道德教化作用。根据传统民居风貌、乡村景观和区域人文特点，有效提取礼制信仰、家国思想等深层次元素，展示在村落的公共空间，并与特色建筑相结合，探索新时代乡村规划风貌管控方式，使乡村建设更多地体现地域特色、民族特性。

三、把握农业农村发展趋势

"大国小农"是我国的基本国情农情，小规模家庭经营是农业的本源性制度。人均一亩三分地、户均不过十亩田的小农生产方式，是我国农业发展需要长期面对的现实。乡村规划创新探索，必须基于这一客观实际，把握"三农"发展规律，顺应全面推进乡村振兴和加快农业农村现代化大趋势，确保顶层设计更加科学。把握农业现代化的阶段特征。目前，我国农业现代化已进入"重点突破、梯次实现、全面推进"的新时期，现代生产要素替代传统生产要素，产业聚集发展和融合发展，已成为现代农业发展的大趋势。乡村规划要适应这种趋势要求，科学谋划现代农业产业体系、生产体系和经营体系建设，推进一二三产业融合发展，引领更多区域率先进入基本实现农业现代化阶段，夯实农业全面升级的现代化基础。遵循乡村发展的演变规律。目前，乡村发展总体处于"固根基、补短板、强弱项"的关键时期，加快实施乡村建设行动，实现宜居宜业、各美其美，已成为乡村发展的大趋势。乡村规划要适应这种趋势要求，把乡村建设摆在社会主义现代化建设的重要位置，分类推进村庄建设，推动人居环境巩固完善、农村基础设施提档升级、农村公共服务提标扩面，强化风貌管控，传承发展乡村文化，让农村成为安居乐业的美丽家园。注重农民全面发展的内在需求。目前，农民发展已到了素质提升、全面发展的重要阶段，加快农民职业化、组织化，更好地满足农民对美好生活的多样化需求，已成为农民发展的大趋势。乡村规划要适应这种趋势要求，研究农民发展的内在需求、动力机制和转型渠道，培养有文化、懂技术、会经营、善管理的现代农民，壮大新型农业经营主体和服务主体队伍，促进小农户与现代农业发展有机衔接，不断增加农民收入，持续增强农民的获得感幸福感安全感。顺应城乡关系发展的演进趋势。目前，城乡关系正处于农业农村优先发展、城乡融合发展的历史时期，促进城乡资源要素平等交换、双向流动，激发农业农村发展的活力，已成为城乡关系发展的大趋势。乡村规划要适应这种趋势要求，把改革创新作为根本动力，突出完善产权制度和要素市场化配置，建立健全城乡融合发展体制机制和政策体系，把县域作为重要切入点，协同推进乡村振兴与新型城镇化，加快形成新型工农城乡关系。

■ 第三节　加快乡村规划理论创新和实践探索

乡村规划理论的形成是在实践基础上的理性提炼与归纳概括。近年来，随着乡村振兴战略的深入实施，各级各类规划编制深入推进，中国特色乡村规划理论探索已经开启，呈现出百家争鸣的态势。通过学习习近平总书记"三农"工作重要论述，结合乡村规划编制实践，本书尝试性地对中国特色乡村规划理论进行了一些探索，形成了几个初步的观点，以期与各方共同探讨研究。

一、保护传承"根脉"，铸牢乡村规划之魂

我国农耕文明源远流长、博大精深，所孕育的乡村文化，是中华优秀传统文化的根脉。保护和传承这一根脉不仅事关中华文明的延续，也是凝聚人心的重要手段，还是促进乡风文明的精神动力，更是确保乡村有效治理的基础支撑。回望人类文明史，曾经出现的古巴比伦、古埃及、古印度等种种古文明，均已消亡，唯我中华文明，劫劫长存，生生不息。历史证明：只要根脉存，则文明存，国力兴。结合新的实践和时代要求，推动中华优秀传统文化创造性转化、创新性发展，是乡村规划铸魂的必然要求，是全面推进乡村振兴的强大精神动力。

习近平总书记指出，中华文明根植于农耕文明，从中国特色的农事节气，到大道自然、天人合一的生态伦理；从各具特色的宅院村落，到巧夺天工的农业景观；从乡土气息的节庆活动，到丰富多彩的民间艺术；从耕读传家、父慈子孝的祖传家训，到邻里守望、诚信重礼的乡风民俗等，都是中华文化的鲜明标签，都承载着华夏文明生生不息的基因密码，彰显着中华民族的思想智慧和精神追求。这些重要论述，深刻诠释了保护传承中华根脉的核心内涵。

在乡村规划编制的具体实践中，必须把保护和传承中华根脉作为一项重要内容，在理论和方法上不断深化探索，聚焦制度、技术、模式、管理创新，生根活脉，养根护脉，壮根畅脉，让丰富多彩的乡土文化真正实现根脉相通，为乡村规划铸魂。一是加强乡村文化遗产保护。重点加强历史文化名镇名村、名人故居保护和乡村特色风貌、传统村落、传统民居、历史建筑、红色文化纪念地保护管理，特别注重农业文化遗产的挖掘和开发。二是注重弘扬中国传统节庆文化。丰富春节、元宵、清明、端午、七夕、中秋、重阳等传统节日文化内涵，吸收现代文明元素和健康生活理念，培育新的节日习俗；加强对传统历法、节气、生肖和饮食、中医药等的研究阐释、活态利用、传承弘扬。三是保护和传承特色乡土文化。尊重风俗民情、村规民约，充分发挥耕读传家、德育化人的传统文化力量，推进新乡贤文化建设，培育和扶持乡村文化骨干。建设和完善乡村文化传承载体，对有条件的地区，可以规划建设乡村文化站、农家书屋、文体广场、村民礼堂、乡村博物馆；对于象征族群人文精神、群体认同的部落图腾等有关文化符号载体可以恢复重建，借此增强凝聚力。四是加快休闲农业与乡村旅游发展。保护和提升田园生态和农业景观，营造轻松自然、返璞归真的田园生活氛围，传承道法自然、有机循环、精耕细作的传统农业模式和技术，普及传播农业文化和知识，开展花果菜采摘等农事体验、农家乐等活动，开发具有乡土特色的如剪纸、竹编、草编、木雕、泥塑等传统手工

艺品制作，组织开展以乡村耕织、民俗风情、特色饮食等为重点的形式多样、内容丰富、特色鲜明的乡村文化艺术节活动，聚集人气，繁荣乡村产业。五是推进乡村农文旅融合发展。在生态环境好、交通便捷、乡土文化特色浓郁、文化旅游资源丰富的乡村区域，大力推进农文旅融合发展，以农促旅、以旅带农、文化加持，推进独具特色的乡村文化资源优势转变成产品优势、产业优势、经济优势，助推农文旅互融互促发展，促进农业转型升级、高质高效，农民就业增收、富裕富足。

二、引导乡村"各美其美"，塑造乡村规划之形

乡村规划建设，需要统筹兼顾内在铸魂和外在塑形，塑形就是打造乡村的形态之美和空间之美。我国幅员辽阔、类型复杂多样，呈现出明显的地域分异规律，乡村的空间格局、经济社会等复杂多样、差异明显，立足地域分异及特色，引导和推动不同乡村"各美其美"，是乡村规划塑形的必由之路和关键一招。

习近平总书记指出，要注重地域特色，尊重文化差异，以多样化为美，防止乡村景观城市化、西洋化，保护好林草、溪流、山丘等生态细胞，打造各具特色的现代版"富春山居图"。贯彻落实习近平总书记的指示要求，结合乡村规划建设实际，引导乡村"各美其美"，就是坚持"和实生物、同则不继"的原则，以现代规划设计理念与方法，吸纳优秀传统文化精髓，尊重和守护不同区域的乡村特色，培育和发展本乡本土的山水田园、风情风貌、历史人文等，因地制宜，精准施策，打造各具特色、美美与共的美丽和谐乡村。其中，塑造生产田园之美是基础。产业发展是乡村振兴的基础，乡村之美离不开春华秋实的田园。依据不同地域乡村经济基础、交通区位、资源禀赋等，坚持"一村一品、一县一业"等业态模式，大力推行绿色生产方式，打造彰显本地乡村特色的主导产业和优势品牌，注重田园风光的塑造，塑造乡村美丽产业、美丽经济，让乡村产业成为农民就业创业、安居乐业的基础保障。塑造山水生态之美是关键。良好的生态环境是农村最大优势和宝贵财富，充分挖掘乡村的生态价值，靠山吃山、靠水吃水，把绿水青山变成金山银山。加强乡村基础设施、人居环境等建设，梯次推进农民生活环境整体改善，塑造乡村美丽生态、美丽生活，为农民群众提供各具特色、美美与共的生活空间。塑造乡土风貌之美是核心。"百里不同风，十里不同俗"。不同地域、不同乡村，具有特色各异的乡土味道和乡村风貌。美丽乡村应保护和传承好本乡本土的特色风貌、民俗风情和历史文化等，加大对古镇、古村落、古建筑、文物古迹、农业遗迹的保护力度，并把挖掘原

生态村居风貌和引入现代元素结合起来，让历史悠久的乡土风貌和农耕文明在新时代展现出独特魅力和绚丽风采，实现"各美其美"的最佳场景，塑造乡村美丽风貌、美丽乡愁，让乡村成为城乡居民读得出历史、记得住乡愁的栖息地。

在具体规划工作中，应把握好三个关键：一是注重产业选择和提升。顺应当地乡村经济社会发展规律，学习借鉴其他区域的好经验、好做法，以满足市场多样化需求为导向，因地制宜选择适合本地的乡村一二三产业，防止盲目跟风，避免形成"千村一面"的产业格局。二是注重功能定位和布局优化。依照各地乡村的不同资源禀赋条件和产业发展方向，科学把握不同乡村变迁趋势，明确乡村生产、生活、生态功能分区，合理布局田园、山水、村落、庭院等空间，构建特色鲜明、优势互补、功能协同的乡村美学空间，推动形成美丽和谐新格局。三是注重乡村特色文化挖掘和利用。发挥好乡村规划师和能工巧匠作用，深入挖掘当地特色人文历史和村落文化，找准不同乡村的特有符号和专有记忆，在细节上下功夫、在特色上做文章，注重民间技艺传承、老屋古树保护、建筑风貌管控等，打造乡土特色亮点和靓丽名片。只有让每一个乡村呈现独特魅力、记住别样乡愁，美丽乡村方能富有内涵、美而不同、美而长久。

三、突出"融促"发展，谋划乡村规划之策

"融促"即融合促进，融合是途径和方法，促进是目的和结果。党的十八大以来，党中央在国家经济、社会、产业和区域发展等各方面的战略、方针、政策、规划制定中，都贯穿着互融互促的思想理念。做好乡村规划也要树牢这一理念，把融促发展作为贯通城乡、链接产业、黏合产村的重要途径，统筹谋划、系统设计。

习近平总书记指出，要推动乡村产业振兴，紧紧围绕发展现代农业，围绕农村一二三产业融合发展，构建乡村产业体系。在现代化进程中，如何处理好工农关系、城乡关系，在一定程度上决定着现代化的成败。要坚持以工补农、以城带乡，推动形成工农互促、城乡互补、协调发展、共同繁荣的新型工农城乡关系。以习近平总书记的重要论述为指引，乡村规划突出"融促"发展，就是以乡村全面振兴和加快农业农村现代化为根本任务，以畅通工农城乡、要素流动、产业链条等堵点为核心要务，以实现城乡融促、产村融促、产业融促为重点，促进农业高质高效、农村宜居宜业和农民富裕富足。其中，产业融促就是以实现一二三产业融合发展为主攻方向，把农业延链、补链、壮链、优链和拓展农业多种功能有机衔接，促进产业链、

供应链、价值链同构，着力构建农业与二三产业交叉融合的现代产业体系，实现乡村经济、社会、生态、文化多元价值。产村（镇）融促就是以产业兴、农村美、生态优为导向，将主导产业发展与村庄空间布局、基础设施配套、公共服务配置、美丽乡村建设同步规划，打造综合服务功能强、宜居宜业的产村融合综合体。城乡融促就是重塑新型城乡关系，建立健全城乡融合发展体制机制和政策体系，推动形成以工促农、以城带乡、工农城乡互融互促、城乡区域共同繁荣发展新格局。

在乡村规划编制实践中，应把"融促"发展作为规划之策，重点把握好以下四个方面：一是把"融促"发展贯穿于乡村规划全过程。树立"城乡融合、一体设计、多规合一"理念，聚焦产业、产村、城乡"融促"发展，全面谋划推进农村一二三产业发展、优化镇村产业和空间布局、统筹协调城乡基础设施建设和公共服务供给等。二是把县域作为"融促"发展的重要切入点。统筹县域产业、基础设施、公共服务、基本农田、生态保护、城镇开发、村落分布等空间布局，强化县城综合服务能力，把乡镇建设成为服务农民的区域中心，实现县乡村功能衔接互补。三是倾力打造"融促"发展的平台载体。谋划一批现代农业产业园、科技园、双创园、产业强镇、产业集群以及农业现代化示范区、高新技术产业示范区、田园综合体等多样化平台载体，发挥其在推进产业融促、产村融促、城乡融促发展中的示范引领、辐射带动作用。四是改革创新"融促"发展的体制机制。推进农村各项改革，不断破除体制机制障碍，打通要素在城乡之间、产业之间双向流动的通道，推动各类资本、智力、技术、管理下乡，让外部的资源要素引进来，激活内部沉睡的资源和闲置的资产，推进农业农村现代化发展。

四、遵循"梯次"推进，优化乡村规划之序

我国从南到北、从东到西，区域自然经济社会发展水平各异，乡村振兴基础各不相同，这就决定了全面推进乡村振兴不能齐步走、一刀切。乡村规划也要立足这一现实，把握区域乡村发展的轻重缓急和主次关系，分区施策、分类指导、梯次推进、优序发展。

习近平总书记指出，实施乡村振兴战略是一项长期而艰巨的任务，要遵循乡村建设规律，着眼长远谋定而后动。要聚焦阶段任务，找准突破口，排出优先序、一件事情接着一件事情办，一年接着一年干，久久为功，积小胜为大成。要科学评估乡村财政收支状况、集体经济实力和群众承受能力，合理确定投资规模、筹资渠道、负债水平，合理设定阶段性目标任务和工作重点，形成可持续发展的长效机制。习

近平总书记的这些重要论述，为做好乡村规划提供了科学方法论，即处理好长期目标和短期目标的关系，合理规划安排乡村发展在时间上和空间上的优先序，因时因地制宜，分区分类施策，推动乡村建设梯次有序进行。

在乡村规划编制实践中，遵循"梯次推进"，需要切实把握好以下四点。一是在基础分析上，科学研判发展现状与发展趋势。万丈高楼平地起，明晰现状是规划未来的逻辑起点。只有把自然资源禀赋、区位条件、产业发展基础、科技支撑能力、经济社会发展水平等方面的现实情况搞清楚，才能对一个区域、一个省、一个县，乃至一个村的发展阶段和发展趋势做出合理判断，为后续分区分类分阶段推进奠定基础。二是在区域发展上，分区分类施策。立足发挥区域比较优势，破解区域发展瓶颈制约，进行合理分区分类，引导鼓励具备条件地区先行先试，探索模式，积累经验，以高带低、以快带慢，引领区域梯度协调发展。三是在目标制定上，做到长短结合、切实可行。统筹需要与可能、当前与长远，在构建规划目标指标体系的基础上，合理制定乡村发展的近期目标、中期目标和远期目标，确定时间表，既尽力而为，又量力而行，梯次引导乡村发展。四是在任务安排上，科学排出优先序。围绕总目标总任务总要求，聚焦阶段任务，区分轻重缓急，科学把握节奏力度，从农民群众最关心、最直接、最现实的利益出发，找准突破口，排出重点任务和工程项目优先序，分期分项落实。

■ 第四节　加强乡村规划体系和制度方法建设

做好新阶段乡村规划，亟须完善乡村规划体系、加强制度方法和标准规范建设，尊重农民意愿，保障乡村规划的科学性、规范性和可操作性。

一、构建乡村规划体系

乡村规划内容涵盖乡村经济、社会、治理、生态和文化等多方面，在行政层级上包括国家、省、市、县、乡镇各级规划，在行政职能上涉及农业、自然资源、电力、交通、水利、环保、教育、卫生等多个部门，具有综合性的公共政策属性。新时期乡村规划应在国家规划体系框架下，进一步梳理规划层级、规划类型，确定各类乡村规划的功能定位，明确规划之间的相互关系，逐步建立以乡村总体规划为统领，以空间规划为基础，以区域规划、专项规划为支撑，由不同行政层级共同组成的纵横交错、定位准确、功能互补、统一衔接的乡村规划体系。

二、健全乡村规划编制技术标准和规范

技术标准体系的建设是乡村规划走向更加科学、更加理性的重要标志。当前，乡村规划各类标准、规范、规程和导则缺失问题比较突出，亟须针对各级各类规划的特点，完善和补充相关基础标准、通用标准和专用标准，规范乡村规划编制流程、主要内容、技术方法、工程措施和成果表达，提升乡村规划的规范性、科学性。

三、发挥农民的主体作用

农民是农业农村发展的主体。在乡村规划编制过程中，必须把尊重农民首创精神、发挥农民主体作用作为一项重要原则，贯穿于各项规划的始终。特别是在村庄规划编制中，应成立有村民代表参与的规划编制工作组，强化村党组织、村民委员会主导作用，在调研访谈、方案比选、公告公示等各个环节积极参与村庄规划编制，协商确定规划内容，充分发挥村民对规划编制、审批、实施全过程的监督作用。

四、加强乡村规划编制与实施管理

推行完善乡村规划"编制、审批、实施、评估、考核"等管理机制。逐级建立规划目录清单管理制度，明确规划编制要求；规范规划审批程序，建立公开发布机制，把好规划论证、审批、发布等关口，增强规划的权威性；加大规划实施监测评估力度，鼓励采用第三方机构开展中期和终期评估；强化监督考核。落实实施责任，将规划实施情况纳入各级领导班子年度考核内容，不断提升规划实施效能。

3

第三篇

探索篇

　　乡村规划既是一门学问，又是一项实践性很强的工作，需要遵循乡村经济社会发展规律，贯彻各级党委、政府的决策部署，还应根据规划主题和类型，按照规划编制的基本要求，采用科学有效的方法，提高规划编制的质量。探索篇从研究构建乡村规划体系入手，重点讨论规划的逻辑框架、主要内容和要求、技术方法和表达方式，并根据不同类型规划的特点，提出各类规划编制的侧重点，以此探索乡村规划科学化和规范化推进之路。

第一章　乡村规划体系探索

第二章　乡村规划的一般内容

第三章　各类规划的侧重点

第四章　规划技术方法

第五章　规划表达方式

第一章　乡村规划体系探索

■ 第一节　国家规划体系

依据《中共中央　国务院关于统一规划体系更好发挥国家发展规划战略导向作用的意见》（中发〔2018〕44号），国家规划体系以国家发展规划为统领，以空间规划为基础，以专项规划、区域规划为支撑，由国家、省、市县各级规划共同组成（图3-1-1）。

图3-1-1　国家规划体系构成示意图

一、国家发展规划

国家发展规划，即中华人民共和国国民经济和社会发展五年规划纲要，是社会主义现代化战略在规划期的部署和安排，主要是阐明国家战略意图、明确政府工作重点、引导规范市场主体行为，是经济社会发展的宏伟蓝图，是全国各族人民共同的行动纲领，是政府履行经济调节、市场监管、社会管理、公共服务、生态环境保护职能的重要依据。

国家发展规划在规划体系里发挥统领作用。聚焦事关国家长远发展的大战略、跨部门跨行业的大政策、具有全局性影响的跨区域大项目，把党的主张转化为国家意志，为各类规划系统落实国家发展战略提供遵循。发挥国家发展规划统筹重大战略和重大举措时空安排功能，明确空间战略格局、空间结构优化方向以及重大生产力布局安排，为国家级空间规划留出接口。科学选取需要集中力量突破的关键领域和需要着力开发或者保护的重点区域，为确定国家级重点专项规划编制目录清单、区域规划年度审批计划并开展相关工作提供依据。国家发展规划根据党中央关于制定国民经济和社会发展五年规划的建议，由国务院组织编制，经全国人民代表大会审查批准，居于规划体系最上位，是其他各级各类规划的总遵循。

二、国家级专项规划

国家级专项规划是指导特定领域发展、布局重大工程项目、合理配置公共资源、引导社会资本投向、制定相关政策的重要依据。国家级专项规划原则上限定于关系国民经济和社会发展全局且需要中央政府发挥作用的市场失灵领域。

国家级专项规划在规划体系里发挥支撑作用。围绕国家发展规划在特定领域提出的重点任务，制定细化落实的时间表和路线图，提高针对性和可操作性。国家级专项规划由国务院有关部门编制，其中国家级重点专项规划，严格限定在编制目录清单内，与国家发展规划同步部署、同步研究、同步编制，报国务院审批，党中央有明确要求的除外。

三、国家级区域规划

国家级区域规划以国家发展规划确定的重点地区、跨行政区且经济社会活动联系紧密的连片区域以及承担重大战略任务的特定区域为对象，以贯彻实施重大区域战略、协调解决跨行政区重大问题为重点，突出区域特色，指导特定区域协调协同发展。

国家级区域规划在规划体系中发挥支撑作用。国家级区域规划要细化落实国家发展规划对特定区域提出的战略任务，是指导特定区域发展和制定相关政策的重要依据。国家级区域规划由国务院有关部门编制，报国务院审批。

四、国家级空间规划

国家级空间规划以空间治理和空间结构优化为主要内容，是实施国土空间用途管制和生态保护修复的重要依据。

国家级空间规划在规划体系中发挥基础作用。要细化落实国家发展规划提出的国土空间开发保护要求，聚焦空间开发强度管控和主要控制线落地，全面摸清并分析国土空间本底条件，划定城镇、农业、生态空间以及生态保护红线、永久基本农田保护红线、城镇开发边界，并以此为载体统筹协调各类空间管控手段，整合形成"多规合一"的空间规划。国家级空间规划为国家发展规划确定的重大战略任务落地实施提供空间保障，对其他规划提出的基础设施、城镇建设、资源能源、生态环保等开发保护活动提供指导和约束。国家级空间规划由国务院有关部门编制，报国务院审批。

依据《中共中央 国务院关于建立国土空间规划体系并监督实施的若干意见》（中发〔2019〕18号），国土空间规划是对一定区域国土空间开发保护在空间和时间上做出的安排，包括总体规划、详细规划、相关专项规划三类和国家、省、市、县、乡镇五级，形成"五级三类"国土空间规划体系（图3-1-2）。国家、省、市、县编制国土空间总体规划，各地结合实际编制乡镇国土空间规划；相关专项规划是指在特定区域（流域）、特定领域，为体现特定功能，对空间开发保护利用做出的专门安排，是涉及空间利用的专项规划；详细规划是对具体地块用途和开发建设强度等做出的实施性安排，是开展国土空间开发保护活动、实施国土空间用途管制、核发城乡建设项目规划许可、进行各项建设等的法定依据。国土空间总体规划是详细规划的依据、相关专项规划的基础；相关专项规划要相互协同，并与详细规划做好衔接。

总体规划	详细规划		相关专项规划
全国国土空间规划			专项规划
省级国土空间规划			专项规划
市国土空间规划	（城镇开发边界内）详细规划	（乡村地区）实用性村庄规划	专项规划
县国土空间规划			专项规划
乡镇国土空间规划			

图3-1-2 国土空间规划体系构成示意图

五、省级规划、市级规划、县级规划

省级规划、市级规划、县级规划依据国家发展规划制定，既要加强与国家级专项规划、区域规划、空间规划的衔接，形成全国"一盘棋"，又要因地制宜，符合地方实际，突出地方特色。

■ 第二节 乡村规划体系

为更好发挥乡村规划对乡村振兴战略实施、农业农村现代化建设的引领作用，有必要在国家规划体系框架下，研究探索我国乡村规划体系。

一、体系构成

依据国家规划体系，结合农业农村发展实际，构建由乡村总体规划、乡村区域规划、乡村专项规划、乡村空间规划四类和国家级、省级、市级、县级、乡镇级五级组成的"五级四类"乡村规划体系（表3-1-1）。

表3-1-1　乡村规划分级分类表

	乡村总体规划	乡村区域规划	乡村专项规划	乡村空间规划
国家级	农业农村发展五年规划	特定区域规划	产业类	
			工程类	
			园区类	
			……	
省级	农业农村发展五年规划	特定区域规划	产业类	
			工程类	
			园区类	
			……	
市级	农业农村发展五年规划	特定区域规划	产业类	
			工程类	
			园区类	
			……	

（续）

	乡村总体规划	乡村区域规划	乡村专项规划	乡村空间规划
县级	农业农村发展五年规划		产业类	县域村庄布局规划
			工程类	
			园区类	
			……	
乡镇级			产业类	村庄规划
			工程类	
			园区类	
			……	

（一）乡村总体规划

乡村总体规划，即农业农村发展五年规划，是为细化落实国家对"三农"领域提出的战略任务而编制的规划，以宏观战略指导为主，在国家规划体系中属于专项规划，在乡村规划体系中居于最上位。从"十一五"由"计划"改为"规划"以来，编制了5个国家级乡村总体规划，分别是《全国农业和农村经济发展第十一个五年规划》《全国现代农业发展规划（2011—2015年）》《全国农业现代化规划（2016—2020年）》《乡村振兴战略规划（2018—2022年）》和《"十四五"推进农业农村现代化规划》。

（二）乡村区域规划

乡村区域规划是为细化落实总体规划对特定区域提出的战略任务而编制的规划，目的在于引导和协调特定区域乡村的高质量发展。一是着眼于解决特定区域的发展问题，如《农业部定点扶贫地区帮扶规划（2016—2020年）》《三峡库区草食畜牧业开发规划》；二是促进区域间及区域内的合作，如《京津冀现代农业协同发展规划（2016—2020年）》；三是共同发起双边、多边区域合作的行动与愿景，如《中国东北地区和俄罗斯远东及贝加尔地区农业发展规划》。

（三）乡村专项规划

乡村专项规划是以农业农村发展的特定领域为对象编制的规划，其目的在于细化落实总体规划对特定领域提出的战略任务，是总体规划的重要支撑。实践中，专项规划有多种类型，本书重点就产业类、工程类、园区类专项规划进行探讨。

1. 产业类专项规划

产业类专项规划是以某一个、几个或一类农业产业，或者产业集群为对象编制的专项规划，是对一定区域范围内、未来特定时间内产业发展的系统谋划和安排，是指导产业发展方向、布局重大工程项目、合理配置公共资源、引导社会资本投向、制定相关产业政策的重要依据。产业发展规划是总体规划对该产业相关要求的具体细化和落实，对区域内涉及该产业的其他专项规划（如园区规划）也起到引导和约束的作用。

按照《国务院关于促进乡村产业振兴的指导意见》（国发〔2019〕12号），乡村产业包括现代种养业、乡土特色产业、农产品加工流通业、乡村休闲旅游业、乡村新型服务业、乡村信息产业六大类，种类繁多。在规划实践中，产业发展规划既可以产业大类为规划对象，如《全国种植业发展第十二个五年规划》《全国畜牧业发展第十二个五年规划》等，也可以细分产业为规划对象，如《全国蔬菜产业发展规划（2011—2020年）》《全国节粮型畜牧业发展规划（2011—2020年）》等。

2. 工程类专项规划

工程建设规划是依据中央有关文件、国民经济和社会发展五年规划纲要以及乡村总体规划做出的有关部署，以农业农村某一类工程为规划对象，为加强和改善公益性、基础性设施装备条件，提升某一重点领域能力而编制的规划。工程建设规划主要通过实施重大工程项目促进农业农村发展，具有以下特征：一是具有调节经济发展的导向功能，工程建设规划是农业农村政策措施化的具体体现，能够引导市场主体按照规划导向聚集生产要素，从而有效优化资源配置；二是具有把总体规划目标和投资联系起来的功能，工程建设规划是投资决策的重要依据，在乡村规划体系中起到支撑作用，是实现总体规划各项目标的重要抓手。

不同时期农业农村面临的形势、目标和任务不同，工程建设类型会有变化。如"十二五"期间我国重点实施了现代种业、旱涝保收高标准农田、"菜篮子"工程、渔政渔港、动植物保护、农村饮水安全、农村公路、农村供电、农村沼气、农村安居、农村清洁、农村土地整治12项新农村建设重点工程；"十三五"期间重点实施了高标准农田、现代种业、节水农业、农业机械化、智慧农业、农产品质量安全、新型经营主体培育、农村一二三产业融合发展8项农业现代化重大工程；"十四五"期间将重点实施高标准农田、现代种业、农业机械化、动物防疫和农作物病虫害防治、农业面源污染治理、农产品冷链物流设施、乡村基础设施、农村人居环境整治提升8项农业农村现代化建设工程。

3.园区类专项规划

农业园区规划，是对农业园区的建设和发展目标、功能定位、空间布局、项目设置、基础设施建设、环境、运营管理等进行策划和安排。我国农业园区于20世纪90年代出现，当时政府提出了现代农业产业化发展思路，需要有合适的发展平台和经济组织形式将分散的农户或农业中小企业的生产组织起来，集聚新技术和资金等要素，进行专业化分工、规模化生产，在此背景下农业园区应运而生。农业园区一般具有4个特征：一是要素集中，是吸引和集中政策资源、资金、科技、人才、信息等要素的载体；二是产业集聚，是促进主导产业及关联产业相互融合、集聚发展，激发产业链、价值链重构和功能升级的平台；三是创新驱动，是聚集科研力量、经营主体进行技术创新、体制机制创新和改革突破的试验场；四是示范引领，应成为带动区域发展的"示范点""增长极"和"动力源"。农业园区规划应把握和体现以上特征。

从规划实践看，既有园类规划，如产业园、科技园、创业园、休闲园、加工园、物流园，又有各类示范区规划，如现代农业示范区、农业现代化示范区、一二三产业融合发展示范区。

（四）乡村空间规划

乡村空间规划是对乡村区域国土空间的开发、保护、利用、修复在空间和时间上做出的安排，是乡村可持续发展的空间蓝图。《乡村振兴战略规划（2018—2022年）》提出要强化县域空间规划引导约束作用，科学安排县域乡村布局、资源利用、设施配置和村庄整治，推动村庄规划管理全覆盖。规划实践中，乡村空间规划主要有县域村庄布局规划、村庄规划两类。

1.县域村庄布局规划

县域村庄布局规划是以人口、资源、环境、经济协调发展为目标，对县域乡村人口集聚空间做出的统筹安排。规划应综合考虑工业化、信息化、城镇化、农业农村现代化、绿色化等环境因素，顺应村庄发展规律和演变趋势，根据不同村庄的发展现状、区位条件、资源禀赋等，确定不同类型村庄的分布、规模和发展方向，提出分类管理策略，统筹布局基础设施和公共服务设施。

根据《中央农办　农业农村部　自然资源部　国家发展改革委　财政部关于统筹推进村庄规划工作的意见》（农规发〔2019〕1号），县域村庄布局规划主要任务包括两个方面：一是要做好村庄分类，结合乡村振兴战略规划编制实施，研究村庄人口变化、区位条件和发展趋势，明确县域村庄分类，将现有规模较大的中心村确定为集聚提升类村庄，将城市近郊区以及县城城关镇所在地村庄确定为城郊融合类村庄，将历史文化名村、传统村落、少数民族特色村寨、特色景观旅游名村等特色资源丰富的村庄确定为特色保护类村庄，将位于生存条件恶劣、生态环境脆弱、自然灾害频发等地区的村庄，因重大项目建设需要搬迁的村庄，以及人口流失特别严重的村庄，确定为搬迁撤并类村庄；对于看不准的村庄，可暂不做分类，留出足够的观察和论证时间。二是要发挥综合引导功能，统筹考虑县域产业发展、基础设施建设和公共服务配置，引导人口向乡镇所在地、产业发展集聚区集中，引导公共设施优先向集聚提升类、特色保护类、城郊融合类村庄配套。

2. 村庄规划

村庄规划是在城镇开发边界以外，以一个或几个行政村为单元，由乡镇政府组织编制的"多规合一"的实用性详细规划，是国土空间规划体系中乡村地区的详细规划，是开展国土空间开发保护活动、实施国土空间用途管制、核发乡村建设项目规划许可、进行各项建设等的法定依据，也是实施乡村振兴战略的基础性工作。规划要坚持农民主体地位，尊重村民意愿，反映村民诉求。

村庄规划可追溯至改革开放初期，国家建委、农委等部门先后召开了两次全国农村房屋建设会议，提出要认真搞好村庄规划，抓紧制定村镇建设法规，标志着现代村庄规划进入初始探索阶段。村庄规划的实践主要随政策焦点进行转移，为加强村庄、集镇的规划建设管理，改善村庄、集镇的生产、生活环境，1993年国务院颁布了《村庄和集镇规划建设管理条例》，在该条例中，村庄仅指农村村民居住和从事各种生产的聚居点，这一时期规划建设的焦点是城市，而不是农村，村庄规划具有典型的城市规划的特征；2003年十六届三中全会提出"统筹城乡发展"，2005年十六届五中全会提出了建设社会主义新农村的历史任务，村庄规划更加强调统筹城乡和农村发展，新农村建设规划成为热点；2008年《城乡规划法》颁布实施，正式赋予了村庄规划法律地位；2015年中央1号文件提出"中国要美，农村必须美"，让农村成为农民安居乐业的美丽家园，同年发布了国家标准《美丽乡村建设指南》（GB/T32000—2015）；2018年，《乡村振兴战略规划（2018—2022年）》提出要实现村庄规划管理全覆盖；《中央农办 农业农村部 自然资源部 国家发展改革委 财政部关于统筹推进村庄规划工作的意见》（农规发〔2019〕1号）要求各地加快推进村庄规划编制实施，统筹谋划村庄发展定位、主导产业选择、用地布局、人居环境整治、生态保护、建设项目安排等，做到不规划不建设、不规划不投入；《自然资源部办公厅关于加强村庄规划促进乡村振兴的通知》（自然资办发〔2019〕35号）提出，村庄规划的主要任务可概括为"八项统筹一个明确"，即统筹村庄发展目标、统筹生态保护修复、统筹耕地和永久基本农田保护、统筹历史文化传承与保护、统筹基础设施和基本公共服务设施布局、统筹产业发展空间、统筹农村住房布局、统筹村庄安全和防灾减灾，明确规划近期实施项目。

二、各类各级规划的关系

各类各级规划内容要体现事权一致、逐级细化原则，坚持下位规划服从上位规划、下级规划服务上级规划、等位规划相互协调，形成以总体规划为统领、以专项规划和区域规划为支撑、以空间规划为基础，由国家、省、市、县、乡镇等各级规划组成的功能互补、统一衔接的乡村规划体系。

国家级乡村总体规划居于乡村规划体系的最上位，聚焦在农业农村发展的战略目标、战略任务和重大举措，侧重战略引导和政策指导，在规划体系中起统领作用。考虑落实国家发展规划对农业农村发展领域提出的战略任务要求，同时要适应国内外发展环境和市场变化，规划期限一般为5年，与国家发展规划的规划期限保持一致。专项规划和区域规划在规划体系中具有支撑作用。其中，专项规划侧重细化落实总体规划提出的重点乡村产业、重要载体和平台、重大工程和行动等，区域规划侧重落实总体规划对特定区域提出的战略任务。空间规划聚焦在乡村空间资源的合理、高效和可持续利用，为总体规划提出的重大战略任务落地实施提供空间保障，在规划体系中具有基础作用。

第二章 乡村规划的一般内容

■ 第一节 规划逻辑框架

规划是为了达到某种目标，对规划对象未来发展变化状况的设想、谋划、部署或具体安排，是一个立足当前、着眼未来、确立奋斗目标、提出实施措施的行动方案。规划的具体内容因时代特征和规划类型不同而有所差异，但基本内容相对固定，一般需要回答"为何编、从何起、向何方、干何事、用何力、需何助"6个方面的问题，这6个方面的内容构成了规划的逻辑框架（图3-2-1）。

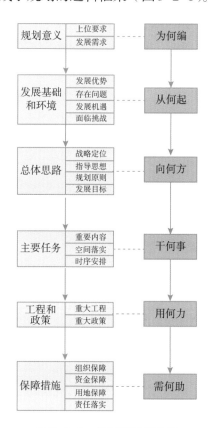

图3-2-1 规划逻辑框架图

规划意义是规划的行动动因。编制好规划，必须清楚"为何编"。理解规划本身的目的，把握规划的主题和任务、内容和深度，需要深刻分析规划意义。作为规划的缘由，规划意义体现了上位规划和上级部门的要求，呈现了未来发展的需求，是确定规划目标的重要因素，从这个角度来说，对规划意义的分析是规划编制的出发点。

发展基础和环境分析是规划的行动起点。规划放眼未来，考虑长远，但要从"立足点"起步，需要知道"从何起"。全面、系统、准确地研究发展基础和环境，总结评估上一期规划实施情况，梳理发展优势与存在问题、发展机遇与面临挑战，是认清发展态势，确定发展方位，准确提出规划目标、任务、工程、措施等规划内容的重要前提。

总体思路是规划的行动指引。总体思路是规划的"灵魂"，着重解决规划"向何方"问题，属于规划自身的顶层设计，是承上启下的关键环节。总体思路统领引导其他规划内容的走向，不仅是立足基础对标需求后对未来发展要求的高度凝练，也是对规划基本遵循、战略步骤，以及规划的底线、方向和要求的统筹规定。

主要任务是规划的行动内容。遵循总体思路，把发展目标分解为可以执行的任务，确立优先次序和空间格局，是规划的主体内容，着重解决规划"干何事"的问题。提出科学有效的优化空间格局、推进农业农村现代化、创新体制机制等最佳路径，是统筹配置各类资源，稳扎稳打、善作善成，持之以恒推动规划目标落实落地的可靠保证。

工程和政策是规划的行动手段。工程和政策是落实规划的"双轮"驱动力，编制好工程方案、制定好政策措施是解决规划"用何力"问题的重要抓手。工程和政策方案把各项任务整合为具体的措施，明确建设标准、重点区域、支持领域和实施主体，落到具体的时间和空间上，有助于筹措资金，调动社会积极性，汇聚规划的执行力量。

保障措施是规划的行动支撑。规划是一项系统工程，规划的实施涉及组织领导保障、实施运营保障、监督考核保障、舆论宣传保障等多个方面。高效完成规划任务、实现规划目标不仅需要规划的主管部门着力推进，还需要相关部门统筹协作，形成行动合力。这就需要提出推进规划的保障措施，明确"需何助"的内容。

■ 第二节 主要内容与要求

一、规划意义

规划意义是规划编制的出发点和理由，是规划背景在文本中的凝练。编写好规划意义有利于明确规划的必要性和迫切性，有助于明确规划的类型、层级、功能和深度要求。规划意义一般要体现上级的要求、规划对象发展的内在需要，以及贯彻中央决策部署、满足人民发展需求的迫切愿望。在编制上，规划意义可以通过帽段简明表述，也可以单独成章深化阐述。

二、发展基础与发展环境分析

发展基础与发展环境分析是规划的起点，目的是分析规划区的发展现状和发展趋势，发现问题，评估潜力，为规划提供支撑依据。要求内容客观真实、有理有据，定性分析与定量分析相结合，文字表达要求条理清楚、观点明确。一般包括两个层次：一是基础条件分析，即客观描述规划对象的基本情况，分析自然资源、生态环境、区位条件、经济社会、科学技术等对乡村发展的支撑能力；二是发展条件分析，主要包括成就、问题、机遇、挑战等具体内容。

（一）基础条件分析

通常要调查研究以下内容：一是规划对象自身的情况，包括气候条件、土地资源、水资源、生物资源、文旅资源等资源禀赋；地理区位、交通区位、经济区位等区位条件；生产总值、结构比重、人均可支配收入、人口规模、城镇化率等社会经济状况；产业结构、发展规模、产业链条等产业发展基础；乡村基础设施、人居环境、公共服务、乡村治理等乡村建设情况。二是规划对象周边地区与规划相关的情况，如产业规划要摸清规划区周边地区相同产业的生产规模、加工能力、市场需求等情况；园区规划要介绍园区所在市县的概况。此外，有些规划则重在研究人的活动，如县域村庄布局规划，需要了解人口结构，研究城镇化、农村生产生活方式变化等对县域村庄人口和分布的影响；村庄规划需要预测人口与用地规模。基础条件分析旨在摸清家底，需要做充分的调查研究，是做好发展条件分析的基础。

（二）发展条件分析

1. 成就分析

规划需要针对农业农村重点领域，总结过去一定时期的发展成就。农业方面可以从粮食等重要农产品供给保障、农业供给侧结构性改革、农村一二三产业融合发展、现代化建设、农业绿色发展等角度展开分析；农村方面从农村改革、人居环境整治、治理体系、城乡融合等角度展开分析；农民方面从巩固脱贫攻坚成果、农民素质、创新创业、农民生活等角度展开分析。

2.问题分析

找出对实现规划目标有重要影响的短板和弱项是规划编制的切入点。资源环境方面，围绕资源可持续利用要求，通过资源环境承载力评价，诊断耕地质量、水资源、生物资源和面源污染等生态环境中的问题；农业方面，围绕保障有效供给、提高产业链现代化水平、提升农业质量效益和竞争力，对产业结构、科技水平、设施装备、市场营销等方面进行系统分析；农村方面，围绕宜居宜业，对标对表全国平均水平和发达地区水平，从人居环境、基础设施、公共服务、城乡融合、乡村治理等角度展开分析；农民方面，围绕提高收入和素质，进行农民结构、文化素质、劳动力资源、收入水平等分析。通过综合研判，找出规划区存在的短板弱项。

3.机遇与挑战分析

针对规划对象的内外部环境，深入研究有利条件和制约因素，科学研判面临的机遇与挑战，准确把握形势变化，为理清发展思路打好基础。

发展机遇。从外部环境看，可以从国际形势、市场潜力、科技创新、国家政策等方面切入分析。国际形势方面，主要指国际发生的大事对内部产生的影响，如新冠肺炎疫情冲击、经济全球化逆流等，对"三农"发展提出了新的要求，稳住农业基本盘、守好"三农"基础意义重大。市场潜力方面，通常从两个层面分析，一是消费趋势，如居民消费升级，对绿色、有机、高品质农产品消费需求增加等；二是突发事件带来的市场机遇，如新冠肺炎疫情、非洲猪瘟等黑天鹅事件导致粮食、生猪等重要农产品有效供给的重要性更加凸显。科技创新方面，全球新一轮科技革命、产业变革方兴未艾，物联网、大数据、云计算等新一代信息技术加快应用，农业现代化发展步伐加快，新产业新业态竞相涌现。国家政策方面，应与时俱进，新发展阶段全面推进乡村振兴、加快农业农村现代化，是全党高度重视的一个关系大局的重大问题。从内部环境看，重点从改革创新、发展潜力等方面切入分析。改革创新方面，例如农村改革深入推进，不断激活、释放农业农村发展活力。发展潜力方面，构建新发展格局，基础在"三农"，潜力和后劲也在"三农"。

主要挑战。从外部环境看，重点从国际贸易、风险防范等方面考虑。国际贸易方面，贸易保护主义抬头，阻碍我国农产品出口贸易，对我国农业产业链造成冲击；部分农产品进口价格优势冲击本土产业发展等。风险防范方面，例如蝗虫、非洲猪瘟等生物风险，高温、干旱、洪水、冰雹等自然风险对农业产业造成威胁。从内部环境看，重点从供给保障、农民增收、农村发展等角度进行分析。供给保障方面，要分析消费需求、价格波动、资源约束等对农产品产出能力制约带来的挑战。农民增收方面，包括宏观经济增长放缓、财政对农业农村支持力度增长困难、民营资本投资农业动力不足、农民工就业不稳等对持续稳定农民增收带来的挑战。农村发展方面，城乡区域差距较大，农村"空心化"、农村人才流失等对实现乡村振兴带来的挑战。

不同层级、不同类型的规划，基础分析内容的侧重点有所不同，通常总体规划更注重成就问题的总结和机遇与挑战分析，由此研判对下一个五年规划的影响。其他类型规划通常包含基本情况分析内容，尤其是区域规划、空间规划，更加注重基础条件分析的系统性和完整性，机遇挑战分析则可视情况而定，适当取舍。专项规划情况较为复杂，园区类和工程类规划通常不做机遇与挑战分析，产业类规划有时还要增加发展趋势分析，比如产业梯度转移趋势、产业转型升级趋势等。

三、总体思路

总体思路通常包括指导思想、基本原则、规划目标等内容。其中，指导思想是整个规划的根本遵循，具有统领性作用；基本原则是规划需要遵循的基本方针、底线和行为准则，是对指导思想的进一步阐明和强调；规划目标是对规划愿景的定性定量描述，提出规划期末应达到的发展水平。该部分语言要求高度凝练、朗朗上口。实践中也可能根据规划需要增加发展思路、战略定位或推进路径，但这些都可视为指导思想、基本原则的衍生或深化。

（一）指导思想

指导思想是规划对象未来发展的基本思路与理念，是整个规划的统领，既要简明扼要、又要系统全面，还要有高度和理论性。层级越高的规划，指导思想越重要。一要体现政治高度，即党和国家对乡村发展的理念引领、战略部署和根本遵循；二要体现时代特征、时代要求，如新发展阶段党和国家对乡村振兴的总体要求、农业农村现代化的内涵要义；三要突出规划对象的特色，明确规划对象的具体发展定位、方向和路径。指导规划空间布局、主要任务、重大工程和政策的谋划，做到宏观微观结合、战略战术结合。

（二）基本原则

基本原则是规划自始至终所依据的准则，通常要综合考虑党和国家对农业农村发展的基本要求、生态环境的底线约束、农业农村发展规律和方向等，有基础性原则、时代性原则、底线性原则和特色性原则等。基础性原则在我国农业与农村发展过程中具有普适性，如坚持党对"三农"工作的全面领导、坚持国家粮食安全不动摇、坚持农民主体地位等。时代性原则与发展进程密不可分，体现时代意义和时代特征，如总体规划目前需要从农业农村优先发展、城乡融合发展、农业农村现代化一体推进等方面考虑，产业规划需要从绿色引领高质量发展、服务新发展格局等方面考虑。底线性原则就是需要坚守的最基本的准则、界限、要求等，不能越雷池一步，如粮食安全底线、永久基本农田保护红线、生态保护红线等。特色性原则体现当地特色和规划特色，农产品主产区注重保供给；重点生态功能区、生态脆弱区注重保生态等。

（三）规划目标

规划目标可以分为总体目标和具体目标。总体目标是未来发展的基本设想和努力方向，是对未来发展蓝图的定性描述，指明规划期内所要达到的预期结果，是制定具体目标的依据，既要考虑全国农业农村相关领域发展的总要求，又要结合当地发展阶段、发展格局、发展基础、发展环境等方面的实际，还要考虑规划本身所要达到的效果。总体目标还可分为近期目标和中期目标，有时还对未来远景进行展望。具体目标是对未来发展蓝图的定量描述，要形成可量化的指标体系，包括指标类别、指标值和指标属性。指标类别通常分为两级，一级指标要遵循目的性、科学性、系统性、关联性、突出性等原则，按照补短板、抓关键、强弱项的思路系统谋划。不同类型的规划，对一级指标的要求和侧重不同：总体规划的一级指标要有战略思维、系统思维，对产业发展、乡村建设、农民生活等各个方面做出总体部署；产业规划可按照现代农业三大体系建设的要求，从生产规模、产业融合、设施装备、绿色发展、带农增收等方面考虑；空间规划侧重围绕空间利用的安全、协调、可持续等维度考虑。二级指标要体现前瞻性和可操作性，立足规划区发展的实际情况，聚焦当前热点和规划重点，参考发达国家、国内发达地区相关领域的发展成就和水平，选取最具有代表性、数据可获得可量化的指标，明确区分约束性指标和预期性指标，规划目标指标值要合理、可行。

四、空间布局

优化空间结构、提高空间利用效率是规划的重要任务之一。空间布局是主要任务在空间上的优化布置，内容相对独立，一般单独成章。空间布局遵从国土空间规划"三区三线"以及相关管控要求，统筹安排农业农村空间开发利用，既要交代清楚什么地方做什么事，也要明确什么事情在什么地方做。什么地方做什么事，即以空间定方向，侧重于规范空间发展秩序，引导区域协调发展，是对空间的块状划分，一般为总体布局；什么事情在什么地方做，即以任务找空间，侧重于提升空间利用效率，是以任务为主线对空间的条状划分，具体到生产、生活、生态三个空间内部的布局。不同类型规划空间布局的内容侧重点会有不同，总体规划侧重于总体布局，产业规划侧重于乡村生产空间布局。

（一）总体布局

总体布局是在综合分析的基础上，按照区间差异性与区内相对一致性原则，对规划对象全域进行分区，依据各个分区的自然条件、发展现状和趋势，明确其发展方向、功能定位和建设重点的过程和结果。一般可从以下几个角度进行分区，一是按地形地貌等自然条件不同，可以分为平原区、丘陵区、山地区、高原区等；二是按主体功能不同，可以划分为农产品供给功能主导区、生活保障功能主导区、文化传承和观光休闲功能主导区、生态调节功能主导区等；三是按可持续发展要求不同，可以分为优化发展区、适度发展区、保护发展区等；四是按发展水平不同，可以分为示范引领区、重点推进区、巩固提升区等。具体实践中，可以根据规划目的和规划对象特点，选用一个维度进行分区，也可选用多个维度综合分析后进行分区。

（二）生产空间布局

乡村生产空间是以提供农产品为主体功能的国土空间，主要承载农业产业的发展。一般包括产业布局和平台载体布局。产业布局是各种资源、各生产要素甚至各产业和各企业为选择最佳区位而在空间地域上的配置与再配置过程。一般可以从两个维度进行产业布局，一是基于比较优势的农产品优势区布局；二是基于全产业链进行布局，围绕提升价值链，将供需链的各个环节和企业链的各个主体落实到空间上，形成联系紧密、协同互促的空间链。平台载体布局即划分乡村经济发展片区，重点是适应乡村产业发展需要，引入集聚集群发展理念，合理布局农业产业园、加工物流园、科技园、创新创业园、农业产业强镇等平台载体，在区域中发挥示范引领、辐射带动作用。规划实践中，通常将二者结合起来考虑，形成核（心）、轴（带）、片区（板块）、多园多点等空间格局。

（三）生活空间布局

乡村生活空间是以农村居民点为主体，为农民生产生活服务的国土空间。在县域尺度上，不仅要考虑农村居民点，也要把城镇纳入一并进行考虑，以城乡融合发展为方向，营造宜居适度生活空间。重点是确定县域镇村体系，进行村庄布局，即顺应村庄发展规律和演变趋势，划分村庄类型、优化空间结构、确定村庄发展方向，配套乡村生产生活基础设施和公共服务设施，构建生活圈、服务圈和商业圈或形成"点、线、面"架构。在村庄尺度上，重点是划定村庄空间管控边界，明确用地规模和管控要求，确定居民点、基础设施、公共服务设施的用地位置、规模和建设标准。

（四）生态空间布局

乡村生态空间是具有自然属性、以提供生态产品或生态服务为主体功能的国土空间。牢固树立"山水林田湖草沙冰生命共同体"的理念，严格落实国土空间规划确定的生态保护红线，加强对自然生态空间的整体保护。具体规划要结合生态功能重要性和生态系统脆弱性进行分析，着重加强对水系湿地、山体林带、荒漠戈壁的整体考虑，打造绿色生态骨架，构筑生态廊道，建构区域生态安全格局。

五、主要任务

主要任务是规划的主干，重点解决现状与目标的差距问题，是实现规划目标的途径和措施。立足基础分析，在总体思路指导下，综合考虑规划涉及的各个领域和环节，补短板、接长板，提出促进规划区发展的系统方案，要求重点突出。不同类型、不同层级的规划主题不同、侧重不同，考虑问题的角度、谋划任务的方向都有差异。实践中，通常可以从贯彻党和政府大政方针、细化落实上位规划要求、有效支撑规划目标三个角度系统筹划。

（一）贯彻党和政府大政方针

主要任务的设计要体现政治高度、政治立场、政治方向和政治要求。一是贯彻习近平总书记重要指示批示和中央会议精神。习近平总书记重要指示批示和党中央决策部署是做好新发展阶段"三农"工作的行动纲领和根本遵循，如粮食安全是国之大者，乡村规划应将保障粮食安全作为发展现代农业的首要任务；十九届五中全会《建议》对优先发展农业农村、全面推进乡村振兴提出明确任务，即提高农业质量效益和竞争力、实施乡村建设行动、深化农村改革、实现巩固拓展脱贫攻坚成果同乡村振兴有效衔接，乡村总体规划的主要任务应围绕这四个方面谋划。二是贯彻有关部委重要部署。如农业现代化示范区创建、现代种业工程建设等。三是落实当地党委和政府的部署安排。

（二）细化落实上位规划要求

下位规划要细化落实上位规划的指导思想、发展战略、发展目标、任务等主要内容，如省级农业农村发展五年规划既要细化落实本省国民经济和社会发展规划纲要要求，还要细化落实国家级农业农村发展五年规划的部署。

（三）有效支撑规划目标

主要任务是实现规划目标的途径和措施，必须结合规划目标制定"任务书"，将目标分解为若干可执行的具体任务。一是各项任务间应保持方向一致，内容上下贯通，共同支撑规划目标的实现。如实现农业现代化，需要围绕现代农业三大体系统筹考虑，其中产业体系按照全产业链开发、全价值链提升的思路，从深化农业供给侧结构性改革、推进一二三产业融合发展等角度谋划任务；生产体系围绕确保粮食安全和重要农产品有效供给，从种业、科技、设施装备、绿色发展等方面谋划；经营体系围绕重点解决"谁来种地"和经营效益问题，从发展适度规模经营、培育新型农业经营主体、加强农业社会化服务、促进小农户和现代农业有机衔接等方面谋划。二是应与发展阶段相适应，根据重要性、紧迫性确定各项任务的优先次序。如在脱贫攻坚目标任务已经完成的形势下，迫切需要适应"三农"工作重心从脱贫攻坚到全面推进乡村振兴的历史性转移，对巩固拓展脱贫攻坚成果同乡村振兴有效衔接进行部署。三是应符合地方实际。规划任务不能泛泛而谈，应与当地"三农"发展实际紧密结合，体现本土化特色。

六、重大工程

重大工程是落实主要任务的具体措施。根据内容分为若干类，每一类工程又由若干项目构成，形成项目库。目前通行做法是与任务篇章结合，在每个任务中以专栏形式表现。重大工程的谋划，要围绕规划发展目标，以最关键、最急需、最薄弱的环节和领域为重点，统筹财政资金和社会资金，坚持打基础、管长远、可操作的原则，系统谋划，落实主要任务。政府编制实施的规划，重大工程的谋划要体现国家战略意图，明确政府工作重点，引导市场主体行为。一是立足于基础性、公益性、公共性，在政策允许范围内尽可能聚焦聚力，谋划"拳头"工程，打包打捆、整体推进，特别注重工程的形式和内容创新，提升社会动员力；二是要用好财政资金这个"药引子"，引导社会资本、金融保险和其他资金，共同做大"三农"资金池；三是根据不同规划需要形成项目表，进行投资估算和效益分析，如产业发展规划、农业园区规划等。

谋划重大工程应研究规划期内资金来源的可能性、可靠性，资金来源一般有财政资金、金融资金、社会资金等。《国民经济和社会发展第十四个五年规划和2035年远景目标纲要》明确了农业农村现代化八大工程（专栏3-2-1）。

专栏3-2-1　现代农业农村建设工程

1. 高标准农田 　　新建高标准农田2.75亿亩，其中新增高效节水灌溉面积0.6亿亩。实施东北地区1.4亿亩黑土地保护性耕作。
2. 现代种业 　　建设国家农作物种质资源长期库、种质资源中期库圃，提升海南、甘肃、四川等国家级育制种基地水平，建设黑龙江大豆等区域性制种基地。新建、改扩建国家畜禽和水产品种质资源库、保护场（区）、基因库，推进国家级畜禽核心育种场建设。
3. 农业机械化 　　创建300个农作物生产全程机械化示范县，建设300个设施农业和规模养殖全程机械化示范县，推进农机深松整地和丘陵山区农田宜机化改造。
4. 动物防疫和农作物病虫害防治 　　提升动物疫病国家参考实验室和病原学监测区域中心设施条件，改善牧区动物防疫专用设施和基层动物疫苗冷藏设施，建设动物防疫指定通道和病死动物无害化处理场。分级建设农作物病虫疫情监测中心和病虫害应急防治中心、农药风险监控中心。建设林草病虫害防治中心。
5. 农业面源污染治理 　　在长江、黄河等重点流域环境敏感区建设200个农业面源污染综合治理示范县，继续推进畜禽养殖粪污资源化利用，在水产养殖主产区推进养殖尾水治理。
6. 农产品冷链物流设施 　　建设30个全国性和70个区域性农产品骨干冷链物流基地，提升田头市场仓储保鲜设施，改造畜禽定点屠宰加工厂冷链储藏和运输设施。
7. 乡村基础设施 　　因地制宜推动自然村通硬化路，加强村组连通和村内道路建设，推进农村水源保护和供水保障工程建设，升级改造农村电网，提升农村宽带网络水平，强化运行管护。
8. 农村人居环境整治提升 　　有序推进经济欠发达地区以及高海拔、寒冷、缺水地区的农村改厕。支持600个县整县推进人居环境整治，建设农村生活垃圾和污水处理设施。

七、体制机制和重大政策

体制机制创新是全面推进乡村振兴，加快农业农村现代化的不竭动力，重大政策是指挥棒和风向标,对于完成规划任务、实现规划目标具有支撑保障和导引作用。

(一) 体制机制

不同规划对体制机制创新要求不同,一般应把握三个原则:一是区分体制问题与机制问题,如现代农业产业园规划主要考虑的是管理体制和运行机制问题;二是从最紧迫最关键的领域或环节入手,可从人、地、钱三个方面考虑;三是符合国家改革的方向,创新举措应在国家大的改革框架下提出,不能与国家要求相违背。

(二) 重大政策

重大政策通常特指由政府制定和实施的一系列强农惠农富农政策。规划是政府履行职责的重要依据,是约束各类市场主体行为的第二准则,通过制定政策上接天线、下接地气,用好"指挥棒",立起"风向标",就可以做强基础、用活资源,推进规划任务落地落实落细落好,起到上通下行、事半功倍的效果。一是加强政策梳理,用足用好现有政策成果。当前相关惠农政策主要有五大类:①农业补贴政策,如农民直接补贴、农机补贴、农业绿色补贴、生态奖补政策等;②农业农村金融保险政策,如信贷支持政策、农业保险、农村金融服务等;③人才支持政策,如多元化培训、人才激励机制、优化农村创业就业环境等;④产业用地政策,如设施农业用地政策等;⑤农产品市场调控政策,如价格补贴政策、目标价格政策等。二是根据规划要求和发展需求,按照系统集成、协同高效的原则,研究创设新政策,如创新金融支农政策、拓展产业用地保障政策等。三是设立政策清单,形成政策体系,加大政策的统筹协调、精准操作和实施力度,最大程度释放政策红利。

八、保障措施

保障措施针对性要强,应着眼于保障规划实施的突出问题、迫切需求,可从组织保障、思想保障、法治保障、资金保障、人才保障、用地保障、环境保障、安全保障、监督保障等方面谋划,但不能与体制机制创新和政策创新相关内容重复。

第三章 各类乡村规划的侧重点

■ 第一节 乡村总体规划

乡村总体规划是乡村规划体系中具有综合性和纲领性的规划，在乡村规划体系中处于"统领"位置，是其他各类规划的总遵循。目前有乡村振兴战略规划、农业农村现代化规划两种类型。

一、规划特点

总体规划除了具有规划一般特点外，还具有较强的政治性、时代性、战略性、政策性等。

一是政治性强。总体规划的编制主体是各级政府，必须贯彻落实党中央、国务院关于"三农"发展的方针政策，体现重农强农的政治高度和实现共同富裕的政治方向，政治高度决定了规划的高度。

二是时代性强。总体规划注重把握时代特征，紧扣时代脉搏。进入新发展阶段，必须全面把握向第二个百年奋斗目标进军的根本要求，在统筹"两个大局"中找准全面推进乡村振兴、加快农业农村现代化的着力点和突破口，站在历史新坐标上精准把脉、对症下药。

三是战略性强。总体规划涉及农业农村全领域，需要阐明党和政府的战略意图，对农业农村经济社会发展全局起指导作用。要有战略思维、系统思维，注重大处着眼、全局统领、未雨绸缪、系统谋划。

四是政策性强。总体规划有很强的政策性，体现政府的施政方针和政策框架，是引导市场的强烈信号，对农业农村发展具有宏观指导、协调推动作用。

二、编制侧重点

总体规划编制内容与乡村规划的一般内容基本相同，但要体现出总体规划的特点和作用，需要侧重以下五个方面。

（一）找准历史方位

历史方位是对一个时期农业农村发展的客观形势、重大变化、基本趋势、阶段性特征的研判，是规划的起点。准确把握农业农村发展的历史方位，对于制定正确的发展定位和任务措施非常重要。找准历史方位可以从三个维度展开。一是从国家发展大局中找方位。当前小康社会全面建成，正处于巩固拓展脱贫攻坚成果同乡村振兴有效衔接，向全面建设社会主义现代化强国、实现中华民族伟大复兴的第二个百年目标迈进的新阶段。民族要复兴，乡村必振兴。全面推进乡村振兴，加快农业农村现代化，是新发展阶段"三农"工作新的历史方位。二是从现代化格局中找方位。总体上看，我国农业农村发展取得了新的历史性成就，但与快速发展的新型工业化、信息化、城镇化相比，农业农村现代化步伐总体还是滞后。农业质量效益和竞争力还不强，城乡要素交换不平等，基础设施和公共服务差距明显，这是我国农业农村发展的客观形势和阶段性特征。据此，乡村总体规划应把破解城乡发展不平衡、乡村发展不充分这一重要社会矛盾作为重大任务。三是从自身发展形势中找方位。对标对表其他地区的发展状况，定性定量分析相结合，分析规划区的发展环境、发展基础、发展潜力和发展势头，剖析风险因素和发展瓶颈的制约程度，科学判断规划区所处的发展阶段和发展水平，为确定规划期的发展动力、发展速度、发展路径提供依据。

（二）明确发展思路

发展思路是总体规划的灵魂，是管总、管方向的，一般从以下三个方面谋划。一是贯彻中央大政方针，把握政治方向。把贯彻党的重要会议精神、坚持以党的重大理论创新成果为指导作为首要政治要求，旗帜鲜明地提出。如贯彻落实党的十九大和十九届二中、三中、四中、五中全会精神，坚持以习近平新时代中国特色社会主义思想为指导。二是体现时代特色，把握国家战略意图。一个时代有一个时代的发展理念，如创新、协调、绿色、开放、共享的新发展理念，就是新时代新阶段现代化建设的重要指导原则，必须在发展思路中贯彻体现；一个阶段有一个阶段的主题主线，如"十四五"以高质量发展为主题，以供给侧结构性改革为主线，应在发展思路中贯彻这一主题主线；不同阶段党中央和地方党委对"三农"发展有不同的重大战略部署，这些重大部署就是发展思路中应当明确的重大战略导向。如十九届五中全会对全面推进乡村振兴、加快农业农村现代化做出部署，发展思路应体现这一战略意图。三是针对规划对象实际，突出特点。根据国家和地方总体发展战略，结合规划对象的发展阶段和区情、农情、民情，提出符合地方实际的发展定位、发展原则、发展目标等。

（三）全局全域谋划

总体规划要求全局全域系统谋划"三农"发展。一方面，立足全局谋划重点任务，围绕国之大者抓主抓重，围绕中央部署落细落小。一是在保障粮食和重要农产品供给安全方面做出谋划和部署，国家粮食安全是国之大者，这是所有乡村总体规划的首要任务。二是在加快农业现代化、提高农业质量效益和竞争力方面做出谋划和部署。三是在实施乡村建设行动、推进农村现代化方面做出谋划和部署。四是在巩固拓展脱贫攻坚成果同乡村振兴有效衔接方面做出安排和部署。五是在深化农村改革、促进城乡融合发展方面做出谋划和部署。六是在促进农民增收、提高农民群众的获得感幸福感方面做出谋划和部署。另一方面，立足全域合理布局。总体规划注重发展的空间格局，包括统筹城乡发展空间、优化乡村发展布局和优化农业生产力布局。

（四）强化制度保障

总体规划战略意图的实现，需要有效的制度保障。一是加强体制机制创新，党的十九大报告提出建立健全城乡融合发展体制机制和政策体系，旨在促进资源要素更多流向农业农村，激发农业农村发展活力，为全面推进乡村振兴提供更有力的制度支撑。农村改革方面，重点是处理好农民和土地关系，推动小农户和现代农业有机衔接，主要包括巩固完善农村基本经营制度，发展多种形式的适度规模经营，稳慎推进农村宅基地制度改革，探索实施农村集体经营性建设用地入市制度，深化农村集体产权制度改革等。农业农村发展要素保障方面，重点强化"人地钱"要素保障，包括健全农业农村投入保障制度、农业支持保护制度，完善农村用地保障机制、金融支农激励机制、人才激励机制，推进户籍制度改革等。二是加强重大政策创设，从产业发展、土地利用、基础设施、公共服务等方面系统谋划，研究出台一批重大政策，提高宏观政策的统筹协调、精准操作和实施力度，促进各类涉农政策协同发力、形成合力，加快农业农村现代化。

（五）把握深度要求

总体规划涉及范围广、综合性强，重在阐明战略意图、明晰思路目标，明确政府工作重点、引导市场主体行为。深度上要求提纲挈领、简明扼要，体例形式上可根据重点内容灵活掌握。如基础分析一般不含自然资源、区位条件等基本情况内容，但注重成就总结、问题剖析和机遇挑战分析，明确下一个规划期的关注重点和发展基础。主要任务涉及范围广，通常是每项主要任务单独成章。工程项目的表现形式通常有两种，国家级、省级规划一般在重点任务中以专栏的形式列出重大工程和行动，不具体到项目；有些市、县级总体规划可单独成章，并提出项目库，明确项目建设进度安排，做到项目建设任务清晰、时间节点明确。

■ 第二节　乡村区域规划

区域规划是以跨行政区域的特定经济区域或地理区域为对象，针对特定问题，为了完成特定任务，以总体规划、区域发展战略和上级文件为依据，由行政主管部门组织编制的规划。乡村区域规划是指导特定区域乡村发展和制定相关政策的重要依据。

一、规划特点

与总体规划和专项规划相比，乡村区域规划具有如下三个特点：

一是跨行政区域。突破行政壁垒、实现跨区治理是实施区域发展战略的重要措施。作为政府重要治理手段的区域规划，通过将相邻的一个或多个行政区作为整体统筹考虑，构筑更大范围、更加高效的资源要素配置、产业分工协作、综合效益共享格局，对于合力解决战略问题，完成战略任务，意义重大。

二是指向特定目的。区域规划的题目都是在实施国家总体战略或区域发展中，为实现特定目的而提出的。协同完成特定任务或协调解决特定问题，是编制区域规划的主要目的。区域规划既是对上位规划重大战略的承接落实，也是对区域内各地区进行统筹指导，促进各地区统一战略愿景，协同不同行政区共同完成同一战略使命。

三是注重整体功能。区域规划的对象是一个特定区域，是一项地域空间性很强的工作。区域内部在自然、资源、产业、环境和地域分工等方面既有相似性，也存在一定差异，区域规划需要坚持"一盘棋"谋划、"一体化"布局思路，聚焦特定目标，既发挥特色优势，又着眼系统整合，形成功能互促、优势互补、空间优化、互利共赢的区域发展格局，实现区域整体功能最大化最优化，提升区域竞争力。

二、编制侧重点

鉴于以上特点，区域规划包含总体规划与专项规划的基本要件，但在编制要求和侧重点上又有所不同。区域规划编制侧重于以下几个方面。

（一）研究规划目的和主题

研究规划编制目的、把握规划主题是规划编制的前提。乡村区域规划编制目的大体可以分为两类，一是根据国家或地方区域发展战略相关规划要求编制。这类规划必须服从和服务于国家或地方发展战略，从农业农村角度促进发展战略的实现。如《京津冀现代农业协同发展规划》根据《京津冀协同发展规划纲要》制定，为着重解决农业在京津冀的协同发展而编制；二是农业农村部门等行政主管部门围绕农业农村发展战略中的特定问题提出编制。这类规划的编制往往来自于行业部门的要求，着重解决单项问题，如农业环境治理问题、农产品增产问题、农民增收问题等。如《国家黑土地保护工程实施方案（2021—2025年）》根据《东北黑土地保护规划纲要（2017—2030年）》和《东北黑土地保护性耕作行动计划（2020—2025年）》要求制定，为着重解决黑土耕地保护任务而编制。

（二）找准区域共性和差异

区域规划应聚焦区域内亟待解决的重大问题，分析规划区域的相关发展建设情况，既要突出区域共同特征，也要关注各地区间的差异特性，为规划精准施策提供支撑。例如《京津冀现代农业协同发展规划》提出，"京津冀地跨燕山－太行山脉和海河流域，同属温带大陆性季风气候，地缘相近，农耕文化相似"，这是京津冀的共同特征，也是区别于其他区域的区域特征。规划同时提出，"京津冀各地区立足资源优势、形成了各具特色的农业产业体系，北京、天津利用科技、人才、资金、市场优势，大力发展都市现代农业，形成了以现代种业、设施农业、休闲农业、农产品加工物流业为重点的农业产业体系；河北充分发挥区位、土地、劳动力优势，积极发展基地型、生态型现代农业，形成了粮食、蔬菜、畜牧、水产、林果等为主导的农业产业体系"，这是京津冀区域内部的差异性特征，也是区域分工协作的基础。

（三）提出协同路径和分区方案

区域规划强调协同路径和分类施策两个方面统筹兼顾、互促互进。协同路径指综合考虑全域全局情况，根据区域共性，提出实现目标的共同策略；分类施策指分析区域内各地的差异特色，合理划分类型，确定各区发展重点。例如《西北旱区农牧业可持续发展规划（2016—2020年）》综合考虑产业基础、自然资源条件和生产传统，提出了优化农牧业结构、保护水土资源、改善农业生态与环境等统一推进路径，又按照因地制宜、分类施策的原则，确定了不同区域的发展方向和重点：旱作农业区压夏粮扩秋粮，大力发展草食畜牧业；灌溉农业区推进种养结合，发展循环农业；草原牧区实行以草定畜，发展草原生态畜牧业；沙漠戈壁区发展治沙产业，开展草原封育禁牧。

（四）创设区域政策与协同机制

区域支持政策和工作机制是区域规划在跨行政区顺利实施的重要保障。区域支持政策可以通过集成整合与规划主题相关的已有政策内容来创设，必要时可提出出台专项政策的建议。政策之间力求充分联动、衔接配套，形成政策合力。有些国家级区域规划还要求各地根据实际情况，出台相应的配套支持措施。区域规划还需要建立区域协同发展联席会议制度、工作机制和监督考核机制，明确工作职责和任务分工，加强相关部门的沟通协调，形成工作合力。例如《京津冀现代农业协同发展规划》提出：完善财政政策，建立京津冀农业协同发展基金；调整产业政策，研究出台区域内产业投资负面清单和区域间产业转移承接指导目录，配套出台差别化的区域产业发展支持政策；探索协同机制，建设区域内农产品高效畅通的"绿色通道"，建立农业管理干部、科技人员和农村实用人才互派交流制度，以及京津冀现代农业协同发展联席会议制度。

■ 第三节　乡村专项规划

乡村专项规划是以农业农村经济发展的特定领域为对象编制的规划，目的在于细化落实总体规划对特定领域提出的战略任务，是总体规划的重要支撑。根据规划编制对象不同，结合规划实践，主要有产业类专项规划、工程类专项规划、园区类专项规划等类型。专项规划涉及范围广，不同的领域、不同的层级对专项规划的深度与广度存在多样的要求。

一、产业类专项规划

农业产业发展规划是对未来特定时间内区域农业产业发展的系统谋划和安排，是明确产业方向、构建产业体系、优化产业布局的重要依据，也是对总体规划的细化落实，对区域内该产业相关的其他专项规划具有引导作用。

（一）规划特点

产业类规划除具备规划的一般特性外，也具有自身的特点。

1. 地域特征明显

自然资源和自然条件对农业发展起着基础性和决定性作用，不同的气候、土壤、水资源、地貌等自然资源条件，很大程度上决定了农业产业的选择，耕地资源、水资源和环境承载力又影响了产业规模、产品结构。这一特点决定了产业规划具有明显地域特征，需要根据当地自然条件，因地制宜地选择产业、发展产业。

2. 经济属性突出

农业是自然再生产和经济再生产结合的产物，产业发展需要符合市场规律，产品要适应市场需求，投入要取得足够的收益，以维持扩大再生产。这就要求产业类规划要突出市场导向和效益导向，在产业结构调整、产业链构建、新业态培育等方面重点谋划，推动产业链、供应链、价值链、创新链的同步提升。

3. 政策导向鲜明

农业承担着保供给、保生态、保民生等多种功能，同时，农业又具有投资大、周期长、风险高、比较效益低的特点，基础性、战略性、弱质性特征明显。这就决定了发展农业产业需要政策扶持。因此，产业规划必须把创设产业政策作为重要内容，发挥政策"指挥棒"的作用，引导资源要素投向，引导市场主体行为，促进产业持续健康发展。

（二）编制侧重点

上述特点要求产业类规划要重点把握好主导产业选择、产业布局、产业链构建、政策创设等方面内容。

1. 主导产业选择是前提

主导产业选择是产业规划的首要内容，也是优化产业结构的基础。主导产业选择应具备如下条件：一是要符合本地资源禀赋、产业基础等，选择在本区域乃至全国具有比较优势、发展基础较好的产业。二是主导产业应是发展潜力较大、相对稳定的长效产业，在较长时间内具有较强的潜在市场竞争力。三是选择关联性强、具有较强带动能力和拓展空间的产业。四是要与当地资源承载力相匹配，选择有利于可持续发展的产业。在确定了主导产业之后，还可以根据当地实际对产业进行分类，如划分为基础产业、特色产业、新兴产业等。

2. 构建全产业链是重点

产业链发展水平决定着产业的质量效益和竞争力。选择了产业以后，要推动主导产业全产业链融合发展。一是延伸产业链的长度，推动农业由种养环节向前端的科技研发、良种繁育，后端的初加工、精深加、综合利用等环节延伸，推进多元化开发、多层次利用、多环节增值。二是拓展产业链宽度，围绕主导产业，引进培育农资生产、装备制造、专业服务等关联产业，培育多种形式的新产业新业态，拓展产业功能。三是增加产业链的厚度，积极推动产业集聚、企业集中、要素集成，不断细化产业分工，丰富产品类型，壮大农业产业链的规模，提高产业链现代化水平。通过产业链的延长、拓宽、增厚，形成纵横交错、相互渗透的一二三产业融合发展新格局。

3. 优化产业布局是基础

产业布局直接影响到区域经济优势的发挥。合理的产业布局应该与区域特点相符合、与国土空间规划相协调、与资源承载力相匹配。按照不同产业特点优化布局。种植业布局应划分农作物优生区、适生区和不适宜区。畜牧业布局应在遵守当地"三区"划定的前提下，根据发展基础、发展潜力和环境容量等因素，确定区域养殖规模和畜种结构。水产业布局应根据水域自然状况、管理政策等确定养殖和捕捞区域。农产品精深加工与大规模仓储物流业应向园区集聚，产地初加工、仓储保鲜等项目应向产地集中。要按照功能定位优化布局。通常根据自然条件、区位交通、产业基础和社会经济情况，可以把规划区分为综合服务区、农业生产区、物流加工区、休闲游乐区等功能区。优化区域布局要将适度集聚作为重要原则，重视园区等集聚平台的打造。

4. 政策创设是保障

政策创设是产业类规划的重要内容。政策创设应在保持已有政策延续性的基础上，根据新阶段产业发展需要，重点从补贴、投资、金融保险、人才科技、用地保障、营商环境等方面出台政策，形成上下联动、相互衔接的政策体系。政策创设应与产业发展目标契合，聚焦主导产业发展、产业链现代化水平提升、布局优化和集聚区建设等领域的薄弱环节和迫切需求，提出针对性政策建议，以利于发挥政策指挥棒、风向标作用。

二、工程类专项规划

工程类专项规划是指以农业农村领域内某项基础设施或装备条件建设为主要内容编制的规划，一般是总体规划中重大工程和专项行动的具体细化，是政府安排建设投资的重要依据。

（一）规划特点

公益性基础性强。工程类专项规划往往涉及面广、投资额度大，建设项目投资回报率较低、周期较长，但在提高农业生产能力、增加农民收入、改善农村生产生活条件、保护资源和生态环境、支撑以农产品为原料的相关产业发展等诸多方面具有不可替代的作用，基础性、公益性特点明显。

建设要求具体。建设内容一般是依据总体规划、区域规划的重大工程或专项行动提出，规划要重点明确规划期内的具体目标任务、建设要求和建设投资等，并提出相关的建设内容、工程布局、建设标准。

实施步骤明确。此类规划要统筹制定重大项目实施时序，分年度制定实施计划，优先安排农业生产发展急需的、对后续建设内容有基础性作用的、对改善民生和促进发展有明显效果的建设项目和建设内容等。

（二）编制侧重点

工程类专项规划与乡村规划的一般内容大致相同，但为了体现出其建设特点和作用，规划编制需要侧重于建设任务与重点项目、投资数量与资金来源、建管机制等方面内容。

1.明确建设任务与重点项目

围绕实现建设目标，针对工程短板弱项，提出促进或提升该类工程发展能力的重点建设任务，并依据各项任务，谋划一系列建设项目，确定各项目的建设内容、建设规模和建设标准等。如《全国动植物保护能力提升工程建设规划（2017—2025年)》，围绕动物保护能力提升、植物保护能力提升、进出境动物检疫能力提升三方面重点任务，提出了陆生动物疫病病原学监测区域中心、区域风险监测中心（含站点）设施改扩建、染疫种子疫情处理设施等20多个重点建设项目。工程类规划的建设项目多数以一览表的形式表现出来，载明项目名称、建设地点、建设内容、建设主体、建设期限等。

2.明确投资数量与资金来源

投资匡算一般采用分项详细估算法和扩大指标估算法等。分项详细估算法是在各单体项目投资的基础上，汇总出该类工程的总投资；而单体项目的投资标准可参考《农业建设项目投资估算内容与方法》（NY/T1716-2009），通过测算土建工程费、仪器设备购置费和工程建设其他费等进行投资估算，也可参考已建成的同类项目，根据重置成本结合项目区的实际情况进行测算。扩大指标估算法是先做好典型设计或模块设计，确定标配清单，估算投资额度，再乘以建设规模得出该工程总投资规模。如大规模的田间建设工程，可以1万亩作为典型设计，测算单位工程量和投资，再估算总投资；学科群体系建设，可以某学科的单个重点实验室、试验基地和观测站为典型模块，确定其建设内容和投资，然后估算整个学科群的总投资。

资金来源一般包括财政资金、社会资金等来源，规划中要根据建设项目类型、事权责任、公益属性的差别，确定不同筹资比例。基础性公益性项目，可按事权性质安排资金来源：中央事权项目一般全部由中央投资承担，中央地方共同事权项目一般由中央投资和地方配套共同承担；地方事权项目一般由地方筹资；经营性项目主要由社会资本投入。财政渠道资金主要包括发改、财政、自然资源、商务、科技、水利、农业农村等部门的现有支农资金。社会渠道资金主要包括债券、信贷、基金、工商资本、企业自有资金等。规划编制时要明确资金来源，做好资金筹措方案。

3.明确建管机制

农业农村工程建设项目涉及多行业、多部门，必须充分发挥部门职能作用，各司其职、各负其责，加强沟通，协调配合，形成合力。规划要针对各类项目建设运营做好体制机制创设，事先谋划好运营管理模式，确保项目建成后可以按预期顺利运行，取得实效。建设期重点可从建设主体责任、资金管理、进度管理等方面进行考虑，保证项目如期按标准建成。运营期重在创新运营管理机制，明确管理主体和责任，加强建设项目管理与维护，根据项目属性和运营特点，创设各类项目的运营管理机制，加强建后运营管理，确保能将建成的项目管护好、运营好，使其长期发挥作用。

三、园区类专项规划

园区一般是专门承载某类特定行业企业、发展特定产业、实施特定政策的区域，是某种产业的集聚区。乡村规划中的园区是乡村产业集聚发展的重要载体，是在一定空间地域范围内，以先进科技、装备、制度为基础，实现集约化生产和现代化管理的重要平台，是提升农业现代化水平、促进农业高质量发展的重要抓手。

（一）规划特点

1. 类型多样

按照功能特征与发展主题，农业园区可分为综合型园区和专业型园区。其中，综合型园区强调一二三产业融合发展，复合化特征显著，如现代农业产业园等；专业型园区则主要聚焦于农业产业的某种类型或某种功能，如农业科技园区、农产品加工与物流园区、农业生产园区、休闲农业与乡村旅游园区、创新创业园区等。

2. 主体多元

不同类型的农业园区，建设主体、管理运营主体均有所不同，一般有政府、企业、科研院所等。以政府为主导型的园区，通过成立国有农业园区运营公司进行市场化运营，此类园区往往具有一定的公益性，承担一定的社会公共职能，如现代农业产业园、部分农产品加工与物流园区多采用此种方式；以企业为主体的园区一般由多家企业联合或由一家有较大影响力的公司负责投资、建设和管理，生产型园区、休闲农业与乡村旅游园区常采用此种方式；以科研院所主导的园区，兼有科研、展示、孵化等多种功能。

3. 级别不同

按照园区的申报级别与其对区域发展的影响能力，农业园区可分为国家级、省级、市县级等，不同级别的园区在园区规模、目标定位、辐射范围等方面均有对应要求。如现代农业产业园可分为国家级、省级、市级、县级4个级别，农业科技园区分为国家级、省级、市级3个级别。

4. 深度不一

一般情况下，园区类专项规划通常分为园区总体规划和园区详细规划，其中，园区详细规划又分为园区控制性详细规划与园区建设性详细规划。园区总体规划以明确园区的发展方向与目标、确定园区功能布局、发展任务等为主要内容，是指导园区发展的统领性规划；园区控制性详细规划以控制园区内建设用地的用地性质、开发强度和建设条件为目的，是农业园区内国有建设用地划拨或出让的规划管理依据；园区建设性详细规划是以对具体地块内的建设项目提出总体安排与概念设计为主要内容的规划类型，具有指导园区各项设施下一步建筑设计和建设安排的作用。

（二）编制侧重点

各种类型的园区具有不同的功能，相应的规划也具有不同的目的和要求。园区类规划侧重点和深度要根据园区类型和规划目的来确定，以下仅对目前常见的类型进行探讨。

1. 不同类型园区的规划侧重点

（1）现代农业产业园

2017年中央1号文件《中共中央国务院关于深入推进农业供给侧结构性改革加快培育农业农村发展新动能的若干意见》提出在规模化种养基地基础上，依托农业产业化龙头企业带动，集聚现代生产要素，建设"生产＋加工＋科技"的现代农业产业园，将其作为优化产业结构、推动农业提质增效的重要抓手。此类型园区规划要求发展思路清晰、发展方向明确、功能定位准确，突出规模种养、加工转化、品牌营销和技术创新的发展内涵，突出技术集成、产业融合、创业平台、核心辐射等主体功能，突出对区域农业结构调整、绿色发展、农村改革的引领作用。具体编制中侧重于围绕"做大做强主导产业""培育农产品加工集群""促进生产要素集聚""推动一二三产业融合发展""推进适度规模经营""提升农业质量效益与竞争力""构建联农带农利益联结机制、增加农民收入"等方面，提出园区的发展任务、建设重点和工程项目。

（2）农业科技园区

依据《国家农业科技园区发展规划（2018—2025年）》的相关要求，农业科技园区是以技术密集为主要特征，以农业科技研发、示范、辐射和推广为主要内容，以建设产学研结合的农业科技创新和成果转化孵化基地、促进农民增收的科技创业服务基地、培育现代农业企业的产业发展基地和发展现代农业的综合创新示范基地为目标的专业型园区，一般由科技部门批准设立，按照"核心区""示范区""辐射区"分区布局。规划编制侧重于围绕"强化科技引领支撑作用""示范农业科技现代化水平""提升园区科技服务能力""促进科企科产融合发展"等方面，提出园区的发展任务、建设重点和工程项目。

（3）农产品加工与物流园区

农产品加工与物流园区是以农产品加工或物流仓储为主导，以商业服务、信息服务、管理服务等配套服务为支撑，以科普观光类工业旅游为特色的专业型园区，主要包括农产品加工园与农产品物流园两部分，可分别单独设置，也可合并为一个园区。此类型园区一般以建设区域农产品加工产业和加工企业集聚区、区域物流仓储服务中心和农产品交易中心等为目标，规划编制中侧重于研究预测园区内农产品加工产业的发展方向与规模，确定仓储物流的发展规模和辐射区域，确定所需工业用地、物流仓储用地的用地规模等方面。

（4）农业生产园区

农业生产园区是以种养为主要功能的专业型园区，包括大田种植、设施种植、林果种植、畜牧养殖、水产养殖等多种类型。此类型园区一般以保障农产品生产供应、促进种养循环、兼具观光农业等为目标，规划编制中侧重研究确定农产品类别、生产规模与生产方式，科学划定生产分区，合理安排各类生产配套设施等内容。

（5）休闲农业与乡村旅游园区

休闲农业与乡村旅游园区是依托田园风光、农村风貌、农事体验、农家生活、乡村文化和民风民俗等农业、农村独特的资源禀赋，以城镇居民为主要消费对象，发展观光、采摘、休闲、度假等各类休闲活动的专业型园区，包括观光农场、市民农园、农业公园、度假农庄、特色民宿等多种形式。此类型园区一般以促进农文旅融合、实现农业农村多功能发展等为目标，规划编制中侧重挖掘农业农村特色资源，拓展农业农村的观光休闲、生态保护、文化传承功能，强调创意创新，策划有吸引力的乡村旅游产品与线路、配套餐饮、住宿等各类服务设施。

2. 不同编制深度的规划侧重点

（1）园区总体规划

除本书前述提及的一般内容外，部分园区总体规划还包括用地性质、道路交通、绿地系统、市政基础设施、公共服务设施、规划投资、效益分析、组织管理、运行机制、实施计划等内容。园区总体规划中涉及的国土空间利用内容需纳入园区所在地区的国土空间规划。与非农业类型园区总体规划相比，农业园区总体规划编制在以下方面有所区别和侧重。

一是充分研究论证园区规划范围。一般情况下，农业园区多位于乡村地区，涉及的用地类型除建设用地外，主要包含农用地等多种非建设用地，该区域有可能面临上位规划缺失或拟选址区域未纳入城乡建设用地范围等现实问题，规划编制初期往往存在需首先确定园区规划范围的情况。规划应充分研究园区所在区域的自然资源、产业发展、基础设施等现状情况，在与委托方进行充分沟通的前提下，通过深入研究与多方论证，科学划定规划区范围，保障园区选址的合规性、科学性与可行性，并确保园区总体规划与国土空间规划等相关规划的有效衔接。

二是聚焦农业功能确定空间布局。农业园区总体规划的空间布局应在现状基础上，结合园区的功能定位、发展目标等，以反映不同的乡村产业功能为主要原则确定空间布局。常见的乡村产业功能包括高效生产功能、产业融合功能、科技创新功能、企业孵化功能、休闲观光功能、生态循环功能等，常见的空间功能分区有露地生产种植区、设施生产种植区、林果种植区、畜牧养殖区、水产养殖区、农产品加工区、农产品冷链物流配套区、农业科技服务区、休闲观光农业区等。

三是按照园区类型编制规划成果。农业园区类型多样，其总体规划的成果内容因类型与用途不同存在较大差异。现代农业产业园、农业科技园区等园区的总体规划以明确产业或农业科技发展任务、确定相关工程项目为主，按照本书前述的一般内容要求编制即可；农产品加工与物流园区需按照产业需求明确各类建设用地的规模和布局，进而为后续编制控制性详细规划提供依据，除前述一般内容外，还需对园区的用地性质、道路交通、绿地系统、基础设施、配套设施等内容进行重点说明；休闲农业与乡村旅游园区需增加休闲旅游市场分析、旅游产品与路线组织、旅游形象营销等内容。此外，现代农业产业园、农业科技园区等的创建，国家或省市部门发布的政策文件有明确要求，此类园区的总体规划应在常规编制内容的基础上，结合相关政策文件要求进行编制。

四是结合园区特点选择管理模式。总体规划阶段要明确提出园区的管理模式，不同类型、不同发展基础、不同规模的园区应根据自身特色选择适宜的管理模式。现代农业产业园、农业科技园区、部分农产品加工与物流园区等政府引导型园区，一般由政府组建园区领导小组，并设置管委会对园区进行统一管理；生产型园区、休闲农业与乡村旅游园区等多为企业主导，一般采用成立管理运营公司的方式对园区进行统一管理。

（2）园区控制性详细规划

除本书前述提及的一般内容外，园区控制性详细规划还应包含功能定位与总量控制、用地布局规划、公共管理与公共服务设施规划、综合交通规划、绿地与景观系统规划、市政工程规划、环卫与综合防灾规划、地下空间开发利用规划、土地使用与建筑管理通则、规划实施与管理措施等内容。与非农业类型园区控制性详细规划相比，农业园区控制性详细规划编制在以下方面有所区别和侧重。

一是注重用地指标体系、指导土地开发管理。用地指标体系是园区控制性详细规划的核心内容之一，是建设用地开发管理的直接依据，主要包括容积率、建筑密度、绿化率、建设退线、建筑高度等内容。农业园区主要涉及的建设用地包括工业用地、物流仓储用地、科研用地、行政办公用地等类型，在确定农业园区上述用地的各类指标时，一般既要考虑园区所在地区相关规划管理技术规定的要求，也需和类似园区的控制性详细规划进行对比，还需结合园区涉及的产业类型，通过案例研究、企业问询等方式，了解不同企业对用地与建设规模的实际需求，再对地块的各类指标进行校核，最终确定符合地方规划管理要求，同时符合产业、企业和市场需求的用地指标体系。

二是注重用地布局弹性、提高规划可实施性。一般情况下，农业园区的建设用地规模较非农业类园区的建设用地规模小，对建设用地有需求的入驻主体主要是农业科研院所、农产品加工企业、农业批发与贸易企业等企事业单位。在农业园区的用地布局与地块细分时，应结合产业特点和企业类型，充分考虑不同企事业单位对科研、工业、物流仓储用地需求的差异性，采用弹性设置支路路网的方法灵活增减支路，在不影响道路系统完整性与道路通达性的条件下，通过支路调整的方式进行用地划分，以保障不同规模企事业单位的用地需求，增强园区控制性详细规划的弹性和可实施性，确保入园企业有地可选，规模适宜。

三是注重功能混合兼容、确保土地高效开发。功能混合兼容可使园区在单一地块的开发建设中具有更多可能性和选择性，农业园区控制性详细规划中涉及土地使用兼容性的用地主要有工业用地、物流仓储用地、科研用地、行政办公用地等。其中，一类工业用地宜与科研用地混合开发，可兼容宾馆、零售等部分商业服务业功能；二类工业用地宜与一类工业用地混合开发；物流仓储用地宜与一、二类工业用地混合开发，可兼容以农贸批发市场为主的商业服务业功能；工业用地与物流仓储用地内可采用单身宿舍等形式兼容少量居住功能，以满足园区内企事业单位职工的住宿需求，但按照《工业项目建设用地控制指标》（国土资发〔2008〕24号）①规定，生活服务配套设施用地面积一般不应超过工业项目总用地面积的7%；科研用地可与行政办公用地混合开发，可兼容宾馆、零售等部分商业服务业功能；行政办公用地可兼容零售等部分商业服务业功能。规划可通过混合用地及土地兼容性控制，提升园区土地利用效率，增强园区活力，推动园区高效可持续发展。

四是注重节约集约发展、集中布局服务设施。农业园区涉及的公共管理与公共服务设施主要包含以园区管委会等为代表的行政办公设施、以科研试验中心等为代表的教育科研设施和以会展中心等为代表的文化设施；涉及的商业服务业设施主要包含以零售、餐饮、旅馆等为代表的商业设施和以电信、邮政等为代表的营业网点类公用设施。一般情况下，农业园区距离城镇建成区较远，较难共享城镇已建成的服务设施，多需在园区内独立设置服务设施；与城市或工业园区的服务设施相比，

---

① 2021年，自然资源部修订了《工业项目建设用地控制指标》（征求意见稿），并于当年3月15日发布了"自然资源部关于《工业项目建设用地控制指标（征求意见稿）》公开征求意见的公告"（000019174/2021—00125），向社会公开征求意见。《工业项目建设用地控制指标》（征求意见稿）中，对工业项目内的生活服务配套设施用地面积要求仍为"一般不应超过工业项目总用地面积的7%"。

农业园区的各类服务设施建设规模较小。为节约建设用地，一般通过打造园区综合配套服务核心区，将各类公共管理与公共服务设施、各类商业服务业设施适度集中设置。

一般情况下，农产品加工与物流园区涉及用地为国有建设用地，需结合农产品加工与物流产业的特点独立编制控制性详细规划；现代农业产业园、农业科技园区等园区涉及部分国有建设用地，可独立编制控制性详细规划或纳入所属地区的控制性详细规划中统一编制。

（3）园区建设性详细规划

此类规划常按照一定的建设时序，以项目为单位编制。其中，建设规模较小、建设资金充足或建设主体单一的园区，可一次性编完园区所有项目的建设性详细规划。除本书前述提及的一般内容外，还应包含园区设计规模、规划总体布局、道路系统规划、绿化景观规划、竖向规划设计、工程管网规划、环境保护与防灾规划、环卫设施规划、主体建筑方案、工程量与投资估算等内容。与非农业类园区相比，农业园区建设性详细规划编制在以下方面有所侧重和区别。

一是结合用地类型明确规划设计条件。此类规划按照项目所在地块的用地类型分别依据不同的规划设计条件进行编制。其中，位于建设用地内的项目，应依据该地块已批复控制性详细规划的建设要求或规划主管部门出具的规划设计条件进行规划设计，此类建设性详细规划即为修建性详细规划；位于非建设用地内的项目，应在明确发改等相关部门批复的建设要求的基础上，征求规划主管部门对项目所在地块规划设计条件的意见后再进行规划设计。

二是结合项目工艺进行建筑方案设计。农业园区中的建筑，如农产品加工厂房、冷库、实验室、连栋温室、日光温室、畜禽舍等，与住宅、办公建筑不同，一般有相应的生产工艺要求，需结合工艺需求对园区内核心生产建筑进行专门的建筑方案设计。

三是结合土地类型灵活选取道路形式。一般情况下，农业园区的内部道路路幅较窄，交通流量较小、车速相对较慢，通常采用一块板或两块板的断面形式。地块为国有建设用地时，可借鉴城市市政路的建设方式；地块为农用地时，地块内道路可结合机耕路建设要求设置，避免道路建设永久破坏耕地，机耕路宽度可参考地块所在地区自然资源部门关于农田机耕路的要求设置。

四是结合农业特点合理安排工程管网。农业园区给水工程中除生产生活用水、消防用水外，还应计算农业灌溉用水的需求，并对农业灌溉管网进行布局设计；排水工程方面，设施农业园区应注重对雨水的收集与利用，农产品加工与物流园区应注重对初加工清洗水的重复利用；电信工程方面，应注重设置物联网的农业园区对电信设施的配置要求；燃气与热力工程方面，应结合园区对燃气、热力的实际需求规模，确定是否需设置或是否可采用其他替代方案。

■ 第四节　乡村空间规划

　　乡村空间规划是对乡村区域内国土空间开发保护在空间和时间上做出的安排，是国土空间规划的重要组成部分，是统筹乡村资源、助推乡村发展、解决治理问题、保障村民利益、优化城乡关系的有效途径。《乡村振兴战略规划（2018—2022年）》中提出强化县域空间规划和各类专项规划的引导约束作用，科学安排县域乡村布局、资源利用、设施配置和村庄整治，推动村庄规划管理全覆盖；综合考虑村庄演变规律、集聚特点和现状分布，结合农民生产生活半径，合理确定县域村庄布局和规模。《中共中央　国务院关于建立国土空间规划体系并监督实施的若干意见》（中发〔2019〕18号）中明确，"多规合一"的实用性村庄规划是城镇开发边界外乡村地区的详细规划，是对具体地块用途和开发建设强度等做出实施性安排，是开展国土空间开发保护活动、实施国土空间用途管制、核发乡村建设项目规划许可、进行各项建设的法定依据。在落实乡村振兴战略要求、充分衔接国土空间规划体系的情况下，本书将乡村空间规划分为县域村庄布局规划与村庄规划两类。

一、县域村庄布局规划

（一）规划特点

　　县域村庄布局规划是以县域国土空间总体规划、经济社会发展规划等为依据，以优化城乡空间布局、实现城乡公共服务一体化为目标，确定县域内村庄发展类型与空间布局，落实县域内村庄基础设施建设和公共服务设施配置的空间规划，具有以下特点。

1. 专项独立性

　　《自然资源部办公厅关于加强村庄规划促进乡村振兴的通知》（自然资办发〔2019〕35号）明确提出"结合国土空间规划编制在县域层面基本完成村庄布局工作"。在具体的规划编制实践中，县域村庄布局规划往往作为县域国土空间总体规划的专项独立编制，如河南省出台的《河南省县域村庄分类和布局规划编制指南（试行）》，提出"结合国土空间总体规划，组织编制县域村庄分类和布局规划"；云南省出台的《云南省县域村庄布局专项规划编制指南（试行）》，提出"县域村庄布局专项规划是县级国土空间总体规划的专项规划"。

2. 承接传导性

县域村庄布局规划上接县域国土空间总体规划，下接村庄规划，是编制实用性村庄规划的重要依据之一。县域村庄布局规划不得违背县域国土空间总体规划的强制性要求，其主要内容要纳入相应的村庄规划，具有承上启下作用。

（二）编制侧重点

县域村庄布局规划一般包括县域村庄概况、发展趋势与目标、县域村庄分类与布局、县域村庄风貌引导规划、县域村庄交通系统规划、县域村庄公共服务设施规划、县域村庄市政基础设施规划、保障措施等内容。其中，村庄分类与布局等内容是编制重点；县域的交通系统、市政基础设施、公共服务设施等领域的专项规划如已独立编制，县域村庄布局规划可不编制以上内容。

1. 县域村庄概况

对县域村庄的分布特征、历史沿革、人口结构、生态环境、建设基础等方面进行分析。其中，县域村庄的分布特征需了解村庄的数量、用地规模、空间分布特征，确定其分布规律与成因；人口结构包括人口规模、人口空间分布特征等，确定其分布规律与成因；生态环境包括村庄所处环境的生态约束要求、生态条件，评价不同村庄的生态环境质量与条件等；建设基础包括村庄内部的道路、市政和公共服务等设施的配套情况。

2. 发展趋势与目标

发展趋势。研究城镇化、农村生产生活方式变化、县域产业格局、重大项目、生态环境约束对县域村庄人口、村庄布局等方面的影响，研究区域交通、市政基础设施、高级别公共服务设施等对县域村庄的辐射影响能力，研究相关规划对县域村庄的要求，全面评价县域村庄布局调整的外部影响因素和县域村庄布局调整的潜在趋势。

发展目标。提出县域村庄布局目标体系，包括农村人口目标、村庄建设用地规模、农村人均住房面积等，主要指标要与乡村振兴规划、县域国土空间总体规划等规划衔接一致。其中，县域村庄人口规模应与农业生产特点、耕作半径相适应，综合考虑耕地资源、生产工具、机械化程度、产业类型、人口密度、经营规模、公共服务设施配置等因素；村庄建设用地规模应在保证农民利益的基础上，体现节约集约发展原则。

3. 县域村庄分类与布局

划定村庄类型。参考《乡村振兴战略规划（2018—2022年）》提出的"集聚提升、城郊融合、特色保护、搬迁撤并"的基本思路，结合地方实际提出村庄分类原则，确定村庄分类方式，对于看不准的村庄，可暂不做分类，留出足够的观察论证时间。

明确村庄布局。依据村庄分类，确定各类型村庄的名称与数量，落实村庄空间布局，绘制县域村庄分类布局规划图，制作县域村庄分类说明表。重点研究搬迁撤并类村庄的判定标准，明确迁并村庄数量、名称、迁并原因及去向，确定迁并后的各村庄人口规模、建设用地规模、整合节约土地规模，编制形成全县及分乡镇迁并村庄情况一览表。一览表一般包含农村户籍人口规模、人均村庄建设用地规模、村庄建设用地规模、人均住房面积等指标。

4. 县域村庄风貌引导规划

明确村庄风貌控制分区。结合县域村庄发展现状，按照村庄的地形地貌、农村产业发展特征、建筑风格、历史沿革等因素，划分村庄风貌分区。

制定村庄风貌控制导则。按照村庄风貌分区，从建筑形式、公共活动空间等多方面制定各分区的风貌控制导则，指导村庄规划编制。

5. 县域村庄交通系统规划

县域村庄交通指村庄与周边城市、乡镇、其他村庄的交通联系方式，包括公路、铁路、水路、航空等多种形式，其中，公路是村庄对外交通联系的主要载体。此部分规划一般聚焦打通"断头路"、完善村庄公共交通设施等方面，提出强化村庄与城镇、村庄与村庄之间的交通联系的工程项目。

6. 县域村庄公共服务设施规划

县域村庄公共服务设施主要指对村庄影响较大、服务于村庄群或同时服务于城镇与乡村的公共服务设施。此部分规划应剖析县域内村庄公共服务设施发展存在的共性问题，结合村庄分类与生活圈理论，提出各类村庄公共服务设施的配置原则与标准，确定对县域村庄发展具有较大影响的公共服务设施类型与布局。

7. 县域村庄市政基础设施规划

县域村庄市政基础设施主要指对村庄影响较大、服务于村庄群或同时服务于城镇与乡村的高级别市政基础设施。此部分规划应以明确县域村庄市政基础设施的建设普及程度与存在问题为出发点，以村庄基础设施与城镇基础设施互联互通为原则，提出各类村庄市政基础设施的配套原则、配置内容与建设标准，确定对县域村庄发展具有较大影响的市政基础设施的类型与布局。

8. 保障措施

制定规划保障措施。按照村庄分类，从土地指标、建设资金、重点项目等方面提出保障规划实施的相关措施。如土地指标、建设资金主要向集聚提升类村庄倾斜，可适当增加特色保护类村庄建设用地规模，对搬迁撤并类村庄不再赋予建设用地指标和重点项目配套等。

确定近期建设重点。结合发展实际，将对县域村庄具有重大影响或示范带动作用的工程或项目列为近期建设重点，如村镇道路、重大市政基础设施、试点示范村等。

二、村庄规划

（一）规划特点

在乡村振兴大背景下，村庄规划是从"保护与发展并重"视角对村域"三生"空间统筹布局的详细规划，是乡村空间治理的重要工具，其编制范围为村域全部国土空间，可以一个或几个行政村为单元编制，具备以下三个特点。

1. 法定性

村庄规划是法定规划，是国土空间规划体系中乡村地区的详细规划，是开展国土空间开发保护活动、实施国土空间用途管制、核发乡村建设项目规划许可、进行各项建设的法定依据。

2. 综合性

村庄规划是"多规合一"的综合规划，要整合土地利用规划、村庄建设规划等多种规划，通盘考虑土地利用、产业发展、居民点布局、人居环境整治、生态保护和历史文化传承等多方面内容。

3. 实用性

村庄规划是具有实施性的规划，是指引村庄科学发展的纲领性和操作性文件，既要与上位国土空间规划进行衔接，又要对村庄建设进行指导。

（二）编制侧重点

1. 发展条件分析评价

村庄发展现状分析。包括村庄的资源条件、产业发展、经济社会、土地利用、耕地情况、种植结构、农房建设、道路交通、公共服务设施和基础设施等内容。

上位规划要求分析。落实上位规划及相关规划中对村庄发展的具体要求，包括县域空间布局规划、产业发展规划、其他各类专项规划等。

村庄发展SWOT分析[①]。结合村庄发展现状与上位规划的要求，明确村庄发展的优势、劣势，自身潜力和发展机会，以及可能面临的挑战。

2. 发展定位与目标

村庄发展定位与目标是在对村庄发展趋势科学判断下对村庄未来发展的方向性、指导性和预期性说明。

（1）发展定位

按照"产业兴旺、生态宜居、乡风文明、治理有效、生活富裕"总要求，做好与上位相关规划有效衔接，根据上位空间规划确定的村庄类型及相关结论，合理确定村庄未来发展方向与定位。

（2）发展规模预测

人口规模预测。依据村庄人口历年变化情况，结合县域镇村体系的结构与布局，综合考虑人口变化趋势、乡村产业发展、资源环境承载力等因素，合理预测村庄户籍人口与常住人口规模、人口结构及空间分布等。控制建设用地时可参考户籍人口基数预测结果，配置公共服务设施时可参考常住人口数预测结果。一般常见的村庄人口预测方法有自然增长法、回归方程法、劳动力平衡法等。

建设用地规模预测。按照上级下达的建设用地指标，结合村庄土地资源总量、产业发展和村庄建设等方面的需要，合理确定村庄规划建设用地总规模和用地结构。优先盘活存量，合理确定增量和减量，并符合上级下达指标总量控制要求。一般采用趋势外推法、目标预测等方法进行测算。

（3）发展目标

统筹经济、社会、生态、文化等多方面，按照产业兴旺、生态宜居、乡风文明、治理有效、生活富裕的要求，结合村庄建设用地的控制条件，形成村庄规划目标指标体系，并提出相关约束性指标，便于规划实施与管控。

3. 空间布局

村庄空间布局要坚持"多规合一""因地制宜""空间协调""节约集约"等原则。

（1）优化空间发展格局

结合当地国土"三调"成果，落实"三区三线"和管控边界，对与上位划定情

---

① SWOT分析，指SWOT分析法。S，即Strengths，是优势；W，即Weaknesses，是劣势；O，即Opportunities是机会；T，即Threats，是威胁。

况不符的区域进行核查与反馈，形成上下有机衔接的"一张图"。在此基础上，按照"农业空间规模高效、建设空间集约适度、生态空间山清水秀"的原则，优化村域总体空间结构，形成融合式、集约化、生态化的国土空间总体格局。根据主体功能性质，农业空间以提供农产品为主体功能，包括永久基本农田保护区和一般农业区；建设空间以建设农村居民点为主体功能，并能提供公共服务、经营性服务和公用设施建设的国土空间；生态空间以提供生态产品或生态服务为主体功能的国土空间，包含生态保护红线内的核心区和"双评价"认定的一般生态控制区。在此基础上，还可结合村庄实际，进一步优化各类空间的布局结构，引导各要素集聚发展，不断提高空间利用效率。

（2）确定功能用途分区

依据《市级国土空间总体规划编制指南（试行）》（自然资办发〔2020〕46号）的相关要求，做好与上位空间规划用途分区的有效对接，在保护与保留、开发与利用两大功能属性基础上，在村级层面，将全村划分为多个一级或二级功能用途区。其中，保护与保留类对应的一级区包括生态保护与控制区、永久基本农田集中保护区；开发与利用类对应的一级区为乡村发展区、矿产能源发展区和其他发展区。而乡村发展区又细分为村庄建设区、一般农业区、林业发展区、牧业发展区和其他用途区等。各功能用途区尽量做到不交叉、不重叠。

（3）调整用地布局

结合各村地形地貌、人口规模、居住习惯、地域文化和建筑风格等情况，按照统筹发展、人口集中、土地集约、战略留白等原则，适度确定用地规模，调整优化用地布局。各地可根据村庄实际进行适当调整。

农业用地布局。此类用地主要包括耕地、园地、牧草地、农业设施建设用地等用地类型。在用地布局调整中，要在落实永久基本农田保护红线与生态保护红线的基础上，衔接粮食生产功能区、重要农产品生产保护区和特色农产品优势区，以及畜禽养殖适养区、限养区和禁养区等区划要求，结合具体用地的土壤情况、地形地貌情况、集中连片程度等内在条件，以及交通物流、能源保障等外在条件合理优化。

建设用地布局。此类用地主要包括宅基地、公共服务设施用地、经营性建设用地、基础设施用地、道路用地、绿化与广场用地、留白用地等用地类型。其中，宅基地要严格落实"一户一宅"政策，明确其规模和范围，区分在用、闲置和新增宅基地；公共服务设施用地要以人口规模为基础，考虑可达性与便捷性，尽可能集中布局；经营性建设用地要充分研究盘活闲置用地、厂矿废弃地及"四荒地"等可能性，采用就近原则，安排落实农产品初加工、冷链保鲜、农村电商和乡村旅游等产业用地；基础设施用地要按照"共建共享共用"思路，节约集约利用土地；绿化与广场用地要考虑防疫隔离、防灾安全等疏散安置的要求；留白用地则需考虑发展弹性，一般预留不超过建设用地的5%作为机动指标。

自然保护用地布局。此类用地主要包括林地、水域等用地类型，一般采用生态保护核心区和一般生态控制区的分类标准对位于不同分区中的自然保护用地提出相应的规划要求。其中，位于生态保护核心区的自然保护用地严禁随意改变国土用途，强制严格保护，禁止不符合主体功能定位的各类开发活动；位于一般生态控制区的自然保护用地可在保护前提下，加强退耕还林还草、水土流失治理和流域综合治理等生态修复，划定适当区域作为生态教育、野外拓展和生态旅游等活动用地，以便提供更高品质、多样化的生态服务产品。

（4）优化国土用途结构

对接《国土空间调查、规划、用途管制用地用海分类指南（试行）》的土地利用分类，落实上位空间规划要素指标，结合国土空间格局，优化规划分区，以节约集约利用土地为原则，严格控制各类建设占用生态和农业用地，合理调整各类国土空间用途的规模和比例，不断优化国土空间用途结构。

4. 村庄产业规划

在对村庄的农业生产、资源条件、基础设施、三产融合等方面分析的基础上，结合相关政策和上位规划，明确村庄产业发展思路，确定村庄产业类型，提出村庄产业发展任务，落实村庄产业重点项目。

村庄产业类型。落实上位规划确定的产业发展策略，结合市县、乡镇确定的产业类型和发展定位，根据市场需求、村庄的产业基础和自身特色，确定村庄产业发展类型，一般包括现代种养业、乡土特色产业、农产品加工流通业、乡村休闲旅游业、乡村新型服务业等。

产业发展任务。以破解村庄产业发展瓶颈、突出产业发展特色、带动农民致富增收为目的，结合村庄产业类型提出相应发展任务。常见的产业发展任务包括优化调整产业结构、做精乡土特色产业、促进三产融合发展、推进农业绿色生产、提升农产品质量安全水平、提高组织化经营水平等。

产业重点项目。按照产业类型与发展任务提出村庄产业的重点项目，并结合村庄"三生空间"管控要求，在村域内落实重点项目的选址布局、发展规模、用地需求和建设要求等。常见的产业重点项目包括标准化种植园/基地、标准化养殖园/基地、乡村创业园/基地、休闲观光采摘园等。

5. 村民住房建设

要结合现状村民住房的建设规模、房屋质量和需求状况等，对村庄住房进行合理分类，并充分考虑村庄当地建筑文化特色和居民生活习惯等因素，因地制宜提出分类建设规划设计导则。常见的村民住房分类有保留类、改造类、修缮类、拆除类、新建类等类别。

保留类。该类建筑一般较新，建成时间不长，建筑形式符合当地传统模式和要求，应全部保留，仅做必要的维护。针对特色保护类村庄，应尽可能保留原有建筑的格局、形式、风格等，并标出建筑的位置、范围和规模等，提出保护方案和措施。

改造类。该类建筑多建成时间不长，建筑主体结构相对牢固，但建筑形式异于当地传统的模式和要求。为与周边建筑风貌协调，此类建筑应在保持原有房屋主体的基础上，提出风貌改造方案和相关措施。

修缮类。该类建筑多以木质房屋和土坯房为主，一般符合当地传统模式和要求，但由于年代较为久远、缺乏修缮，存在建筑破损等问题，甚至存在倒塌风险。此类建筑多采用对破损门窗修复与更换、屋顶瓦片修补、墙壁裂缝修复和墙体结构加固等措施进行统一修缮。

拆除类。此类建筑一般较为残破且多无人居住，不仅安全隐患大，修复难度大、费用高，而且影响村庄整体形象，一般宜纳入拆除范畴，做到主动"减量"。

新建类。新建类可分为两种，分别为危房拆除后原址新建和搬迁撤并后异地新建。新建类应考虑每户人口规模、生产生活习俗和现代功能需求，尽量在建筑形式、高度、色彩上与周边建筑协调一致，一般需提供多套有代表性的建筑设计图供村民选择。

6. 生态环境保护

立足村庄生态资源本底，查找生态环境突出问题，统筹开展山水林田湖草系统治理，针对不同类别制定相应的治理措施。

人居环境整治。垃圾收集处理方面，一般可按照"户分类、村收集、镇转运、县处理"模式，加强垃圾收集，合理布局废物箱和垃圾收集点。生活污水治理方面，应按照"就近建设、达标排放、就地利用"原则，制定农村生活污水治理方案。农村"厕所革命"方面，应按照"群众接受、经济适用、维护方便"要求，合理确定农村户用厕所改造模式，配置村庄公共厕所。

农业绿色发展。化肥农药减量增效方面，重点推行测土配方施肥村域全覆盖和病虫害绿色防控与专业化统防统治。畜禽粪污资源化利用方面，支持规模化畜禽养殖场（小区）粪污资源化利用，实施种养结合循环农业示范工程。秸秆综合利用方面，开展农作物秸秆禁烧行动，因地制宜选择秸秆肥料化、饲料化、燃料化、原料化和基料化利用模式。废膜回收利用方面,按照"就地回收、就近处理、环保达标"
要求,开展存膜残膜专项治理。

生态保护与修复。水土流失治理方面,"山区村"应制定封山育林和山坡地护
理措施,加强水土流失治理。重点流域治理方面,针对村内河流、水库和湖泊等水
面,应严防周边污水污物进入,推进水域生态修复。林业生态保护与修复方面,"林
区村"应推行生物措施恢复植被,加强幼林抚育、低效林改造和生态林修复。耕地
保护方面,将上位规划确定的耕地保有量、永久基本农田指标细化落实到村庄层面,
严格执行耕地保护相关要求。湿地保护与修复方面,在湿地资源丰富的村庄采用以
自然恢复为主、人工修复为辅或两者相结合的方式,加强湿地整治与修复。草地生
态保护与修复方面,在草场资源丰富的村庄,应在维持草畜平衡的基础上,加强围
栏、补播、防鼠和灌排等设施建设。

7. 历史文化保护

明确保护内容与要求。深入挖掘村庄历史文化资源,科学划定历史文化的保护内
容与保护区域,明确保护要求和保护措施。常见的村庄历史文化保护内容包括自然山
水环境、村庄建设格局、传统建筑风貌、历史环境要素、非物质文化遗产和传统器物
等。可绘制村庄历史文化保护范围划定图、村庄历史文化保护重点项目布局图。

制定保护与利用方案。坚持历史性、原真性和延续性原则,制定村庄历史文化
保护与利用方案。其中,历史文化名村、传统村落等特色村庄结合国家、省市相关
要求,编制村庄保护规划;其他具有特色保护资源的非特色保护类村庄,要提出历
史文化和特色资源的保护原则、措施、名录以及修复方案,制定村庄宗祠祭礼、民
俗活动、礼仪节庆、传统表演艺术和手工技艺等非物质文化遗产的保护方案,同时
结合乡村旅游做好乡村文化发展策划。

8. 公共服务设施

一般情况下,县域村庄布局规划会对位于城市、乡镇等村庄居民点之外,辐
射服务范围大于单独行政村的公共服务设施进行规划,并在村庄规划中应予以落
实。村庄公共服务设施专指位于村庄居民点内、以服务村庄为主,具有一定辐射服
务周边其他村庄能力的公共服务设施,包括行政管理、公共教育、文化体育、医疗
卫生、社会福利、商业服务、殡葬设施和物流设施等多种类型,一般要结合村庄类
型、人口规模、生活圈半径等因素进行设置,设置标准可参照《乡村公共服务设施
规划标准》(CECS 354—2013)等国家相关规定或各省发布的村庄规划编制导则。
按照人口规模,村庄可分为特大型村(人口数大于3 000人)、大型村(人口数在
1 001~3 000人)、中型村(人口数在601~1 000人)、小型村(人口数小于600人)

四级村。各类公共服务设施在不同人口规模村内的设置建议如下。

行政管理。各级村均应设置村委会和便民服务站，特大型村宜设置经济服务站。

公共教育。特大型村应设置小学，各级村宜设置托儿所、幼儿园。

文化体育。各级村均应设置文化活动室、阅览室和健身场地等。

医疗卫生。各级村均应设置卫生室及计生服务站。

社会福利。中型及以上村应设置居家养老服务站，各级村宜设置敬老院。

商业服务。各级村应设置村便利店，大型、特大型村应设置集贸市场，特大型村应设餐饮小吃店。商业服务设施宜与文化体育、社会福利等设施集中建设，形成综合服务中心。

仓储物流设施。特大型、大型村应设置村级农产品集散点（田头市场）和快递收发点等。

9. 道路交通规划

对外交通。村庄对外交通主要为过境公路，一般情况下，县域村庄布局规划会对连接县域内村庄的各种交通形式进行规划，村庄对外交通规划的主要任务是落实主要过境公路的等级、走向和用地需求，合理设置村庄出入口，与过境交通做好衔接。

村内道路。指位于村庄居民点内，服务于村民日常出行、外部人员到访的村庄道路。根据乡村道路在路网中的地位、功能及对沿线村民的服务功能，村内道路可分为干路、支路和巷路。干路应以机动车通行为主，一般过境公路不应作为村内干路；支路应以非机动车交通为主，兼用农机具通行；巷路应以人行功能为主。村内道路应确定道路系统的组织形式、交差口形式、红线宽度、断面形式等内容。

附属设施。包括停车场、道路照明设施、道路安全设施等。停车场一般布局在村庄出入口和公共服务设施周边，尽可能利用闲置用地设置；对具有旅游功能的村庄，应统筹考虑游人规模和环境容量设置停车场。道路照明设施方面，干路两侧应交叉布置路灯，支路和巷路可在一侧布置路灯。道路安全设施方面，应结合道路技术条件、地形条件、交通条件、环境条件等因素进行总体设计，合理设置交通标志标线、护栏和栏杆、视线诱导设施、避险车道等安全设施。

10. 基础设施规划

基础设施包括供水、排水、供电、通信、供热、燃气等设施，应根据村庄类型、规模和村民生产生活基本诉求，因地制宜地提出村域基础设施的选址布局与设置标准。供水设施应确定村庄供水方式、供水水源，明确供水管线走向、设施标准与敷设方式等建设要求。排水设施应确定村庄排水体制、排水量、排放标准和排水系统布置，以及污水处理方式、污水出路等。供电设施应预测用电负荷，明确电源类别和线路敷设方式。通信设施应确定通信设施建设标准、建设布局和线路敷设方式等，配置宽带网络相关设施。供热设施一般在北方冬季采暖村庄设置，应优先选择清洁能源类型，重点明确热负荷、供热方式及热源热网等内容。燃气设施应根据村庄资源情况、能源结构和经济条件等，合理确定燃气种类、供气方式、供气规模、供气范围和管网布置等。

11. 农业设施规划

农业设施包括农田水利设施、种养设施、农产品产地初加工与仓储设施等。农田水利设施方面，应结合农业生产要求，加强灌溉、排水、除涝和防治盐渍灾害等设施建设；地表水丰富的村庄可建设小型水源工程，水资源不足的村庄建议推广高效节水灌溉技术。种养设施方面，发展设施果蔬的村庄，应重点结合当地气候条件和品种要求选择温室大棚类型；发展畜禽规模养殖的村庄，应重点关注畜禽规模化养殖场建设和畜禽废弃物处理；发展设施养鱼的村庄，应重点关注鱼塘升级改造和尾水净化处理。农产品产地初加工与仓储设施方面，应加大粮食烘干仓储设施和果蔬产地初加工与保鲜储藏设施建设。

12. 村庄风貌引导

立足村域山水林田湖草整体格局、空间形态和文化特色，明确风貌特色定位，尊重自然山水格局，传承当地历史文脉，延续村庄街巷肌理，塑造具有地域特色的乡村整体风貌。

景观风貌。结合村庄自然条件、资源禀赋和文化底蕴等，注重关口细节艺术设计，打造特色景观风貌，包括公共空间景观、滨水景观、街巷景观、村口景观、标识系统等内容。

建筑风貌。挖掘传统民居地方特色，在确定村庄建筑群整体空间分布形态、了解建筑类型的基础上，注重保护传统村落，延续村庄传统建筑特点，充分体现乡村特色的建筑风貌，可按照新建类、改造类、其他类对建筑进行划分并分别提出风貌设计导则。

绿化风貌。包括路旁绿化、滨水绿化、开敞空间绿化、街巷绿化、院落绿化等内容。

13. 防灾减灾规划

综合考虑消防、洪涝、地震、地质灾害和疫情等各类灾害影响，落实上位空间规划或相关专项规划确定的灾害影响和安全防护范围，提出综合防灾减灾的目标、工程标准以及预防和应对灾害危害的措施。具体包含以下六方面。

消防。包括消防安全布局、消防通道和设施、村庄建筑消防、雷击减灾、森林防火等内容。

防洪。应与村庄江河流域、农田水利、水土保持、绿化造林等规划相结合，统一整治河道，确定修建堤坝、圩垸和蓄、滞洪区等工程防洪措施。

抗震。位于地震基本烈度六度及以上地区的村庄应进行抗震防灾规划，生命线工程、次生灾害防御、避震疏散等应符合《城市抗震防灾规划标准（GB 50413）》和《建筑抗震设计规范（GB 50011）》等国家现行标准和规范的相关规定。

防风。应依据城镇防灾要求、历史风灾资料、风速观测数据资料，参照《建筑结构荷载规范（GB 50009）》等国家现行相关规定提出村庄防风标准。易形成风灾地区的村庄应在迎风方向的边缘选种密集型的防护林带或设置挡风墙等。

地质灾害。村庄建筑应避免选址在山区的冲沟、滑坡易发地区，以及危岩下方。泥石流防治应采取防治结合、以防为主，采用生物措施和工程措施进行综合治理。

防疫。村庄建设布局要便于疫情发生时的防护和封闭隔离。过境交通尽量不穿越村庄，现已穿越的有条件迁出的尽早迁出；村民活动中心、学校、幼儿园、敬老院等设施在疫情发生时可作为隔离和救助用房；规模化养殖场宜远离村庄并满足相关规范要求。

14. 规划实施和保障措施

（1）近期项目实施

按照长远规划、分期建设的原则，根据当前需要、村民意愿、发展条件，制定村庄的近期、中期、远期发展目标。

确定近期实施项目表。根据规划确定的发展目标、重点任务和重点区域，综合考虑各村人力、财力和村民需求迫切程度，提出近期（3～5年）要实施的乡村产业发展、农房建设、生态环境保护、历史文化保护、道路交通、公共服务设施、基础设施和防灾减灾等方面的项目清单，形成重点项目实施表。

投资估算与建设时序。依据项目规模和有关标准进行投资估算。建设主体以当地政府为主导，鼓励各方企业投资村庄建设，探索规划、建设、运营一体化推动模式。明确建设时序，制定近期建设明细表，明确近期建设的项目名称、建设地点、建设内容、资金规模、建设主体、建设方式和实施时间。

（2）保障措施

结合规划方案和主要任务，应提出有针对性、可操作的组织领导、财政、投资、产业、环境、生态、人才、土地等方面的政策措施，保障规划目标的顺利实现。

（3）村规民约

可将公布的规划成果涉及强制性管控内容纳入到《村规民约》中，也可让村民共同参与编写《村规民约》，要求内容通俗易懂、读起来朗朗上口，便于村民理解与实施。

第四章　规划技术方法

■ 第一节　规划编制流程

乡村规划的编制一般包括前期准备、初稿编制、征求意见和评审报批四个阶段
（图3-4-1）。

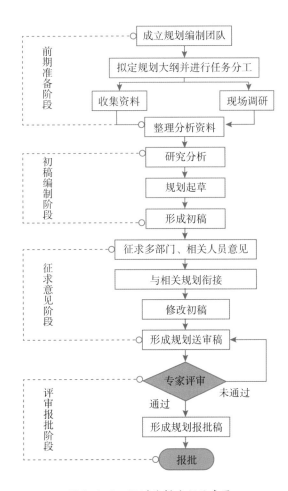

图3-4-1　规划编制流程示意图

一、前期准备阶段

成立规划编制团队。规划任务确定以后，成立规划编制团队并明确规划主持人，团队组成人员的专业应与规划任务相匹配。为保证规划质量，对于难度较大的规划，还应成立由相关领导、专家组成的顾问咨询团队。

拟定规划大纲并进行任务分工。规划工作的综合性强，工作量大，而且有一定的时间限制。一般来说，在拟定规划大纲后，要将规划任务分解为几个相对独立的任务单元，由规划团队中的人员分别承担、相互配合协同。规划任务分配应在规划动员时做出明确安排，参与规划的人员应该有足够的能力、精力和时间完成所担负的工作任务。

收集资料与现场调研。多渠道开展资料收集和调研工作。一是通过网络查询、查阅书籍等方式收集相关政策、上位规划、市场信息、技术发展趋势等资料；二是提出资料收集清单，在规划委托方的协助下收集规划对象的相关资料；三是赴现场进行实地调研，采取召开座谈会、典型勘察、对利益相关方访谈等方式，深入了解现状基础及规划需要解决的问题。

整理分析资料。对获取的资料进行审核和对照，更正错误数据，补充缺漏数据，去除冗余资料，使资料尽可能真实、准确和完整。对鉴别后的资料进行进一步整理和汇总，使其系统化、条理化、可靠化，便于参与规划编制的人员共同使用。

二、初稿编制阶段

研究分析。规划编制是提出问题、分析问题、解决问题的过程。规划水平高低，很大程度上取决于研究分析是否深入、是否抓住了关键问题并提出恰当的解决方法。重点要对规划对象的现状基础、存在问题进行深入分析和解剖，有针对性地研究解决问题的思路、任务举措等。

规划起草。各专业负责人根据任务分工在研究分析的基础上开展规划编写工作，形成相应章节的文字内容和图表。

形成初稿。规划主持人就各专业负责人提交的规划内容进行初步整合，并与规划团队进行充分讨论和反复修改完善，形成前后贯通、逻辑严谨的规划初稿。

三、征求意见阶段

规划初稿完成后，需要广泛征求规划涉及相关部门、相关主体及有关专家的意见，与相关规划进行衔接；在充分征求各方意见后，对规划初稿进行修改完善，形成规划送审稿。

四、评审报批阶段

规划送审稿形成后，一般应组织专家对规划成果进行评审，并出具专家评审意见。对于没有通过专家评审的规划成果，应根据专家提出的未通过评审的原因对规划送审稿进行修改完善，再次组织专家评审；对于通过专家评审的规划成果，可根据专家意见修改完善后形成规划报批稿，并提交有关方面进行审批，通过审批，即标志着规划编制工作的完成。

■ 第二节　调查方法

乡村规划调查是为科学开展乡村规划的研究、制定、实施和管理等提供重要依据的一种自觉认识活动，是乡村规划的基础性工作，也是提高乡村规划公众参与度的有效途径。乡村规划的调查方法多种多样，大体可以分为实地调查法、访谈调查法、问卷调查法和文献收集法等。

一、实地调查法

实地调查法是乡村规划调查中的基本手段，具有简便易行、灵活性较强等特点。一般是指规划相关人员深入现场，有目的、有计划地通过自身感官或者相关技术手段，对规划区域的地形、地貌、地物等，以及经济社会发展实际情况进行调查的一种方法。一般借助规划区行政图、土地利用现状图和卫星图片等辅助资料以及GPS（全球定位系统）、照相机、手机或无人机等设备辅助实地调查。

二、访谈调查法

访谈调查法是指为了调查了解某些问题，找调查对象当面交谈、直接获取相关信息资料的一种方法，是乡村规划中最常用的调查方法，具有面对面接触、相互交流、双向传导等特点。访谈调查法主要包括集体访谈和个体访谈。集体访谈是根据调查提纲有组织、有计划地召开座谈会，邀请部分代表，围绕调查中心内容进行座谈，以获取自己所需的信息。个体访谈是指由调查者围绕某个问题或访谈提纲单独访问被访问者，从而获取自己所需的信息。

三、问卷调查法

问卷调查法是以问卷为载体，向被调查者了解情况或征询意见的一种资料收集方法，具有标准化、客观性和抽样性等特点。问卷调查法主要包括问卷设计、发放和回收处理等环节。问卷设计包括被调查者基本属性调查和研究问题调查，基本属性调查一般包括户数、人口数、性别、年龄、学历、职业等方面的信息；研究问题调查是问卷设计的核心内容，可以分成经营生产、营业收入、人居环境、公共服务与基础设施等方面，每个方面又涉及若干小问题，每个问题后给出若干答案以供被调查者选择。问卷发放包括现场发放、邮寄、电话调查、电子邮件和微信等多种方式。回收处理即对回收的问卷进行编号，剔除无效问卷，把带有编号的有效问卷录入计算机，建立数据库，通过整理解析后供现状分析时使用。

四、文献收集法

文献收集法是通过互联网、信息机构、统计部门和档案馆等信息渠道收集获取规划相关信息的一种方法。获取的信息一般包括规划区的区位交通、自然资源、产业发展、经济社会发展等概况，以及相关政策文件、领导讲话、工作总结和需要对接的有关规划等。

■ 第三节 综合分析方法

一、SWOT分析

SWOT分析，即基于内外部竞争环境和竞争条件下的态势分析，包含与研究对象密切相关的各种主要内部优势、劣势和外部的机会和挑战等，通过调查后将其一一列举出来，并依照矩阵形式排列，然后用系统分析的思想，把各种因素相互匹配起来加以分析，从中得出一系列相应的结论，结论通常带有一定的决策性。乡村规划中的SWOT分析一般包括以下内容。

（一）优势与劣势分析

优势与劣势分析主要是阐述规划区域发展的内部条件，包括区位、资源、产业、技术等方面。其中，对有利于规划区域发展或相对于其他区域表现较好的属于优势，反之属于劣势。以优势为例，常见的分析内容如下。

交通优势。指规划区与外界联系的便捷程度，具有汇聚人才、物资、技术的便利和快速通达市场、吸引旅游客流的优势。

资源优势。指规划区内水资源、土地资源、光热资源、土壤资源、植被资源和文化资源等的富集程度，具有某方面资源禀赋的优势。

产业优势。指规划区（或园区所在区域）的某项产业具有规模优势、特色突出等，便于打开市场，提高产品市场竞争能力。

技术优势。包括技术人才、劳动力素质和科研、推广条件等。

（二）机遇与挑战分析

机遇与挑战是评价规划区域面临的外部环境条件，主要包括涉农政策、经济发展、产业融合、市场消费升级、社会变迁、技术进步等方面的因素。外部因素若有利于规划区域发展，则为机遇，需要努力抓住，借势而为，乘势而上；若不利于规划区发展，则被看做是"挑战"，如国际债务危机、汇率风险、进口限制等导致国内部分农产品出口受阻，再如周边园区同类产品的竞争、生态环境制约、农产品质量安全、土地流转受阻、农村劳动力减少等方面的因素，都可能是园区发展面临的挑战。

（三）矩阵策略分析

根据上述分析，运用系统分析方法，依次将影响规划区域发展的因素按照清单排列，构造出SWOT矩阵图，在排列过程中，将对规划区域发展有直接的、重要的、久远的影响因素优先排列在相应的象限内。在此基础上，综合评价规划区域的优势与劣势、机遇与挑战，提出规划区域发挥优势、克服劣势、抓住机遇、化解威胁的对策和相应的行动计划，为规划编制提供依据。

二、区位熵分析

区位熵（Location Quotient，LQ）又称专门化率，是一个传统的区域产业优劣势分析量化指标，是美国经济学家哈盖特（P. Haggett）首先提出并运用于区位分析中的，它是通过一个给定区域中产业占有的份额与整个经济中该产业占有的份额相比的值来衡量某一区域要素在空间上的分布情况，从而确定该区域的主导产业和产业专业化程度。本质是反映经济部门与外部区域之间的输入输出关系，被广泛用于产业聚集度、产业优劣势分析、区域主导产业选择、产业结构比较、产业集群发展等相关研究之中。统计区位熵时，可以选择企业数量、产业总产值、产业增加值、产业销售收入、产业从业人员等指标来计算。

在农业总体规划、产业类专项规划等规划编制过程中，区位熵经常用于找出区域在一定范围内具有一定地位的优势产业，并根据它们之间的比值，即区位熵的大小来衡量其专门化率，衡量其是否具有竞争优势，为区域产业结构优化及调整提供依据。其主要是利用区域多年的统计年鉴、年度统计公报等统计数据，详尽计算多年不同层级的主要农产品层面的区位熵，多角度探讨区域农业产业集群情况，并在此基础上对区域内现有农业产业集群的分布情况进行分析，以验证区位熵的计算结果，或据此总结归纳出区域农业发展中的比较优势产业、潜力产业和比较劣势产业。对于优势产业，应充分发挥现有优势，继续深化产业链；对于潜力产业，可进一步凝练其优势，加大投资和引导力度。

三、头脑风暴法及其拓展应用

头脑风暴法又称智力激励法，是一种激发创造性思维的方法，由美国广告策划人奥斯本（Alex Osborn）在20世纪40年代首先提出。它采用会议的形式，引导每个参加会议的人围绕某个中心议题，广开思路、激发灵感，毫无顾忌地发表独立见解，并在短时间内从与会者中获得大量的观点。头脑风暴法的基本点是积极思考、互相启发、集思广益，将集体的智慧尽可能大地发挥出来，避免了一个人思维的局限性。

近年来，头脑风暴法在乡村规划编制过程中发挥着越来越重要的作用，并不断拓展，往往与专家座谈会、项目讨论会、专家论证会等会议相结合，贯穿规划编制全过程，帮助规划师得到更多更好的创意、灵感以及思路，为编制出高水平的乡村规划提供帮助。

规划前期，一般会召开规划编制专家座谈会，邀请委托方相关领导、各领域权威专家、知名学者以及经验比较丰富的规划师，通过头脑风暴，为规划项目执行提供多种破题思路和大量的设想，对项目组编制规划大纲、确实思路目标等核心内容进行启发。规划中期，通常会多次召开主要由项目组成员参加的项目讨论会，通过头脑风暴，帮助项目组发现问题、分析问题、提出问题，不断地改进规划编制过程中的不足和纰漏，将规划项目做到科学、合理、完善。规划后期，通常会召开专家论证会、专家评审会，规划项目负责人对规划编制背景、规划思路以及规划内容进行汇报，通过头脑风暴，相关专家对规划主要内容等进行论证，让规划成果更加科学完善。

■ 第四节 规划目标确定方法

规划目标是规划对象在规划期内要达到的状态或要实现的愿景，一般包括总体目标和具体目标，需要分阶段、定性定量地表述清楚。

一、规划目标确定思路

（一）总体目标确定思路

总体目标是对规划对象未来发展理想状态在宏观层面的定性描述，是发展思路的进一步明确细化，是具体目标制定的前提和依据，需要体现战略性、科学性和合理性。总体目标的确定要综合考虑以下三方面：一是要贯彻落实各级党委、政府关于"三农"工作的重要文件精神。既要贯彻落实习近平总书记关于"三农"工作的重要论述和党中央、国务院关于乡村振兴战略、区域协调发展战略、可持续发展战略等"三农"相关的重大政策文件要求，也要贯彻落实各级党委、政府对"三农"工作的具体部署要求。二是要服从并细化落实上位规划对规划区的战略安排。按照下位规划服从上位规划、下级规划服务上级规划、等位规划相互协调的原则，逐级传导、充分衔接，贯彻落实上位规划要求。三是要符合规划区实际和发展趋势。分析规划区域现状基础，研判发展趋势，谋划既能凝聚意志、鼓舞民心，又能通过努力实现的规划目标。

（二）具体目标确定思路

具体目标是对总体目标的分项表述，一般以目标指标体系来表达。具体目标确定遵循SMART原则（Specific明确的，特定的；Measurable可量化的，可度量的；Achievable切实可行的，可实现的；Relevant相关的，有重要关联和重大关系的；Time-bound有时限的，期限明确的）。一要清晰、明确，是规划总体目标的细化分解；二要可量化，即能够用数值表达，并且基期和规划末期均能够获得相关数值，以便监测评估；三要注重可实现性，防止太高不可企及，也避免过于保守而难以鼓舞人心、激励奋进；四要注意关联性，要与规划主题、规划内容和总体目标紧密关联，尤其要与国家政策文件和上位规划已明确的相关指标对标对表；五要有明确的期限，规划具体目标即是规划期末要达到的状态或取得的成果，要充分考虑规划期时效，体现有限时间、有限目标。最终形成明确的目标指标体系表。

二、规划目标指标值确定方法

预测规划目标指标值的方法很多，下面推荐几种常用的方法。

（一）文件查询法

文件查询法指通过查询已经发布的相关规划、政策文件获取目标指标值。对于相关规划和政策文件中已明确了目标值的约束性指标，可直接采用其目标值，如耕地保有量、永久基本农田保护面积等指标；对于相关规划和政策文件中已明确了目标值的预期性指标，应以此目标值为重要参考，结合规划区现状水平和发展趋势确定规划目标值。例如《关于加快推进农业机械化和农机装备产业转型升级的指导意见》（国发〔2018〕）中明确提出"到2025年，全国农作物耕种收综合机械化率达到75%"，在国家级总体规划和专项规划中涉及体现2025年农作物耕种收机械化水平的指标就可以考虑采用75%的目标值。

（二）模型预测法

根据规划各阶段发展水平，主要推荐年均增长率预测法和线性回归预测法。

1.年均增长率预测法

（1）自然增长率预测法

该预测方法也称算术平均增长率，一般以规划基期年数据为计算基础，根据年均增长率，预测规划期目标值。其计算如公式（1）所示。

$$Y_i = y_0(1+r)^t \qquad (1)$$

公式（1）中 Y_i 为目标年预测值；y_0 为基期数，一般使用当地农业统计年鉴数据；r 为年均增长率，一般根据上个5年执行情况求得；t 为规划年限。

（2）移动平均增长率预测法

移动平均增长率预测法是在上述算术平均增长率预测法的基础上，对增长率计算稍加改进的一种预测方法。已知上一个5年执行现状数，按照每3年一移动取其算术平均值，再分别计算年际增长率，然后将修正的3年增长率进行算术平均即为移动平均增长率，再按公式（1）进行规划目标值预测。

2. 线性回归预测法

（1）一元线性回归预测法

如果预测对象仅受单因素影响，可建立一元线性回归模型，估算简单，具有可操作性，其计算如公式（2）所示。

$$Y_i = y_0 + aX \tag{2}$$

上式中，Y_i为目标年预测值，y_0为基期数，a为回归系数；通过输入历史统计数据，计算回归系数，借助公式（2）得到预测对象的估计值。

（2）多元线性回归预测法

预测对象往往受多因素影响，一般采用多元线性回归预测模型，其原理基本与一元线性回归相同，但由于变量个数较多，计算相当复杂，实际中大都借助计量软件结合历史数据拟合计算。

$$Y_i = y_0 + a_1x_1 + a_2x_2 + \cdots a_ix_i \tag{3}$$

公式中Y_i为目标年预测值，x_i为多变量，y_0为基期数，a_i为回归系数，多元线性回归计算与一元线性回归类似，可用最小二乘法估算回归系数，通过统计检验，借助公式（3）预测规划目标值。

（三）参考预测法

参考预测法指参考行业主管部门、专业研究机构的研究成果或相似地区的发展水平确定目标指标值。如农业灌溉用水有效利用系数指标，可参考水利主管部门的预测值；2025年全国粮、棉、油、糖等农产品产量指标，可参考农业农村部市场预警专家委员会发布的《中国农业展望报告（2019—2028）》的预测数据；良种覆盖率、农作物单产水平、耕种收综合机械化率等指标，可参考发展水平领先地区的发展程度进行预测。

■ 第五节 规划布局方法

规划布局是将规划目标、任务、工程项目等内容抽象简化为一系列空间元素，并按照一定的模式对各类布局要素进行合理组合，进而实现规划区域整体发展效率相对最优的空间安排。

一、规划布局的思路

乡村规划类型多样，编制深度各不相同，涉及生产、生活、生态等多种空间形态，但在规划布局的思路上，一般应遵循以下"六个体现"。

（一）体现地理环境特征

地理环境在乡村的形成与发展过程中起到基础作用，是进行乡村规划布局的自然起点，一般包括以地形、地貌等为代表的自然地理要素，以行政分区等为代表的行政地理要素，以历史、文化为代表的人文地理要素，以土地、生物等为代表的资源地理要素等。如编制某县域的总体规划、专项规划、村庄布局规划等时，平原、高原、丘陵、盆地、山地、河谷等不同的地形、地貌特征与耕地、草原、森林等不同的自然资源类型也决定着不同的乡村生产生活方式，进而直接影响规划布局。在规划实践中，规划布局应体现规划区域所处地理环境中具有较大影响的地理特征与自然特征。

（二）体现空间管控要求

这里是指国土空间规划确定的"三区三线"，是自上而下刚性传导、统一管控的核心政策工具。其中，"三区"指城镇空间、农业空间与生态空间，"三线"指生态保护红线、永久基本农田保护红线与城镇开发边界。各类乡村规划的布局不应与所在区域"三区三线"的管控要求相矛盾，这也是确保规划布局具有空间落地可操作性的基础。如生猪规模化养殖产业不应布局在生态保护红线内，农产品加工与物流功能宜布局在城镇开发边界内等。

（三）体现功能差异互补

按照功能差异进行布局是最常用的思路，乡村规划布局一般以生产、生活、生态三个功能作为布局思路出发点。其中，以生产功能为主的布局思路以构建或完善产业链条为核心目标，通过空间布局的方式将产业链条的相关环节落实在空间布局上，如在园区类专项规划中确定的高效种植区、农产品加工区、冷链物流配套区、农业科技服务区等；以生活功能为主的布局思路以满足规划区域使用者对餐饮、商业、娱乐、文化、休闲、医疗、居住等各类生活需求为目标，通过空间布局的方式将各类生活服务类功能落实在空间上，如在村庄规划中确定的综合服务中心区、宜居生活居住区、休闲旅游配套区等；以生态功能为主的布局思路以保护生态环境、实现可持续发展为目标，通过空间布局的方式将不同的生态保护要求反映在空间上，如在县域畜牧业专项规划中确定的禁养区、限养区、适养区等。

（四）体现核心辐射引领

"增长极理论"提出，经济增长通常是从一个或数个"增长中心"逐渐向其他部门或地区传导。乡村规划布局也常应用此理论，通过设置"增长极""增长带"，实现各类资源要素在"增长极""增长带"上的高效集聚，进而起到以点带面、以带领区，更高效地发挥出示范、引领、辐射周边区域的积极作用。如在综合型园区总体规划中，通常将空间区位优良，具备设置农业博览与展示、农产品加工与冷链物流、农业科技研发与孵化等功能的区域划定为核心区；将沿主要对外交通布局、资源禀赋相似、主导功能一致的带状区域划定为发展带、发展轴或发展走廊。

（五）体现发展梯度差异

发展梯度差异包括发展基础的差异、发展重点的差异、发展时序的差异等。由于乡村区域具有工作量大面广、空间多样复杂、资金支持有限等特点，规划更加强调有重点、分先后，逐步实现规划目标。乡村规划布局既要结合规划范围内各组成部分的基础条件情况，也要根据规划目标、规划任务的重要程度以及工程项目为规划区域带来的积极影响程度等，科学系统地确定各分区的重要程度、优先顺序。如在总体规划、区域规划中，通过划定率先发展区、先行区等来体现不同区域间的发展梯度差异。

（六）体现区域统筹协同

规划布局还要将规划区域作为一个系统进行统筹考虑，强调系统中各组成部分在落实相关布局时围绕共同目标相互协作、实现共赢。如在区域规划布局中，要统筹考虑对规划区域内所有或大部分行政单位都具有重大影响的项目和工程选址布局；要结合各分区的任务分工，以构建区域产业链为目标，协同布局种植、养殖、加工、冷链物流等产业项目，实现跨区域的一二三产业融合发展或种养加一体化发展。

在具体的乡村规划布局实践中，"六个体现"并非要求全部遵循，应根据规划的实际情况合理应用上述思路确定规划布局。一般情况下，总体规划、区域规划的布局思路多以体现地理环境特征、空间管控要求、核心辐射引领、发展梯度差异、区域统筹协同等为主；产业类专项规划的布局思路多以体现地理环境特征、功能差异互补、核心辐射引领、发展梯度差异等为主；工程类专项规划的布局思路多以体现地理环境特征、发展梯度差异等为主；园区类专项规划的布局思路多以体现空间管控要求、功能差异互补、核心辐射引领、发展梯度差异等为主；县域村庄布局规划的布局思路多以体现空间管控要求、地理环境特征、功能差异互补、区域统筹协同等为主；村庄规划的布局思路多以体现空间管控要求、功能差异互补等为主。

二、规划布局的元素构成与组合模式

（一）元素构成

乡村规划常见的布局元素一般可抽象为聚集点、发展轴、功能区及以上元素相互联系形成的协同网等。

聚集点（核等）。简称为"点"，一般指某类要素（如科技、管理、加工物流、文化等）或几类元素在地理空间的特定位置集中形成的一种空间布局形态，与其所处区域相比，其空间规模较小，可抽象为平面上的一个点。一般情况下，聚集点是整个规划区域的增长极或核心区，对整个规划区域具有引领带动、统领发展的作用。

发展轴（带、走廊、环等）。简称为"轴"，一般某一产业、经济活动、相关设施等在地理空间上呈线状分布且具有较大的发展潜力或对整体具有较大影响的空间形态，与其所处区域相比，其空间规模可抽象为平面上的一条线或一个环（环可认为是带的特殊形态之一）。发展轴可看作是增长极的一种延伸形态，也具有对沿线区域引领辐射的积极作用。

功能区（板块等）。简称为"区"，一般指某一产业或经济社会活动在地理空间上呈现面状分布的空间形态，相较于聚集点、发展轴，功能区面积一般更大。功能区一般围绕一定的主导产业或发展主题设置，如生态林果区、设施蔬菜区、生态养殖区等，是规划布局的基础组成部分。

协同网。简称为"网"，指聚集点、发展轴、功能区数量众多，共同作为规划区域的重要组成部分，彼此之间通过人流、物流、信息流、能源流等相互联系、相互作用形成的网络。协同网一般多用于规划区域面积较大、涉及行政单位较多、具有不少于3个聚集点、功能区数量多且分布分散的规划布局。

（二）组合模式

结合空间布局的构成要素类型和前述"六个体现"的布局思路，规划布局的组合模式有分区模式、点轴模式、点区模式、轴区模式、点轴区复合模式、网络模式等，一般采用"X心（核）+X轴（带、走廊）+X区（板块）""X心+X点网络布局"等描述方式表达规划空间结构与形态，如某县农产品加工产业园的空间布局表述为"一心、两带、四区"。

三、常用规划布局方法简介

在规划布局组合模式的基础上，结合乡村规划自身特点，形成了一系列常用的规划布局方法，这里对其中五种进行简要介绍。

（一）地理资源布局法

地理资源布局法是"资源禀赋理论"和"功能分区理论"在乡村规划中的应用，一般以"体现地理环境特征"为主要布局思路，其规划布局一般采用分区模式，在涉及地形复杂多样、规划范围较大的总体规划，产业类专项规划，高标准农田、渔港经济区等为代表的工程类专项规划等规划类型中应用普遍。

实践中，常将地形地貌、自然资源等地理环境要素进行组合作为规划布局划定的依据，体现规划区域发展的特点。如在平原地区的耕地上，布局粮食作物全程机械化示范区；在丘陵地区的经济林地上，布局林果作物生态种植示范区；在高原地区的耕地上，布局高原夏菜规模化种植区等。

（二）产业功能布局法

产业功能布局法是"功能分区理论"在乡村规划中的应用，一般以"体现功能差异互补"为主要布局思路，其规划布局一般采用分区模式，在产业类专项规划、园区类专项规划等乡村规划类型中应用普遍。

产业功能分区一般从主导产业、核心功能或发展主题等方面因素进行确定，乡村规划中常见的产业功能分区有大田作物种植区、设施农业种植区、林果种植区、畜牧养殖区、水产养殖区、农产品加工区、农产品冷链物流配套区、农业科技服务区、休闲观光农业区等。实践中，以上分区可根据实际情况进行合并调整。

（三）多区梯度布局法

多区梯度布局法是"圈层结构理论"和"增长极理论"在乡村规划中的应用，一般以"体现功能差异互补""体现核心辐射引领""体现发展梯度差异"为主要布局思路，其空间布局一般采用分区模式或点区模式，在涉及一二三产业融合发展、有明显发展核心或优先发展需求的总体规划、区域规划、园区类专项规划等乡村规划类型中应用普遍。

此方法确定的分区在主导功能、发展阶段、影响能力、产业效率等方面体现出显著梯度差异，如农业科技园区按照主导功能、影响能力和产业效率划分为核心区、示范区、辐射区。其中，核心区一般选在综合区位优良、发展要素集聚、对周边具有较大辐射服务作用的区域，其产业功能以农产品贸易、农业博览与展示、农产品加工与冷链物流、农业科技研发与孵化等二三产业功能为主；示范区一般临近核心区，与核心区在交通、产业等方面有直接联系，是农业新技术、新模式、新品种、新机制的率先应用区；辐射区一般在示范区外围，是主要的农业生产区域。"三区"单位用地的经济产出能力呈现从核心区、示范区、辐射区梯度降低的趋势。

（四）廊带辐射布局法

廊带辐射布局法是"增长极理论""点—轴理论"在乡村规划中的应用，一般以"体现核心辐射引领"为主要布局思路，其空间布局一般采用轴区模式或点轴区复合模式，在总体规划、区域规划、产业类专项规划等乡村规划类型中应用普遍。

廊带指围绕某乡村发展主题或主导功能需要重点发展或率先发展的带状区域，是对区域整体具有直接辐射或示范带动作用的"增长带"，既可包含城市、乡镇、村庄等不同的城乡聚落形态，也可以包括园区、基地、田园综合体等不同的开发形态。在布局选址上，可沿重要的道路、河流等具有区域联络作用的通道进行空间布局，或主要发展区域本身就处在山谷类的带状空间中。常见的廊带如乡村振兴规划中的乡村振兴示范带，市县域农业发展规划中的农业产业服务走廊、休闲农业示范带、园艺产业发展带等。

（五）区园统筹布局法

区园统筹布局法是"功能分区理论"与"增长极理论"在乡村规划中的应用，一般以"体现功能差异互补""体现区域统筹协同"为主要布局思路，其空间布局一般采用点轴区复合模式或协同网模式，在总体规划、区域规划、产业类专项规划、园区类专项规划等乡村规划类型中应用较多。

区园统筹布局里的"区"，指功能区，一般根据发展主题、主导功能等因素确定，各功能区在空间上直接相连；"园"，指园区、基地等具体的开发载体，各园在空间上可相互分离。实际开发中，往往存在某产业园与其所处区域主导功能不完全一致的情况，区园统筹布局法可以在合理确定功能区的基础上，兼顾实际发展需求，统筹布局多个园区。其一般适用于主导功能较多，发展基础较好，主要发展任务是转型升级、统筹整合的区域。

■ 第六节　主要任务确定方法

主要任务确定是提出规划期内为实现规划目标需要完成的一系列工作或活动。主要任务确定的总体思路是，从贯彻落实党和政府相关政策要求、细化落实上位规划相关任务、支撑规划对象发展和建设目标实现等角度，提出规划期需要完成的任务，综合考虑要素潜力和资源环境承载能力，统筹需要与可能，尽力而为、量力而行，确定规划主要任务。一般有理论政策指引法、上位规划传导法、问题和目标导向法、资源要素统筹法等。

一、理论政策指引法

理论政策指引法是以"三农"理论创新成果为指导，以党和国家"三农"政策为指引，谋划乡村规划主要任务。理论指导方面，例如习近平总书记提出要以构建现代农业产业体系、生产体系、经营体系为抓手，加快推进农业现代化。《河北省现代农业发展"十三五"规划》围绕"三大体系"提出了主要任务，一是通过调优种植业、提升畜牧业、促进水产业、壮大农产品加工业、培育休闲农业，构建现代农业产业体系；二是通过提升农业科技水平、壮大现代种业、促进农业机械化提档升级、改善农业基础设施条件，推进"互联网＋农业"，构建现代农业生产体系；三是通过培育壮大新型农业经营主体、推进现代农业园区建设、发展多种形式适度规模经营、提升农业产业化经营水平、健全农业社会化服务体系，构建现代农业经营体系。政策指引方面，例如守住18亿亩耕地红线，确保耕地面积不减少、用途不改变、质量有提高，是国家重要政策。国家级和省级的乡村总体规划都把保护耕地资源、建设高标准农田列为主要任务。

二、上位规划传导法

按照下位规划服从上位规划的要求，上位规划确定的相关任务需要传导到下位规划中细化落实，因此规划的部分主要任务来源于上位规划的约束性或引导性要求。

按照下位规划落实上位规划相关任务的方式不同，可分为两类：一是间接传导法，即通过对上位规划的指导思想、主要目标、发展理念、主要任务等相关内容深入理解、融会贯通，创新性地、准确地落实上位规划提出的相关任务，如《中共中央关于制定国民经济和社会发展第十三个五年规划的建议》提出坚持创新发展、着力提高发展质量和效益，坚持协调发展、着力形成平衡发展结构，坚持绿色发展、着力改善生态环境，坚持开放发展、着力实现合作共赢，坚持共享发展、着力增进人民福祉五大重点任务，《全国农业现代化规划（2016—2020年）》作为下位规划，在农业领域将《建议》提出的重点任务细化落实为"创新强农、着力推进农业转型升级，协调惠农、着力促进农业均衡发展，绿色兴农、着力提升农业可持续发展水平，开放助农、着力扩大农业对外合作，共享富农、着力增进民生福祉"等。二是直接传导法，即将上位规划提出的相关任务直接作为规划主要任务，如《山东省乡村振兴战略规划（2018—2022年）》在推动乡村产业振兴章节提出了提高农业综合生产能力、加快发展农业"新六产"、深化农业科技"展翅"行动、健全现代农业经营体系、加强质量品牌建设、构建农业开放发展新格局六项任务，作为下位规划的《东营市乡村振兴战略规划（2018—2022年）》按照这六方面内容细化了东营市推动乡村产业振兴的主要任务。

三、问题和目标导向法

问题导向法，指以解决问题为指引，以分析规划对象存在的问题为切入点，找到发展制约因素，按照解决问题促发展的思路确定规划主要任务。比如《国家质量兴农战略规划（2018—2022年）》，应对资源环境约束日益趋紧、农产品按标生产的制度体系不健全、一二三产业融合深度不够等问题，提出了加快农业绿色发展、推进农业全程标准化、促进农业全产业链融合发展等主要任务（表3-4-1）。

表3-4-1 问题导向法示例

面临问题	主要任务
部分地区资源过度消耗，产地环境治理难度大，资源环境约束日益趋紧	任务一：加快农业绿色发展 ● 调整完善农业生产力布局 ● 节约高效利用水土资源 ● 科学使用农业投入品 ● 全面加强产地环境保护与治理

（续）

面临问题	主要任务
农产品按标生产的制度体系还不健全	任务二：推进农业全程标准化 ● 健全完善农业全产业链标准体系 ● 引进转化国际先进农业标准 ● 全面推进农业标准化生产
一二三产业融合深度不够，农产品深加工发展滞后，产销市场衔接不畅	任务三：促进农业全产业链融合 ● 深入推进产加销一体化 ● 强化产地市场体系建设 ● 加快建设冷链仓储物流设施 ● 创新农产品流通方式 ● 培育新产业新业态
……	……

注：根据《国家质量兴农战略规划（2018—2022年）》整理。

目标导向法，是以实现规划目标为分析切入点，找到影响实现目标的重点领域、关键环节，按照瞄准目标定措施的思路确定规划主要任务。比如《全国农业可持续发展规划（2015—2030年）》，提出了"农业资源保护水平与利用效率显著提高"的目标，为实现该目标，提出了保护耕地资源、促进农田永续利用，节约高效用水、保障农业用水安全两项任务（表3-4-2）。《国家粮食安全中长期规划纲要（2008—2020年）》提出"到2020年全国粮食综合生产能力达到5 400亿公斤以上"，倒推到2010年粮食综合生产能力必需稳定在5 000亿公斤以上，为达到以上目标和阶段性成效，提出了加强耕地和水资源保护、加强农业基础设施建设、提高粮食单产水平、健全农业服务体系等主要任务。

表3-4-2　目标导向法示例

规划目标	主要任务
农业资源保护水平与利用效率显著提高	任务一：保护耕地资源，促进农田永续利用 ● 稳定耕地面积，确保耕地保有量在18亿亩以上，永久基本农田不低于15.6亿亩 ● 提升耕地质量，全国耕地基础地力提升1个等级以上 ● 适度退减耕地 任务二：节约高效用水，保障农业用水安全 ● 实施水资源红线管理，全国农业灌溉用水量保持在3 730亿立方米，农田灌溉水有效利用系数达到0.6以上 ● 推广节水灌溉，农田有效灌溉率达到57%，节水灌溉率达到75% ● 发展雨养农业
……	……

注：根据《全国农业可持续发展规划（2015—2030年）》整理。

四、资源要素统筹法

完成规划任务需要土地、资金、技术、政策、人力、装备等多方面的资源要素保障，无论是从规划对象内部配置，还是从外部导入，都需要统筹考虑。确定规划主要任务，不仅要考虑"该"干什么、"要"干什么，还要考虑"能"干什么，"能"干多少，即统筹考虑可用的资源要素能够支撑哪些任务、能够完成到何种程度，分清轻重缓急，将有限的资源安排到最关键、最需要的任务中。可利用美国通用电气公司（GE）于20世纪70年代开发的投资组合分析方法——GE矩阵，建立"必要性－可能性"的分析矩阵确定任务的优先序。即：对任务实施的紧迫性、关键性进行综合分析，评价得出任务必要性的大、中、小；对实施任务需要的土地、资金、技术、政策、人力、时间、装备等因素进行综合分析，评价得出任务可能性的高、中、低；再将任务必要性和任务可能性归纳在一个矩阵内，形成九宫格。对于落在右上角3个单元格内的任务，其可能性和必要性都较大，应当放在优先位置；对于落在左下角3个单元格内的任务，其必要性和可能性都较小，可以排在任务清单的后面；对于落在左上角到右下角对角线上3个单元格内的任务，其必要性较大但可能性较低，或者可能性较高但必要性较小，则需要根据实际情况确定其排序（图3-4-2）。图3-4-2中数字，由1到5分别代表落在单元格内的任务的优先程度，其中"1"代表任务应排在第一序列，"2"代表任务排在第二序列，以此类推，"5"代表任务排在最后序列。

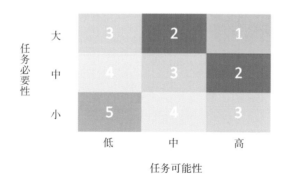

图3-4-2 任务分析矩阵

上述方法可以单独使用，但更多的时候需要综合运用，从多个维度提出在规划期内需要完成的任务，形成任务清单，再根据资源环境条件和任务的轻重缓急等因素梳理分析、归类整理，确定规划期内需要完成的主要任务。

第五章　规划表达方式

■ 第一节　常规表达方式

一、文本

规划文本是对规划内容的集成表达，是规划编制的基础性成果，文本格式和文字表达应当规范、准确、简要。

二、附表

附表是规划文本的重要补充材料。在规划文本中叙述不够清晰、直观的内容，一般以列表的形式表达，如工程项目建设表、规划实施进度表等。

三、附图

附图是规划文本的配套材料，与规划文本具有同等效力，如村庄规划一般包括区位分析图、村域国土空间现状图、村域国土空间规划图、产业发展布局图、村庄风貌引导图等。

四、附件

附件一般包括规划说明、专题研究报告等。其中，专题研究报告根据需要提供。

规划说明一般包括规划的编制背景、编制过程、主要考虑和基本框架，以及需要说明的重点问题、专家论证意见等。

专题研究报告是对规划的重点问题、重点专项进行专题研究所形成的研究成果。

■ 第二节　简化表达方式

在规划实践中，为增加规划易懂性、提高效率、降低成本，涌现出了一些简化、直观的规划表达方式。

一、一图一表一说明

"一图一表一说明"主要用于村庄规划。具体来说，"一图"为村庄国土空间规划图，"一表"为近期建设项目汇总表，" 说明"为规划要点说明。通过"一图一表一说明"实现"多规"信息的集成和运用，可提高规划的可操作性、易读易懂性。

二、办公演示文稿

利用办公演示软件（如 PowerPoint，简称 PPT）等，将规划文本转化为由简要文字、图表、图片、动画及声音构成的演示场景，进行可视化表达，能够简明扼要地表达规划编制过程、发展现状、基本理念、核心要义、主要内容、愿景目标以及主要措施。将乡村规划成果通过这种形式呈现，形象直观、重点突出、通俗易懂，有利于提高乡村规划的可理解性。

三、实体模型

实体模型是以一定比例展现规划布局与设计的三维模型，是一种较为直观的成果展示方法，是对规划的整体展示。观看者可以俯瞰整个规划区，能够更加清晰地理解规划的空间结构理念、功能分区及项目布局，规划区中的建筑、景观、生产设施等都被清晰展示，能够让观看者加深对规划重点内容和主要形象的印象，效果立体实在，一目了然。

四、多媒体影像

多媒体影像是通过将视频素材、图片素材等组合，形成对规划成果具有展示意义和宣传意义的影片。主要以视频影片为基础，配套相应的规划解说和背景音乐，从发展思路、目标定位、主要任务、规划布局等多个方面，讲解和呈现规划的核心内容与未来发展意向。多媒体影像可以让人更直接地观看到规划区域的时空变幻，更立体地理解规划者的意图，更真实地感受到规划者为未来乡村描绘的美丽蓝图（图3-5-1）。

图3-5-1　规划成果宣传影片

■ 第三节　创新展示方式

一、数字沙盘

通过声光电系统、现代多媒体技术、电脑智能触摸控制技术、三维动画、大屏幕投影演示、全息成像等技术，在实物沙盘模型上创制反映乡村的现状与未来发展规划的光影效果，再加上配音解说和背景音乐，可完整形象地展示乡村未来的发展愿景。数字沙盘具有形象生动、实时更新、快速查询等多种功能，既能方便快速地获得乡村规划的信息和丰富的动态演示效果，又能生动展现乡村建设和发展前景，使观看者能够身临其境地了解、参与、监督乡村规划的实施。

二、虚拟现实展示系统

通过应用虚拟现实展示技术（Virtual Reality，简称VR），建立乡村规划的虚拟模型，形成实时三维图像，再借助传感器等设备实现立体显示，让观看者完全置身于规划场景之中。针对不同人群VR展示技术的功能不尽相同：对于规划者本身来说，VR展示技术可以更好地观察规划方案，从而使布局更加合理，环境更加和谐；对于决策层来说，VR展示技术可以更好地增加理解、精准决策、统筹工作；对于一般民众来说，VR展示技术可以从任意角度、实时互动真实地看到规划效果，为实现公众参与提供了良好的平台。

三、移动APP客户端

我国移动互联网发展进入全民时代，一些部门相继推出了应用APP客户端，鼓励民众积极参与乡村规划建设，同时方便规划成果的展示和交流。通过点击移动APP中GIS空间地图上的某一位置（区域），可立刻呈现该位置（区域）的规划及建设项目信息，最大限度地节约查询时间，提高工作效率。相对于传统规划的成果展示与表达方式，APP平台更能提高社会公众参与规划的兴趣性和主动性，对优化规划方案和提升规划监督管理水平都能起到积极作用。

第四篇

实 践 篇

　　任何理论与方法都来源于实践，又反过来指导实践。本篇收集了4类17个典型规划案例，每个案例均从规划评述、编写目录和精选章节三方面进行介绍。其中，乡村总体规划选择了全国《乡村振兴战略规划（2018—2022年）》和《河南省舞钢市乡村振兴战略规划（2018—2022年）》2个案例；乡村区域规划选择了《京津冀现代农业协同发展规划（2016—2020年）》和《三峡库区草食畜牧业开发规划（2002—2010年）》2个案例；乡村专项规划选择了《河北省现代农业发展"十三五"规划》《全国农业科技创新能力条件建设规划（2012—2016年）》和《湖北潜江国家现代农业产业园建设规划（2017—2025年）》等10个案例；乡村空间规划选择了与"三农"联系最为紧密的村庄规划3个案例，分别是《黑龙江饶河县四排赫哲族乡四排村村庄规划（2019—2030年）》《贵州威宁县小海镇松山村人居环境整治规划（2019—2022年）》和《湖北来凤县旧司镇后坝村村庄规划（2020—2025年）》。供读者参考借鉴。

第一章　乡村总体规划

第二章　乡村区域规划

第三章　乡村专项规划

第四章　乡村空间规划——村庄规划

第一章　乡村总体规划

案例 4-1-1

乡村振兴战略规划（2018—2022年）

■ 第一节　规划评述

一、规划背景

党的十九大提出实施乡村振兴战略，并写入党章，这是以习近平同志为核心的党中央着眼党和国家事业全局，深刻把握现代化建设规律和城乡关系变化特征，顺应亿万农民对美好生活的向往，对"三农"工作做出的重大决策部署，是新时代做好"三农"工作的总抓手，在我国"三农"发展进程中具有划时代的里程碑意义。为了贯彻落实党的十九大精神，按照2017年中央经济工作会议、中央农村工作会议部署，根据中共中央、国务院《关于实施乡村振兴战略的意见》（中发〔2018〕1号）要求，国家发展改革委牵头会同有关部门编制《乡村振兴战略规划（2018—2022年）》（以下简称《规划》），2018年9月26日由中共中央、国务院印发实施。《规划》分11篇37章共107节，描绘了加快推进农业农村现代化、走中国特色社会主义乡村振兴道路的宏伟蓝图，是新时代统筹谋划和推进乡村振兴战略实施的顶层设计和行动纲领，具有重要的现实意义和历史意义。

二、规划特点

《规划》是实施乡村振兴战略的第一个五年规划，坚持以习近平新时代中国特色社会主义思想为指导，落实党中央关于实施乡村振兴战略的各项部署，立意高远、内涵深刻、亮点很多，本书提出一点粗浅理解，概括总结如下几个特点。

1. 战略指导性强

《规划》贯彻落实党中央国务院关于实施乡村振兴战略的精神要求，阐明了国家战略意图，明确了目标任务，勾勒出推进实施乡村振兴战略的路线图，既有战略全局部署，又有阶段性安排；既有长远计划，也有近期具体要求。特别是规划分三个阶段部署实施乡村振兴战略，具体安排了五年的目标任务，并对2035年和2050年的远景进行了展望。其中，到2022年的目标分为两个节点：到2020年，乡村振兴制度框架和政策体系基本形成，全面建成小康社会的目标如期实现；到2022年，乡村振兴的制度框架和政策体系初步健全，乡村振兴取得阶段性成果，并首次设置了主要指标专栏，明确到2020年和2022年的量化指标。

2. 创新引领性强

《规划》通篇贯彻新发展理念，从对乡村的定义到对乡村振兴内涵的深刻把握，从空间新格局到重点任务安排，从体制政策的完善到工作机制的创新，形成了很多创新性成果。如将乡村定义为"具有自然社会经济特征的地域综合体，兼具生产、生活、生态、文化等多重功能，与城镇互促互进、共生共存，共同构成人类活动的主要空间"，这是新时代关于乡村概念的最新表述；再如在构建乡村振兴新格局中，首次引入生产、生活、生态空间理念，优化乡村发展布局，突出强化"三区三线"管控，"多规合一"，统筹城乡发展空间，创新性地把村庄划分为集聚提升类、城郊融合类、特色保护类和搬迁撤并类四类，等等。这些都为社会各界统一对乡村的认识，为全国各地编制乡村振兴规划、开展村庄分类建设提供了重要指引。

3. 系统整体性强

《规划》按照统筹推进"五位一体"总体布局和协调推进"四个全面"战略布局的思路，把农村经济、政治、文化、社会、生态和党的建设作为一个有机整体，系统谋篇布局，统筹部署重大任务，整体设计政策措施。例如，在重大任务的谋划中，按照"产业兴旺、生态宜居、乡风文明、治理有效、生活富裕"总要求，从加快农业现代化步伐、发展壮大乡村产业、建设生态宜居的美丽乡村、繁荣发展乡村文化、健全现代乡村治理体系、保障和改善农村民生六方面做出具体安排，涵盖了乡村发展的方方面面，内容丰富、体系完整。

4. 可操作性强

《规划》着眼于落地生效，以问题、目标和结果为导向，紧密围绕发展目标和重点任务，提出了农业综合生产能力提升、质量兴农等九大工程，农业绿色发展、农村人居环境整治、乡村就业三大行动和乡村治理体系、农村公共服务提升和乡村振兴人才支撑三大计划，总计82项重点项目。明确提出推进农业转移人口市民化、强化用地保障等5项政策和坚持党的领导、尊重农民意愿等5项保障措施，抓手明确、政策精准、措施有力。

三、规划实施

据《乡村振兴战略规划实施报告（2018—2019年）》《乡村振兴战略规划实施报告（2020年）》显示，《规划》实施以来，乡村振兴战略实施取得阶段性进展，乡村振兴实现良好开局，如《规划》的59项重点任务进展顺利，82项重点项目有序推进，22个主要指标大部分实现阶段性目标。

■ 第二节　编写目录

《乡村振兴战略规划（2018—2022年）》编写目录

第一篇　规划背景
第一章　重大意义
第二章　振兴基础
第三章　发展态势

第二篇　总体要求
第四章　指导思想和基本原则
第五章　发展目标
第六章　远景谋划

第三篇　构建乡村振兴新格局
第七章　统筹城乡发展空间
第八章　优化乡村发展布局
第九章　分类推进乡村发展
第十章　坚决打好精准脱贫攻坚战

第四篇　加快农业现代化步伐
第十一章　夯实农业生产能力基础
第十二章　加快农业转型升级
第十三章　建立现代农业经营体系
第十四章　强化农业科技支撑
第十五章　完善农业支持保护制度

第五篇　发展壮大乡村产业
第十六章　推动农村产业深度融合
第十七章　完善紧密型利益联结机制
第十八章　激发农村创新创业活力

第六篇　建设生态宜居的美丽乡村
第十九章　推进农业绿色发展

第二十章　持续改善农村人居环境
第二十一章　加强乡村生态保护与修复

第七篇　繁荣发展乡村文化
第二十二章　加强农村思想道德建设
第二十三章　弘扬中华优秀传统文化
第二十四章　丰富乡村文化生活

第八篇　健全现代乡村治理体系
第二十五章　加强农村基层党组织对乡村振兴的全面领导
第二十六章　促进自治法治德治有机结合
第二十七章　夯实基层政权

第九篇　保障和改善农村民生
第二十八章　加强农村基础设施建设
第二十九章　提升农村劳动力就业质量
第三十章　增加农村公共服务供给

第十篇　完善城乡融合发展政策体系
第三十一章　加快农业转移人口市民化
第三十二章　强化乡村振兴人才支撑
第三十三章　加强乡村振兴用地保障
第三十四章　健全多元投入保障机制
第三十五章　加大金融支农力度

第十一篇　规划实施
第三十六章　加强组织领导
第三十七章　有序实现乡村振兴

注：专栏中涂灰色部分为精选章节重点介绍章节，下同。

■ 第三节　精选章节

......

第二篇　总体要求

......

第五章　发展目标

到2020年，乡村振兴的制度框架和政策体系基本形成，各地区各部门乡村振兴的思路举措得以确立，全面建成小康社会的目标如期实现。到2022年，乡村振兴的制度框架和政策体系初步健全（表4-1-1）。国家粮食安全保障水平进一步提高，现代农业体系初步构建，农业绿色发展全面推进；农村一二三产业融合发展格局初步形成，乡村产业加快发展，农民收入水平进一步提高，脱贫攻坚成果得到进一步巩固；农村基础设施条件持续改善，城乡统一的社会保障制度体系基本建立；农村人居环境显著改善，生态宜居的美丽乡村建设扎实推进；城乡融合发展体制机制初步建立，农村基本公共服务水平进一步提升；乡村优秀传统文化得以传承和发展，农民精神文化生活需求基本得到满足；以党组织为核心的农村基层组织建设明显加强，乡村治理能力进一步提升，现代乡村治理体系初步构建。探索形成一批各具特色的乡村振兴模式和经验，乡村振兴取得阶段性成果。

表 4-1-1　乡村振兴战略规划主要指标

分类	序号	主要指标	单位	2016 年	2020 年	2022 年	增减	属性
产业兴旺	1	粮食综合生产能力	亿吨	≥ 6	≥ 6	≥ 6	—	约束性
	2	农业科技进步贡献率	%	56.7	60	61.5	［4.8］	预期性
	3	农业劳动生产率	万元 / 人	3.1	4.7	6.5	2.4	预期性
	4	农产品加工产值与农业总产值比	—	2.2	2.4	2.5	0.3	预期性
	5	休闲农业和乡村旅游接待人次	亿人次	21	28	32	11	预期性
生态宜居	6	畜禽粪污综合利用率	%	60	75	78	［18］	约束性
	7	村庄绿化覆盖率	%	20	30	32	［12］	预期性
	8	对生活垃圾进行处理的村占比	%	65	90	90	［≥ 25］	预期性
	9	农村卫生厕所普及率	%	80.3	85	85	［≥ 4.7］	预期性

（续）

分类	序号	主要指标	单位	2016 年	2020 年	2022 年	增减	属性
乡风文明	10	村综合性文化服务中心覆盖率	%	—	95	98	—	预期性
	11	县级及以上文明村和乡镇占比	%	21.2	50	50	［≥28.8］	预期性
	12	农村义务教育学校专任教师本科以上学历比例	%	55.9	65	68	［12.1］	预期性
	13	农村居民教育文化娱乐支出占比	%	10.6	12.6	13.6	［3］	预期性
治理有效	14	村庄规划管理覆盖率	%	—	80	90	—	预期性
	15	建有综合服务站的村占比	%	14.3	50	53	［38.7］	预期性
	16	村党组织书记兼任村委会主任的村占比	%	30	35	50	［20］	预期性
	17	有村规民约的村占比	%	98	100	100	［2］	预期性
	18	集体经济强村比重	%	5.3	8	9	［3.7］	预期性
生活富裕	19	农村居民恩格尔系数	%	32.2	30.2	29.2	［−3］	预期性
	20	城乡居民收入比	—	2.72	2.69	2.67	−0.05	预期性
	21	农村自来水普及率	%	79	83	85	［6］	预期性
	22	具备条件的建制村通硬化路比例	%	96.7	100	100	［3.3］	约束性

第六章　远景谋划

到 2035 年，乡村振兴取得决定性进展，农业农村现代化基本实现。农业结构得到根本性改善，农民就业质量显著提高，相对贫困进一步缓解，共同富裕迈出坚实步伐；城乡基本公共服务均等化基本实现，城乡融合发展体制机制更加完善；乡风文明达到新高度，乡村治理体系更加完善；农村生态环境根本好转，生态宜居的美丽乡村基本实现。

到 2050 年，乡村全面振兴，农业强、农村美、农民富全面实现。

第三篇　构建乡村振兴新格局

坚持乡村振兴和新型城镇化双轮驱动，统筹城乡国土空间开发格局，优化乡村生产生活生态空间，分类推进乡村振兴，打造各具特色的现代版"富春山居图"。

第七章　统筹城乡发展空间

按照主体功能定位，对国土空间的开发、保护和整治进行全面安排和总体布局，推进"多规合一",加快形成城乡融合发展的空间格局。

第一节　强化空间用途管制

……，按照不同主体功能定位和陆海统筹原则，开展资源环境承载能力和国土空间开发适宜性评价，科学划定生态、农业、城镇等空间和生态保护红线、永久基本农田、城镇开发边界等主要控制线，推动主体功能区战略格局在市县层面精准落地，实现山水林田湖草整体保护、系统修复、综合治理。

第二节　完善城乡布局结构

……，加快发展中小城市，完善县城综合服务功能，推动农业转移人口就地就近城镇化。因地制宜发展特色鲜明、产城融合、充满魅力的特色小镇和小城镇，加强以乡镇政府驻地为中心的农民生活圈建设，以镇带村、以村促镇，推动镇村联动发展。……

第三节　推进城乡统一规划

通盘考虑城镇和乡村发展，统筹谋划产业发展、基础设施、公共服务、生态环境保护等主要布局，形成田园乡村与现代城镇各具特色、交相辉映的城乡发展形态。强化县域空间规划和各类专项规划引导约束作用，科学安排县域乡村布局；综合考虑村庄演变规律、集聚特点和现状分布，结合农民生产生活半径，合理确定县域村庄布局和规模。……

第八章　优化乡村发展布局

坚持人口资源环境相均衡、经济社会生态效益相统一，打造集约高效生产空间，营造宜居适度生活空间，保护山清水秀生态空间，延续人和自然有机融合的乡村空间关系。

第一节　统筹利用生产空间

……。围绕保障国家粮食安全和重要农产品供给，充分发挥各地比较优势，重点建设以"七区二十三带"为主体的农产品主产区。落实农业功能区制度，科学合理划定粮食生产功能区、重要农产品生产保护区和特色农产品优势区，合理划定养殖业适养、限养、禁养区域，严格保护农业生产空间。适应农村现代产业发展需要，科学划分乡村经济发展片区，统筹推进农业产业园、科技园、创业园等各类园区建设。

第二节　合理布局生活空间

……。坚持节约集约用地，遵循乡村传统肌理和格局，划定空间管控边界，明确用地规模和管控要求，确定基础设施用地位置、规模和建设标准，合理配置公共服务设施，引导生活空间尺度适宜、布局协调、功能齐全。……

第三节　严格保护生态空间

……。树立山水林田湖草是一个生命共同体的理念，加强对自然生态空间的整体保护，修复和改善乡村生态环境，提升生态功能和服务价值，……，明确产业发展方向和开发强度，强化准入管理和底线约束。

第九章　分类推进乡村发展

顺应村庄发展规律和演变趋势，根据不同村庄的发展现状、区位条件、资源禀赋等，按照集聚提升、融入城镇、特色保护、搬迁撤并的思路，分类推进乡村振兴，不搞一刀切。

……

注：以下第四篇至第十篇为重点任务和推进路径，主要按照"产业兴旺、生态宜居、乡风文明、治理有效、生活富裕"总要求，以及完善城乡融合发展政策体系等方面展开描述，由于涉及的内容较多，本案例仅作简要介绍，详细内容参见公开发布的具体规划文本。

第四篇　加快农业现代化步伐

坚持质量兴农、品牌强农，深化农业供给侧结构性改革，构建现代农业产业体系、生产体系、经营体系，推动农业发展质量变革、效率变革、动力变革，持续提高农业创新力、竞争力和全要素生产率。……

第五篇　发展壮大乡村产业

以完善利益联结机制为核心，以制度、技术和商业模式创新为动力，推进农村一二三产业交叉融合，加快发展根植于农业农村、由当地农民主办、彰显地域特色和乡村价值的产业体系，推动乡村产业全面振兴。……

第六篇　建设生态宜居的美丽乡村

牢固树立和践行绿水青山就是金山银山的理念，坚持尊重自然、顺应自然、保护自然，统筹山水林田湖草系统治理，加快转变生产生活方式，推动乡村生态振兴，建设生活环境整洁优美、生态系统稳定健康、人与自然和谐共生的生态宜居美丽乡村。……

第七篇　繁荣发展乡村文化

坚持以社会主义核心价值观为引领，以传承发展中华优秀传统文化为核心，以乡村公共文化服务体系建设为载体，培育文明乡风、良好家风、淳朴民风，推动乡村文化振兴，建设邻里守望、诚信重礼、勤俭节约的文明乡村。……

第八篇　健全现代乡村治理体系

把夯实基层基础作为固本之策，建立健全党委领导、政府负责、社会协同、公众参与、法治保障的现代乡村社会治理体制，推动乡村组织振兴，打造充满活力、和谐有序的善治乡村。……

第九篇　保障和改善农村民生

坚持人人尽责、人人享有，围绕农民群众最关心最直接最现实的利益问题，加快补齐农村民生短板，提高农村美好生活保障水平，让农民群众有更多实实在在的获得感、幸福感、安全感。……

第十篇　完善城乡融合发展政策体系

……

第三十一章　加快农业转移人口市民化

加快推进户籍制度改革，全面实行居住证制度，促进有能力在城镇稳定就业和生活的农业转移人口有序实现市民化。

……

第三十二章　强化乡村振兴人才支撑……

第三十三章　加强乡村振兴用地保障

完善农村土地利用管理政策体系，盘活存量，用好流量，辅以增量，激活农村土地资源资产，保障乡村振兴用地需求。

……

第三十四章　健全多元投入保障机制

健全投入保障制度，完善政府投资体制，充分激发社会投资的动力和活力。

……

第三十五章　加大金融支农力度

健全适合农业农村特点的农村金融体系，把更多金融资源配置到农村经济社会发展的重点领域和薄弱环节，更好满足乡村振兴多样化金融需求。

……

（本篇案例精选章节来源于http://www.moa.gov.cn/xw/zwdt/201809/t20180926_6159028.htm相关内容）

案例4-1-2

河南省舞钢市乡村振兴战略规划（2018—2022年）

■ 第一节　规划评述

一、规划背景

河南省舞钢市是一座年轻的工业和生态旅游城市，位于河南中部、平顶山市南端，地处豫中腹地、中原经济区核心地带，面积646平方公里，人口32万人。该市地貌类型多元、山水资源丰富，其农业规模小但特色明显、村庄散落却精致宜居，在粮食主产区的中原地区独树一帜，于2018年7月被确定为河南省20个乡村振兴示范县之一。为加快推进乡村振兴，舞钢市委组织编制了《河南省舞钢市乡村振兴战略规划（2018—2022年）》（以下简称《规划》），力求开启转型发展新征程、谱写舞钢出彩新篇章，为河南打造农业大省乡村振兴典范贡献舞钢力量。

二、规划特点

1. 现状分析准确到位

规划对舞钢市资源禀赋、历史文化、社会经济和农业农村发展情况进行了系统梳理，总结出六大特点。一是小，国土面积、人口总量、经济规模在河南105个县中分别排第93位、101位和98位，是名副其实的小县。二是特，地处淮河上游南北方分界带，境内河网密布，素有"北方小江南"之称，生态环境敏感独特。三是重，"因矿而生、因厂而兴"，长期以来形成了以铁矿资源为基础、钢铁工业为主导的产业结构，第二产业比重最高达到74.6%，产业结构偏重。四是高，城镇化率达到56.9%，比河南省平均水平高7个百分点，仍处于城镇化快速发展期；一产从业人员比重将近50%，远高于河南省37%的平均水平。五是弱，农业发展较弱，粮食平均单产、劳动生产率均低于全省平均水平，农业面源污染问题较突出。六是多，山水景观多、文化特色多，形成了"两水""六山"拥"一城"的空间格局，拥有源远流长的冶铁文化和多种多样的美食文化。

2. 战略性和可操作性兼顾

规划在系统分析全市资源禀赋、历史文化、社会经济和农业农村发展等情况的基础上，按照乡村振兴"产业兴旺、生态宜居、乡风文明、治理有效、生活富裕"的总要求，对实施乡村振兴战略作出总体设计和阶段性谋划，提出了"两山理论中原样板，诗意栖居河南典范"的总体定位，明确了至2022年和2025年"十四五"期末的目标任务，体现了乡村振兴规划的战略性。围绕重点任务设置了5个重大工程和137个重点项目，选择了33个乡村振兴特色示范村并提出了建设重点，在规划过程中广泛征求村民、村集体等意见，确保规划接地气、能落地。

3. "三生"空间统筹协调

立足"两水""六山"拥"一城"的空间格局，秉承"城乡统筹、产村互动、三生融合"的发展理念，坚持乡村振兴和新型城镇化两手抓，统筹城乡国土空间开发格局，优化乡村生产、生活、生态空间，构建与资源环境承载能力相匹配、"三生"相协调的乡村空间发展格局，打造舞钢特色鲜明的现代版"富春山居图"。生产空间呈现"面和片"，以全域现代农业集聚升级为方向，着力念好山字经、做好水文章、打好生态牌，打造"两轴、三片"的生产空间；生活空间呈现"心和点"，加快农村人口向中心城区、中心镇和中心社区集中，以新型城镇化引领城乡一体化发展，整体形成"一城、四镇、十七中心社区、一百四十三村"的生活空间；生态空间呈现"带和屏"，突出水城共融、蓝绿交织，形成"一带、两屏"为骨架的综合生态安全格局。

4. 村庄规划分类施策

规划不仅将村庄划分为城郊融合类、拓展提升类、特色保护类、整治改善类和搬迁撤并类5种类型，更是在此基础上，提出产业风情、文化养生、美食休闲和诗画山水4种发展主题，分类进行引导。产业风情类以粮食和蔬果规模化生产为基础，拓展农业景观和农耕体验功能，营建大尺度的田园、菜地、果林等产业风貌。文化养生类突出冶铁、农耕、郊野等文化优势和山地生态优势，大力发展文化和健康产业，营建冶铁、农耕、养生等文化风貌。美食休闲类发挥回族美食和花木产业优势，重点发展美食餐饮、民俗体验和婚庆产业，营建具有回汉特色的乡土风貌。诗画山水类发挥山水生态和山水景观优势，重点发展旅游产业、民宿产业和休闲运动产业，营建"山、水、林、田、湖、村"如诗如画的整体风貌。

三、规划实施

该《规划》获得舞钢市委、市政府领导高度认可，并通过专家评审，目前已印发实施。《规划》提出的示范村、重点工程项目正按进度逐步落实。

■ 第二节 编写目录

《河南舞钢市乡村振兴战略规划（2018—2022年）》编写目录

第一章 规划背景
第一节 重大意义
第二节 基本情况
第三节 发展成就
第四节 发展特点
第五节 发展趋势

第二章 总体要求
第一节 指导思想
第二节 基本原则
第三节 发展定位
第四节 发展目标

第三章 优化发展空间，构建城乡融合发展新格局
第一节 一体化布局城乡发展空间
第二节 打造集约高效的生产空间
第三节 营造舒适宜居的生活空间
第四节 保护山清水秀的生态空间
第五节 差异化推进乡村建设

第四章 加快推进农业转型升级，厚植发展新优势
第一节 构建现代农业产业体系
第二节 构建现代农业生产体系
第三节 完善现代农业经营体系
第四节 推进质量兴农品牌强农

第五章 加快产业融合发展，培育乡村振兴新动能
第一节 壮大农产品加工物流
第二节 培育农村新产业新业态
第三节 打造产业融合新载体

第六章 加快乡村绿色发展，建设生态宜居新家园
第一节 持续改善农村人居环境
第二节 推进农业绿色发展
第三节 加强乡村生态保护与修复
第四节 推动农村基础设施提挡升级

第七章 推动乡村文化振兴，塑造质朴美善新乡风
第一节 加强农村思想道德建设
第二节 弘扬优秀乡村文化
第三节 丰富乡村文化生活

第八章 推动乡村组织振兴，建立基层治理新体系
第一节 全面加强农村基层党组织建设
第二节 完善乡村自治制度
第三节 加强法治乡村建设
第四节 提升乡村德治水平
第五节 建设平安智慧乡村

第九章 提高民生保障水平，开创农民美好新生活
第一节 高质量打好打赢精准脱贫攻坚战
第二节 优先发展农村教育事业
第三节 推进健康乡村建设
第四节 加强农村社会保障体系建设
第五节 提升农民就业质量
第六节 提升农村养老服务能力

第十章 全面深化改革，完善城乡融合发展体制机制
第一节 推动乡村人才振兴
第二节 加快农业转移人口市民化进程
第三节 强化乡村振兴用地保障
第四节 健全多元投入保障机制

第十一章 规划实施
第一节 加强组织领导
第二节 合理安排时序
第三节 注重示范带动
第四节 推进项目建设
第五节 强化动态考核

■ 第三节　精选章节

第一章　规划背景

......

第四节　发展特点

（一）属于名副其实的"小"县

舞钢市国土面积645.67平方公里，全省105个县中排名93；全市人口32万人，在全省排名101；市域GDP为128.98亿元，全省排名98。

（二）区位产业环境独"特"

主要体现在"地理区位、工矿立市、环境独特"等方面。

一是该市处于南北之中——南北分界带，素有"北方小江南"之称；且位于中原城市群核心发展区之中，经济区位明显。

二是"因矿而生、因厂而兴"，矿产一度带动舞钢快速发展。

三是生态环境敏感脆弱，该市属淮河上游水系，境内河网密布，是淮河主要支流洪河的发源地，境内水网密布，根据《河南省主体功能区规划》，该市位于河南省南水北调生态保护带与沿淮生态走廊之间，生态地位重要……

（三）产业结构整体偏"重"

在2000—2008年，该市以铁矿资源为基础，钢铁工业主导的经济快速发展，地区生产总值年均递增达到28.6%，第二产业占生产总值比重一度达到74.6%。2009年以来，传统产业发展受阻，第二产业占比逐渐减少，经济下行压力不断加大。

（四）城镇化率偏"高"

舞钢市城镇化率达到56.93%，比河南省平均水平高7个百分点，仍处于城镇化快速发展期；另外一产从业人员比重接近50%，远高于河南省37%的平均水平。

（五）山水文化资源较"多"

一是舞钢市山水景观多，全市融山水林城于一体，形成了"两水六山拥一城"的资源格局，素有"北方小江南"之誉；二是文化特色多，拥有源远流长的冶铁文化，如春秋时为柏子国，战国时属韩，自古为冶铁重地，以生产利剑而闻名，龙泉、合伯宝剑即产于此，冶铁文化在中国乃至世界都占有重要地位；还有多种多样的美食文化，拥有清真牛肉、胡辣汤、热豆腐糊等地方特色美食。

（六）农业发展较"弱"

舞钢市粮食平均单产、劳动生产率均低于全省平均水平，农业面源污染问题较突出。

一是粮食产能仍有潜力，粮食播种面积占86.7%，粮食单产663.5斤[①]/亩，与平顶山市平均水平相当，低于全省785.7斤/亩平均水平；二是农业总体效益不高，农产品加工业产值与农业总产值比仅为1.25：1，远低于全省2.3：1，农业从业人员人均增加值1.12万元，也低于全省1.77万元平均水平；三是农业面源污染突出，亩均化肥施用量（折纯）51.46公斤、农药施用量1.93公斤，均高于全国平均水平。

……

第二章 总体要求

第一节 指导思想

以习近平新时代中国特色社会主义思想为指导，全面贯彻党的十九大和十九届二中、三中全会以及中央农村工作会议精神，坚决落实习近平总书记视察指导河南工作时的重要讲话精神，加强党对"三农"工作的全面领导，坚持稳中求进工作总基调，牢固树立新发展理念，落实高质量发展的要求，统筹推进"五位一体"总体布局和协调推进"四个全面"战略布局，坚持农业农村优先发展总方针，按照产业兴旺、生态宜居、乡风文明、治理有效、生活富裕的总体要求，建立健全城乡融合发展体制机制和政策体系，统筹推进农村经济建设、政治建设、文化建设、社会建设、生态文明建设和党的建设，走舞钢特色乡村振兴道路，让农业成为有奔头的产业，让农民成为有吸引力的职业，让农村成为安居乐业的美丽家园，为新时代中原更加出彩贡献舞钢力量。

……

第三节 发展定位

综合考虑舞钢市区位交通、资源环境、发展基础和上级要求等因素，舞钢市总体定位为全省生态宜居乡村样板区、全省城乡一体化示范区、全省知名休闲农业与乡村旅游目的地，在全省率先实现乡村振兴，成为"两山理论中原样板，诗意栖居河南模版"。

全省生态宜居乡村样板区。树立"绿水青山就是金山银山"理念，严守资源消耗上限、环境质量底线、生态保护红线，建立生态建设与环境保护新模式，构建区域生态安全体系，整治农业环境突出问题，依托水库、湿地、山林发展生态产业，持续改善农村人居环境，建设美丽乡村，打造人与自然和谐共生的全省生态宜居乡村样板区。

全省城乡一体化示范区。坚持新型城镇化与美丽乡村建设两手发力，加快构建城乡融合发展体制机制，推动农业转移人口市民化，统筹城乡基础设施和公共服务设施布局，完善农村公共产品和服务供给制度，推进城乡公共资源均衡配置、公共服务城乡居民全

---

① 斤为非法定计量单位，1斤=500克。——编者注

覆盖，形成以工促农、以城带乡、城乡互动的新型城乡关系，打造全省城乡一体化示范区。

全省知名休闲农业与乡村旅游目的地。依托独特的自然资源和人文资源，树立全域旅游理念，突出"历史文化"和"山水生态"两大主题，加快补齐休闲农业与乡村旅游短板，丰富旅游产品系列，完善旅游服务体系，拓宽旅游服务功能，形成"吃、住、行、游、购、娱"全产业链，打造全省知名休闲农业与乡村旅游目的地。

……

第三章　优化发展空间，构建城乡融合发展新格局

坚持乡村振兴和新型城镇化两手抓，统筹城乡国土空间开发格局，优化乡村生产、生活、生态空间，构建与资源环境承载能力相匹配、"三生"相协调的乡村空间发展格局，打造舞钢特色鲜明的现代版"富春山居图"。

第一节　一体化布局城乡发展空间

秉承"城乡统筹、产村互动、三生融合"的发展理念，按照"多规合一"要求，统筹谋划城乡产业发展、基础设施、公共服务、资源能源、生态环境保护等，形成田园乡村与现代城镇各具特色的空间形态。市域层面上让生产空间呈现"面和片"，生活空间呈现"心和点"，生态空间呈现"带和屏"，形成带动全市乡村发展的"生产片、生活点、生态屏"的城乡发展格局（图4-1-1）。

强化中心城区对农村发展的辐射带动作用。加快完善中心城区综合服务功能，强化城市吸引农村人口转移集聚的载体作用。推动城区部分功能逐步向乡村疏解，引导不适合在城区布局的食品加工、农产品加工、产地交易、仓储物流等相关企业和功能向乡村转移。……

提升美丽小镇连接城乡的纽带作用。把美丽小镇作为推进城乡融合发展的突破口，以城镇建设带动美丽乡村建设。……

第二节　打造集约高效的生产空间

以全域现代农业集聚升级为方向，着力念好山字经、做好水文章、打好生态牌，奋力打造"两轴、三片"的生产空间。规划将全市划分为平原高效农业、山地景区农业和岗地生态农业三大发展片区，促进主要农产品向优势区域集中。将乡村生产逐步融入区域性产业链和生产网络，引导第二产业重点向两条产业振兴集聚轴和四大镇区集中；统筹利用农村集体建设用地和闲置宅基地，引导农村康养、乡村旅游、农村电商等新业态合理布局（图4-1-2）。……

图 4-1-1 城乡融合一体化空间总体布局图

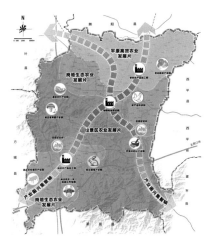

图 4-1-2 农业生产空间布局图

第三节 营造舒适宜居的生活空间

依据《河南省舞钢市城乡总体规划（2015—2035）》和《舞钢市新农村建设规划（2015—2020）》，规划形成"中心城区—小城镇—中心社区—一般村"的四级城乡村镇体系，整体形成"一城、四镇、十七中心社区、一百四十三村"的生活空间体系，以新型城镇化引领城乡一体化发展（图4-1-3）。……

第四节 保护山清水秀的生态空间

践行绿水青山就是金山银山的理念，处理好水与城、蓝与绿的关系，突出水城共融、蓝绿交织，加快构建"一带、两屏"为骨架的生态安全格局。统筹山水林田湖草系统治理，加强生态空间整体保护，逐步实现村庄形态与自然环境相得益彰（图4-1-4）。……

图 4-1-3 生活空间镇村体系分布图

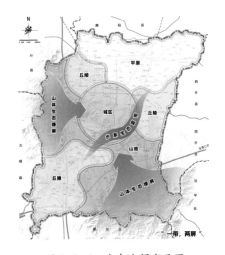

图 4-1-4 生态空间布局图

第五节　差异化推进乡村建设

综合考虑各村镇的自然资源禀赋、社会经济水平、产业发展特点、村庄规模及形态、服务功能和历史文化等因素，将舞钢市所有的乡村划为城郊融合类、拓展提升类、特色保护类、整治改善类和搬迁撤并类5种类型，其中全市城郊融合类村庄21个、拓展提升类村庄12个、特色保护类村庄20个、整治改善类123个和搬迁撤并类6个。……

第四章　加快推进农业转型升级，厚植发展新优势

立足资源优势和产业基础，贯彻绿色发展理念，以"转方式、调结构、增效益"为主线，构建现代农业产业体系、生产体系、经营体系，大力推进质量兴农、品牌强农，推进农业转型升级。……

第五章　加快产业融合发展，培育乡村振兴新动能

聚焦舞钢市优势主导产业，壮大农产品加工物流，培育农村新产业新业态，打造产业融合载体，创新发展模式，推动产业深度融合。

……

第六章　加快乡村绿色发展，建设生态宜居新家园

……

第七章　推动乡村文化振兴，塑造质朴美善新乡风

坚持物质文明和精神文明一起抓，以社会主义核心价值观为引领，传承发展中原优秀传统文化，激发乡村文化创新创造活力，培育文明乡风、良好家风、淳朴民风，让广大农村焕发文明新气象。主要包括加强农村思想道德建设、弘扬优秀乡村文化和丰富乡村文化生活等方面相关内容。……

第八章　推动乡村组织振兴，建立基层治理新体系

以农村基层党组织建设为主线，以舞钢市"五群五代"党建整体布局为基础，突出政治引领，夯实农村党建基础，健全自治、法治、德治相结合的乡村治理体系，全面推动"三治"融合发展，以"平安建设工作先进市"为基础，进一步完善平安乡村建设体制机制，为有序推进乡村振兴奠定基础。主要包括全面加强农村基层党组织建设、完善乡村自治制度、加强法治乡村建设、提升乡村德治水平和建设平安智慧乡村等方面的相关内容。……

第九章　提高民生保障水平，开创农民美好新生活

坚持乡村振兴与脱贫攻坚有机衔接，确保如期实现"脱贫困、奔小康"目标，加快补齐农村民生短板，增强农民的获得感、幸福感和安全感。主要包括高质量打好打赢精准脱贫攻坚战、优先发展农村教育事业、推进健康乡村建设、加强农村社会保障体系建

设、提升农民就业质量和提升农村养老服务能力等方面的相关内容。……

第十章　全面深化改革，完善城乡融合发展体制机制

以加快城乡融合发展为出发点，引导各类人才投身乡村建设，促进农业转移人口有序实现市民化，完善乡村振兴土地利用、资金投入保障机制，着力构建要素流动、优势互补、深度融合的城乡融合发展新格局。……

第十一章　规划实施

……

第三节　注重示范带动

为了更好地发挥示范引领作用，在全市选择经济社会发展基础比较好，在农村产业发展、环境建设、乡风文明、乡村治理等方面选择33个特色村开展示范。示范村按照"产业兴旺、生态宜居、乡风文明、治理有效、生活富裕"的总要求，全面推进村庄规划编制，针对不同类型村庄发展的重点和难点，分类突破，全面发展。

第四节　推进项目建设

聚焦舞钢市乡村振兴的关键领域和薄弱环节，进一步明确工作重点和建设任务，谋划实施产业兴旺类、生态宜居类、乡风文明类、治理有效类、生活富裕类五大类工程，设计137个重点项目，总投资84.65亿元，其中，政府财政资金58.46亿元，占总投资的69.06%；企业、农户等其他资金27.38亿元，占总投资的32.34%。建设进度上，2018—2020年投资34.86亿元，占总投资的41.18%；2021—2022年投资24.64亿元，占总投资的29.11%；2023年以后投资25.15亿元，占总投资的29.71%。

……

（本案例精选章节由本院的常瑞甫、张忠明、童俊、徐鑫和

龚芳等主要规划编写人员提供）

第二章 乡村区域规划

案例4-2-1

京津冀现代农业协同发展规划（2016—2020年）

■ 第一节 规划评述

一、规划背景

推动京津冀协同发展，是以习近平同志为核心的党中央在新的历史条件下做出的重大决策部署，是重大的国家区域发展战略。习近平总书记一直十分重视京津冀协同发展工作，并多次强调"京津冀协同发展意义重大，对这个问题的认识要上升到国家战略层面""要坚持优势互补、互利共赢、扎实推进，加快走出一条科学持续的协同发展路子来"。为贯彻落实习近平总书记的指示精神，按照国务院和京津冀协同发展领导小组的工作部署，农业部牵头组织北京、天津、河北等地农业主管部门共同编制了《京津冀现代农业协同发展规划（2016—2020年）》（以下简称《规划》），作为京津冀协同发展规划体系的十二个专项规划之一。

二、规划特点

1. 制定共同发展目标，推动区域间互促共进

《规划》包括总体目标、分区目标。其中总体目标为到《规划》期末，京津冀现代农业协同发展在产业融合水平、协同创新能力、基础设施建设、资源利用效率、协同发展效益五方面取得明显进展；基本实现产业发展互补互促、科技平台共建共享、生态环境联防联控、资源要素对接对流，经济社会发展基础地位更加巩固。分区目标为到《规划》期末，京津农业率先基本实现现代化，率先实现"三农"协调发展，率先实现"四化"同步发展；河北农业建设取得重大进展，部分地区、部分行业跨入农业现代化行列，生态屏障功能进一步增强。总体目标引领全局，分区目标指明区域发展方向，为区域协调发展提供了遵循。

2.统筹整体空间布局，引领区域间共绘蓝图

《规划》结合各地资源禀赋、发展环境和基础条件等，借鉴了杜能农业区位理论、增长极理论和产业链理论等，提出了"环都市现代农业圈"理念，并按照核心带动、梯次推进和融合发展等思路，将京津冀三地划分为都市现代农业区、高产高效生态农业区两个功能区。在此基础上，明确了"两区"布局重点：一是推进京津和河北省环京津的27个县市加快建成环都市现代农业圈，实现农业田园景观化、产业园区化、功能多元化、发展绿色化；二是推进河北省其他146个县（市、区）打造服务都市的产品供给基地、农产品加工物流业转移承接大园区、生态修复和环境改善大屏障，发挥产业承接、产品供给和生态涵养等作用。《规划》因地制宜提出了两区发展的重点任务和建设目标，并在空间上做出了合理安排，促进了区域生产要素合理流动、高质量协同和一体化发展。

3.突出六大协同，为区域间发展提供路径

《规划》主要在六个方面强化协同。一是推进产业协同。促进标准化、规模化、产业化、绿色化发展，构建服务大都市、互补互促，一二三产业融合发展的现代农业产业体系。二是推进市场协同。完善流通体系，构建集散结合、冷链物流、产销对接、信息畅通、追溯管理的现代农产品市场流通网络。三是推进科技协同。构建开放、畅通、共享的科技资源平台，建立工作、项目、投资对接机制。四是推进生态建设协同。加强资源保育，产地环境净化，全面改善区域农业生态。五是推进体制机制协同。深化农村经营制度、产权交易制度、金融保险制度改革和法治制度建设，激发协同发展活力。六是推进城乡协同。建设和谐美丽的新农村，缩小三地城乡差距。六大重点任务的提出，为区域间协同发展设计了路径，为规划落地实施提供了保障。

三、规划实施

2016年4月，经京津冀协同发展领导小组办公室同意，农业部等八部门联合印发《京津冀现代农业协同发展规划（2016—2020年）》（农计发〔2016〕57号），成为引领京津冀现代农业协同发展的指导性文件。

■ 第二节　编写目录

《京津冀现代农业协同发展规划（2016—2020年）》编写目录

第一章　发展形势
第一节　现实基础
第二节　制约因素
第三节　重大机遇
第二章　总体思路
第一节　指导思想
第二节　协同原则
第三节　发展目标
第三章　重点任务
第一节　发挥比较优势，推进产业协同
第二节　完善流通体系，推进市场协同
第三节　创新资源配置，推进科技协同
第四节　加强资源保育，推进生态建设协同
第五节　深化农村改革，推进体制机制协同
第六节　建设美丽乡村，推进城乡协同

第四章　发展布局
第一节　都市现代农业区
第二节　高产高效生态现代农业区
第五章　重大工程
第一节　"菜篮子"生产保障工程
第二节　农业生态环境建设工程
第三节　科技创新能力条件建设工程
第四节　中央厨房示范工程
第五节　信息化平台建设工程
第六节　休闲农业提档升级工程
第六章　保障措施
第一节　加大政策扶持力度
第二节　开展区域协同发展试点
第三节　强化人才支撑
第四节　加强组织领导

■ 第三节　精选章节

......

第二章　总体思路

第一节　指导思想

深入贯彻落实党的十八大和十八届三中、四中、五中全会精神，坚持"四个全面"战略布局，牢固树立创新、协调、绿色、开放、共享的发展理念，立足京津冀资源禀赋、产业特色、环境关联、经济差异的现实，以促进京津冀传统农业向现代农业转型升级为目标，以统筹生产保供给、互动协作保安全、联防联控保生态、提质增效促增收为主攻方向，以推进产业、市场、科技、生态、体制机制、城乡协同发展为重点，着力深化改革创新、破除体制机制障碍，着力推动生产要素合理流动与资源高效利用，着力疏解农业产业非首都功能，着力探索一二三产业融合发展新方向、协同发展新模式、"四化同步"新路径，提升京津冀现代农业发展的总体水平，使之成为引领全国现代农业发展的示范区，努力形成目标同向、措施一体、优势互补、利益相连的现代农业协同发展新格局，建立以工促农、以城带乡、工农互惠、城乡一体的新型工农城乡关系，为区域一体化发展提供基础支撑。

第二节　协同原则

坚持统筹规划，突出建设重点。……

坚持创新驱动，促进转型发展。……

坚持市场主导，强化政策引导。……

坚持三生融合，推动持续发展。……

第三节　发展目标

总体目标。到2020年，京津冀现代农业协同发展在产业融合水平、协同创新能力、基础设施建设、农业资源利用效率、协同发展效益五方面取得明显进展。基本实现产业发展互补互促、科技平台共建共享、生态环境联防联控、资源要素对接对流，在经济社会发展中的基础地位更加巩固。

分区目标。京津农业率先基本实现现代化，率先实现"三农"协调发展，率先实现"四化"同步发展；河北农业建设取得重大进展，部分地区、部分行业跨入农业现代化行列，生态屏障功能进一步增强。

具体目标

产业融合水平进一步提高，"菜篮子"产品供应保障能力明显增强。……

协同创新能力进一步提升，科技支撑作用显著增强。……

基础设施建设同步推进，装备条件明显改善。……

农业资源利用效率稳步提高，生态环境明显改善。……

协同发展效益明显提升，区域、城乡差距逐步缩小。……

第三章　重点任务

第一节　发挥比较优势，推进产业协同

按照稳粮保菜、扩特强果、优牧精渔、加工提质、休闲增收的思路，优化粮食、蔬菜、林果和畜禽产业布局，推进农业标准化、规模化、产业化、绿色化发展。积极发展休闲农业和乡村旅游，推进农业与旅游、教育、养老等产业深度融合。构建服务大都市、互补互促、一二三产业融合发展的现代农业产业结构。……

第二节　完善流通体系，推进市场协同

构建集散结合、冷链物流、产销对接、信息畅通、追溯管理的现代农产品市场流通网络。大力实施农业物联网区域试验工程，建设部省纵横联通的农产品市场信息服务平台，加快构建环京津1小时鲜活农产品物流圈。发展农业直营直销和电子商务，引导各类农业生产经营主体与电商企业对接，推进电商企业服务"三农"进程。……

第三节　创新资源配置，推进科技协同

构建开放、畅通、共享的科技资源平台，建立工作、项目、投资对接机制，推动综合服务平台互联互通。建设区域农业科技创新联盟（中心），支持鼓励区域内农业科技人才合理流动，探索完善科研成果权益分配激励机制，完善农业科技成果转化和交易信息服务平台，推进三地农业技术市场一体化建设，促进成果共享共用。……

第四节　加强资源保育，推进生态建设协同

严格水资源管理红线，实施农业用水量和效率指标控制，在地下水超采区逐步减少超采水量。突出抓好农业重点领域面源污染防治，开展种养结合循环农业试点示范，建设高产高效生态农业示范区和海洋牧场示范区。建立健全生态补偿长效机制，建设国家生态循环农业综合试点县，构建区域生态屏障。……

第五节　深化农村改革，推进体制机制协同

支持区域内用五年左右时间基本完成农村土地承包经营权确权登记颁证，并与不动产统一登记工作做好衔接。积极推动农户承包土地经营权等农村产权交易流转综合服务与管理平台互联互通，推进农村集体产权股份合作制改革试点。研究辐射京津冀三地的农村信贷担保体系。开展农村土地征收、集体经营性建设用地入市、宅基地制度改革试点。……

第六节　建设美丽乡村，推进城乡协同

同步推进三地城乡基础设施建设，加大公共财政向农村基础设施的倾斜力度，加快打造美丽宜居的新家园。统筹发展农村基层综合公共服务平台，推进教育、文化、卫生、警务等公共服务设施的共建共享和综合利用。在适宜的乡村建设生产体验、民俗展示、文化创意、旅游接待等综合设施，传承农耕文化。……

第四章　发展布局

立足京津冀资源禀赋、环境承载能力和农业发展基础，按照核心带动、梯次推进、融合发展的思路，将京津冀三地农业发展划分为"两区"，即都市现代农业区和高产高效生态农业区。

第一节　都市现代农业区

1. 区域现状

包括京津和河北省环京津的27个县市。……

2. 功能定位与发展目标

功能定位。该区域是京津冀现代农业发展的核心区，以发展都市现代农业为主攻方向，突出服务、生态、优质、科技、增收、传承六大功能。……

发展目标。着力打造服务城市、宜居生态、优质高效、科技创新、富裕农民、传承农耕文明的农业，实现农业田园景观化、产业园区化、功能多元化、发展绿色化、环境生态化，发挥率先突破、引领带动作用。……

3. 重点任务

一是以"调粮增菜、扩果控畜"为重点，优化农业产业结构，强化京津"菜篮子"产品供给保障能力。……

二是大力发展生态循环农业，着力打造环京津生态保育圈。……

三是积极发展主食加工业和农产品物流业，建设布局合理、快速便捷的加工物流网络。……

四是以种业、信息化为重点，打造农业科技创新高地。……

五是稳步发展休闲农业、传承农耕文明，满足居民健康生活需求。……

第二节 高产高效生态农业区

1. 区域现状

该区域是都市现代农业区以外的所有区域，包括河北省146个县（市、区）。……

2. 功能定位与发展目标

功能定位。该区域是京津冀现代农业发展的战略腹地，以承接都市现代农业区产业转移、强化支撑保障、促进转型发展为主攻方向，突出优质高效、加工物流、生态涵养三大功能。……

发展目标。着力打造服务都市的产品供给大基地、农业科技创新成果转化大平台、农产品加工物流业转移承接大园区、生态修复和环境改善大屏障。……

3. 重点任务

一是以山前平原区为主，建设粮食等重要农产品生产基地，提高京津冀都市群"米袋子""菜篮子"产品供给能力。……

二是以黑龙港地下水超采区为主，发展高效节水型农业。……

三是以冀北坝上和接坝地区为主，建设高原特色农牧业。……

四是以太行山、燕山为主，建设山区生态农业，为建设京津冀都市群生态安全绿色屏障提供有力支撑。……

五是以环渤海地区为主，打造沿海水产经济带，保护近海水域渔业资源和生态环境。……

第五章 重大工程

为确保各项目标任务落实，"十三五"期间，规划实施"菜篮子"生产和安全保障、农业生态环境建设、科技创新能力条件建设、中央厨房示范、信息化助农建设、休闲农业提档升级、农产品流通体系建设七大重点工程。……

第六章　保障措施

主要从组织领导、政策扶持、区域协同发展试点和人才支撑等方面制定规划保障举措，并加强区域农产品物流便利化、科技协同创新、农产品质量安全联合监管、重大动植物疫病联防联控、融资担保五方面协同机制探索。……

（本案例精选章节来源于http://www.moa.gov.cn/xw/zwdt/201603/t20160331_5079161.htm相关内容）

案例4-2-2

三峡库区草食畜牧业开发规划（2002—2010年）

■ 第一节　规划评述

一、规划背景

三峡水电站于1994年正式动工兴建，2003年开始蓄水发电，历经10年建设，是当今世界最大的水利水电枢纽工程。根据工程建设需要，移民搬迁、生态环境保护、库区产业发展等诸多问题必须优先解决。为确保三峡库区移民能够移得出、稳得住、逐步能致富，国务院三峡工程建设委员会办公室（以下简称三峡办，2018年3月并入水利部）通过严谨论证、大胆推敲，决定在三峡库区发展高效生态农业。为了解决库区能否发展生态农业、发展空间多大、如何发展、如何更好地安置移民等问题，三峡办和农业部协商，决定由农业部牵头编制《三峡库区草食畜牧业开发规划（2002—2010年）》（以下简称《规划》）。农业部成立了以农业部规划设计研究院为主，农业部发展计划司、畜牧兽医局以及重庆市农业局、湖北省农业厅参与的编制工作组，具体负责专题研究和规划编制工作。

二、规划特点

1. 体现了国家重大战略与区域发展的紧密结合

《规划》的重点区域地跨湖北、重庆两省（直辖市）的连片县（市、区），主要解决三峡库区移民和发展问题。在2003年6月开始蓄水之前，三峡工程175米方案要淹没湖北省和重庆市共20个县（市、区）、13座城市与县城、116个小城镇和277个乡镇等；需要搬迁安置移民113万多人，复建房屋3 600多万平方米。其移民人数之多，搬迁实物量之大，在中国和世界水库移民史上前所未有。《规划》深入领会党中央的战略意图，把库区发展放在国家区域发展总体战略层面进行统筹谋划，重点围绕三峡工程的战略定位，明确工程建设推进的重点和难点之一是库区移民。在移民实践中，三峡办要求探索和实践开发性移民方针，即将移民补偿资金直接投入到产业扶持生产中，逐步增强移民自我积累和自我发展能力，使移民的生活水平达到或超过原有水平。该方针不仅能妥善安置好搬迁移民，还能为库区发展创造条件，并进一步促进移民走上致富之路，体现了国家重大战略与区域经济发展的紧密结合。

2. 科学布局引领库区产业协同发展

根据库区饲草料和草食畜牧业发展现状，运用问卷调查、市场容量分析等方法，明确草食畜禽品种目标区域和市场定位，如以奶业为例，通过人口和市场需求量预测，明确市场定位，根据市场定位和需求研判产业发展规模，预计到2005年重庆市牛奶需求量为12.6万吨，牛奶需求量每年平均增幅将在18%左右，宜昌市鲜奶加工缺口将达到16万吨，根据上述资源承载力分析和市场容量分析结果，《规划》在库区两头（重庆市主城区及近郊县区、宜昌市郊和夷陵区、秭归县）重点布局奶牛产业。按照上述技术方法，确定了在库区中部地区（老万州地区、老涪陵地区以及湖北的兴山、巴东县等）重点布局肉羊、肉牛产业，兼顾发展兔、鹅等特色畜禽（如涪陵的肉鹅、石柱的长毛兔等）产业，最终形成"两头奶、中部牛羊兼鹅兔"的空间格局，尽量做到重点项目布局落实到有效空间上，以利于促进库区草食畜牧业协同发展。

3. 加强环保推进区域可持续发展

《规划》统筹考虑了生产、生活、生态融合发展，坚持产业发展、移民致富和生态环境保护相结合的原则，实现经济、社会和生态的可持续发展，增强了规划的科学性。注重将维护和改善库区生态环境质量作为实现主要目标的大前提。《规划》运用资源承载力分析、线性趋势预测分析等方法，提出到2010年各畜禽养殖品种的合理规模。在此基础上，通过推广种养结合循环利用模式，加强作物秸秆饲料化利用，建设畜禽粪污大中型沼气工程，推广肉羊高栏圈养、舍饲与放牧相结合等技术，全面保护好生态环境，杜绝超载放牧，减少草场水土流失，促进区域发展的可持续性。

4.创新运行机制促进规划顺利实施

《规划》提出由三峡办牵头，会同农业部、水利部、科技部和国家林业局成立三峡库区部际联席会议，主要负责研究制定重大方针政策、投资方向和重点，协调部际投资及建设项目。联席会议下设办公室，主要职能是组织有关专家成立项目专家咨询组，开展对建设项目的技术咨询、评估工作；两省（直辖市）以及各区、县（市）政府切实加强对规划实施的组织领导，成立由分管领导挂帅、有关部门参加的规划实施领导机构，明确任务，落实责任，加强组织协调，为规划实施创造良好的体制机制保障。

三、规划实施

2003年，由三峡办、农业部、科技部联合发布《三峡库区草食畜牧业开发规划（2002—2010）》（国三峡办函经字〔2003〕1号），同年《规划》获得中国工程咨询协会颁发的"全国优秀工程咨询成果三等奖"。

■ 第二节　编写目录

《三峡库区草食畜牧业开发规划（2002—2010）》编写目录	
第一章　规划区基本情况	**第三节　秸秆资源**
第一节　范围	第四节　饲草资源总评价
第二节　自然条件	**第四章　市场分析**
第三节　国民经济与社会发展状况	第一节　牛奶
第四节　耕地与种植业情况	第二节　牛羊肉
第五节　淹没及移民情况	第三节　兔毛、兔肉
第二章　草食畜牧业现状分析	**第五章　总体规划方案**
第一节　现状	第一节　指导思想
第二节　有利条件	第二节　基本原则
第三节　制约因素	第三节　规划目标
第三章　饲草资源评价	第四节　总体布局
第一节　天然草地资源	第五节　草畜平衡
第二节　改良草地及人工草地	第六节　饲料需求与供给

（续）

《三峡库区草食畜牧业开发规划（2002—2010）》编写目录

第六章　草食畜牧主导产业
第一节　奶牛
第二节　肉牛
第三节　肉羊
第四节　兔毛、兔肉
第五节　肉鹅

第七章　草地改良与人工种草
第一节　草地改良
第二节　人工种草
第三节　草种基地建设

第八章　良种繁育
第一节　现状分析
第二节　思路与目标
第三节　规划布局
第四节　重点建设项目

第九章　兽医防疫体系建设
第一节　现状分析
第二节　思路与目标
第三节　规划布局
第四节　重点建设项目

第十章　技术培训
第一节　现状分析
第二节　思路与目标
第三节　规划布局
第四节　重点建设项目

第十一章　市场信息
第一节　现状分析
第二节　思路与目标
第三节　规划布局
第四节　重点建设项目

第十二章　畜产品加工
第一节　现状分析
第二节　思路与目标
第三节　规划布局
第四节　重点建设项目

第十三章　畜产品安全与环境保护
第一节　畜产品质量与安全
第二节　环境保护

第十四章　投资估算与资金筹措
第一节　投资估算
第二节　资金筹措

第十五章　效益与风险分析
第一节　经济效益
第二节　社会效益
第三节　生态效益
第四节　风险分析

第十六章　运行机制与政策措施
第一节　运行机制
第二节　资金管理
第三节　政策措施

■ 第三节　精选章节

第一章　规划区基本情况

……

第五节　淹没及移民情况

一、淹没范围

三峡工程175米方案水库淹没涉及湖北省4个县和重庆市16个县区，5年一遇回水水库面积1 045平方公里,其中淹没陆域面积600平方公里。20年一遇回水水库面积1 084平方公里,其中淹没陆域面积632平方公里。淹没涉及20个县区中的277个乡镇1 680个村6 301组;淹没涉及城集镇129座,其中城市2座、县城11座、建制镇27座、场镇89座;移民迁移线下人口84.38万人,其中农村28.82万人、城镇41.16万人、集镇14.49万人,企业人口0.28万人。

二、移民安置

动态移民建房规划总人口113.84万人(其中农村33.64万人)。基础设施建设人口120.88万人、复建房屋3 687.79万平方米。规划建设用地85.34平方公里,用于移民安置的耕园地25.15万亩(为淹没耕园地的69.69%)。规划就地安置105.59万人(湖北15.48万人,重庆90.11万人),外迁8.25万人(湖北1.16万人,重庆7.09万人)。1999年中央决定湖北外迁移民由湖北自行安排;重庆外迁移民10万人除重庆自行安排部分外,其余分别由四川、湖南、安徽等11个省(直辖市)接受安置。

第二章　草食畜牧业现状分析

……

第二节　有利条件

具有生产绿色畜产品的环境条件。早在20世纪50年代,国家就有建设三峡工程的设想,所以几十年来,库区的工业基本上没有得到大的发展,工业污染的程度较轻,环境质量较好,具有生产绿色食品的环境基础。

饲草资源丰富。目前库区的天然草场、人工草场和农作物秸秆折合鲜草2 150万吨。在现有的技术条件下,通过天然草场改良、坡耕地退耕种草、耕地种草和提高秸秆资源利用率等一系列措施,鲜草产量可增加1 350万吨。

草食畜牧业有一定基础。库区现有能繁母羊125万只,能繁母牛34.5万头,产奶奶牛1.80万头,是草食畜牧业发展的基础母畜。有当地和引进的草食畜禽优良品种,一批优质肉羊、长毛兔、肉鹅的良种繁育场已经建成,形成了一批良种繁殖大户。已建成一批商品牛羊示范县,涌现了一批专业养殖大户,以及部分养殖经济联合体。

龙头企业形成了一定规模。鲜奶加工方面已形成均瑶集团、娃哈哈、天友乳业三大龙头企业,以及重庆天易乳业、海浪集团等小企业。肉制品加工方面,重庆风味源食品、重庆阳春食品等企业都是以生猪、肉牛加工为主的中小型企业。双汇集团准备在宜昌建立100万头/只的屠宰加工生产线(其中肉猪80万头,肉羊20万只)。

科研和推广项目相继完成。……

……

第五章 总体规划方案

第一节 指导思想

以库区草畜资源为基础，以市场需求为导向，以科技进步为动力，以增加投入为支撑，依托产业化龙头企业，发展畜牧产业化经营，促进库区草食畜牧业跨越式发展，为实现库区移民移得出、稳得住、逐步能致富的目标创造必要的条件。

......

第四节 总体布局

库区两头（重庆市主城区及近郊县区、宜昌市郊及夷陵区、秭归县）以奶牛为主，中部地区（老万州地区、老涪陵地区以及湖北的兴山、巴东县等）以肉羊、肉牛为主，兼顾发展有特色的草食畜禽（如涪陵区的肉鹅、石柱县的长毛兔等）。

奶牛。湖北库区以夷陵区为重点发展区域，结合三峡大坝建设，带动秭归县适当发展。重庆库区以重庆市郊的北碚、江北、南岸、沙坪坝、大渡口、九龙坡和渝北区、巴南区为核心区，逐步在万州和涪陵适当发展，形成"一片二点"的奶牛发展格局。

肉牛。以夷陵、巴东、巫山、丰都、石柱、万州、云阳、涪陵、开县、奉节、忠县11个区县为重点发展区域。

肉羊。以巴东、云阳、万州、奉节、巫溪、巫山、武隆、开县、丰都9个区县为重点发展区域，以夷陵、秭归、兴山、石柱、忠县、涪陵6个区县为一般发展区域。

......

第五节 草畜平衡

一、饲草资源量

库区饲草资源包括天然草地、改良草地、人工种草和农作物秸秆等，饲草到2005年达到2 906.67万吨，到2010年达到3 163.54万吨。

天然草地。库区天然草地总面积2 644.35万亩，其中可利用面积2 206.43万亩。水库蓄水后，2003年淹没13.05万亩，2009年淹没39.25万亩。2005年产草量1 446.80万吨，2010年1 373.45万吨。

改良草地。2001年库区有改良草地52.63万亩，规划2002—2005年改良草地155.00万亩，产草量311.45万吨；规划2006—2010年改良草地118.00万亩，产草量498.23万吨。

人工种草。包括25度以上坡耕地退耕种草和耕地种草。2001年人工种草面积38.96万亩。规划2002—2005年退耕种草20.24万亩、耕地种草70.00万亩，产草量563.15万吨。规划2006—2010年退耕种草30.37万亩、耕地种草29.00万亩，产草量808.25万吨。

乡村规划理论与实践探索

秸秆资源。2001年库区粮食播种面积2 445.15万亩，考虑到水库蓄水后淹没耕地、退耕还草和人工种草的因素，到2005年粮食播种面积为2 041.16万亩，秸秆总产量为472.88万吨，秸秆利用率按30%计算，折合可饲用草585.28万吨。到2010年粮食播种面积为1 718.21万亩，秸秆总产量为403.01万吨，折合可饲用草483.61万吨。

二、饲草需求量

草食畜种包括奶牛、肉牛、肉羊、兔和鹅，根据各畜种养殖发展规划测算的饲草需求量，汇总2005年饲草总需求量为1 140.87万吨，2010年饲草总需求量为1 677.08万吨。

三、饲草供需平衡

2005年饲草总需求量为1 140.87万吨，饲草资源量为2 906.57万吨，饲草利用率为39%；2010年饲草总需求量为1 677.08万吨，饲草资源量为3 163.54万吨，饲草利用率为53%。由此可见，库区饲草资源量远远超过饲草消耗量。

第六节　饲料需求与供给

……

第六章　草食畜牧主导产业

第一节　奶牛

……

二、思路与目标

发展思路。按照适度规模、区域布局、相对集中、规范化饲养和产业化经营的发展思路。在提高现有奶牛饲养管理水平和单产水平的同时，适量引进成年荷斯坦奶牛，利用胚胎移植和人工授精等繁殖技术，加快繁育扩群速度，依靠提高单产和增加奶牛头数，推进牛奶总产量增加。

……

三、引种措施

为较快增加成年母牛数量、改良牛群质量、提高牛奶产量，采取三个途径：一是集中从区外引进荷斯坦成母牛400头作为供体牛，并购买用西门塔尔杂交改良后的肉用成母牛2 000头作为受体牛，采用胚胎移植技术，繁殖大量优质奶牛犊，快速提高牛群质量。二是分批从区外购进青年或成年中国荷斯坦奶牛8 600头，采用冷冻精液人工授精技术，快速繁育扩大奶牛群。三是抓好现有牛群的整顿和选育工作，提高基础群品质。

……

五、重点建设项目

主要包括供体牛场、受体牛场、胚胎移植站、奶牛示范场、奶牛养殖小区、收奶站

172

和移民养殖户等项目的布局与建设。……

六、投资估算

奶牛养殖规划投资42 304万元,其中重庆库区投资24 710万元,占58.41%,湖北库区投资17 594万元,占41.59%。

第二节 肉牛……

第三节 肉羊……

……

第十三章 畜产品安全与环境保护

……

第二节 环境保护

一、畜禽养殖和畜产品加工的粪污处理

处理模式。库区规划养殖的畜禽种类为奶牛、肉牛、肉羊、兔和鹅,养殖方式为小区养殖场和农户散养相结合,适宜的畜禽粪便处理方式有大中型沼气工程、庭院畜-沼-果(菜、草)循环模式。……

保证措施。……

二、肉羊放牧

库区的肉羊基本上全是山羊,山羊放牧对天然植被有一定影响,规划采取两种措施:一是推广肉羊高栏圈养技术,舍饲与放牧相结合;二是依据饲草资源确定发展规模,杜绝超载过牧。

……

第十五章 效益与风险分析

……

第四节 风险分析

在三峡库区发展草食畜牧业,对库区生态环境究竟会带来什么影响,是《规划》首先必须回答的问题。目前最关注的问题是养羊。

山羊放牧对天然植被影响不会太大,理由:一是目前山羊存栏数量不大,尚未发现超载过牧的现象,各地区草畜平衡测算结果表明,规划期内,载畜能力远远超过规划目标。二是三峡库区年降水量在1 000毫米以上,天然植被基础较好,植被恢复能力强,自然条件远优于干旱、半干旱的内蒙古草原草场和一些荒漠化草场。三是山羊破坏植被的方式是啃食适口性好的灌木、幼树皮以及放牧时对地表的践踏;一般地说,只有在无草可吃的极度饥饿情况下,山羊才会刨食草根。四是三峡库区水土流失的主要原因是陡坡种植、地质灾害、工程破坏等，罪魁祸首不是山羊。五是圈养和半圈养方式可以避免或减轻对植被及地表的破坏。六是结合草场改良和人工种草发展养羊，有利于改善植被，保持水土。

第十六章　运行机制与政策措施

第一节　运行机制

一、组织管理

由国务院三峡建设委员会办公室牵头，会同农业部、水利部、科技部和国家林业总局成立三峡库区草食畜牧业建设部际联席会议，联席会议负责研究制定重大方针政策、投资方向和重点，审定年度投资计划和工作计划，协调部际投资及建设项目。联席会议下设办公室，负责承办具体事务。

联席办公室的主要职能是组织有关专家成立项目专家咨询组，开展对建设项目的技术咨询、评估工作，编制年度投资计划，制定、修订项目和资金管理办法，开展对建设项目的监督检查、验收和后评价工作。

两省（直辖市）以及各区、县（市）政府要切实加强对规划实施的组织领导，成立由分管领导挂帅、有关部门参加的规划实施领导机构，配备精干的办事人员，明确任务，落实责任，加强组织协调，为规划实施创造良好的外部环境。要结合各地的实际，研究制定和落实有关的各项扶持政策，切实保护龙头企业和移民户的利益。对于建设类项目，要严格按照基本建设程序办事，加强督促检查和资金管理，确保工程质量，提高投资效益。

二、运行机制

……

（本案例精选章节由本院的常瑞甫、李树君、田立亚、石智峰和赵跃龙等

主要规划编写人员提供）

第三章　乡村专项规划

一、产业类专项规划

案例4-3-1-1

河北省现代农业发展"十三五"规划

■ 第一节　规划评述

一、规划背景

党的十八以来，党中央、国务院提出坚持走中国特色农业现代化道路，深入推进农业供给侧结构性改革，着力构建现代农业三大体系，加快实现由农业大国向农业强国转变。国务院印发了《全国农业现代化规划（2016—2020年）》（国发〔2016〕58号），为推动各地农业现代化进程指明了方向。河北省是农业大省，区位独特，资源丰富，随着京津冀协同发展上升为国家重大战略，河北现代农业发展迎来前所未有的机遇。但是，河北省也面临着资源环境约束趋紧、农业大而不强、农产品供求结构失衡等突出问题。为了进一步理清"十三五"农业发展思路，明确发展重点，河北省农业厅组织编制了《河北省现代农业发展"十三五"规划》（以下简称《规划》）。

二、规划特点

1. 从京津冀协同发展高度谋划定位

《规划》抢抓京津冀协同发展国家战略机遇，遵循《京津冀协同发展规划纲要》和《京津冀现代农业协同发展规划》对河北省的定位，通过全面分析北京、天津和河北的现代农业发展特点，确定了把河北打造成华北优质农产品供应大基地、农业科技成果转化大平台、农产品加工和物流业转移承接大园区、农业生态恢复和环境改善大屏障的战略定位，为河北农业加速融入京津冀协同发展大格局提出了方向。

2. 注重优化产业结构促进产业融合发展

《规划》立足河北省农业发展基础，在明确主导产业的基础上，按照"调优一产、做强二产、做活三产"的思路，确定全省粮经饲统筹、种养加一体、一二三产业融合的农业产业结构方向。以"稳、调、精、扩"为重点，调优种植业结构；以"稳猪禽，强奶业、扩牛羊"为思路，调优畜牧业结构；在此基础上，不断壮大农产品加工业，打造农产品物流基地，培育乡村旅游与休闲农业，促进一二三产业融合发展。

3. 省域一盘棋统筹农业空间布局

河北省幅员面积大，区域差异明显。《规划》根据各地资源禀赋、环境承载能力和农业发展基础，从延伸产业链条、构建优势产业集群、提高产业整体素质和竞争力角度，提出了由环京津都市现代农业圈、山前平原高产农业区、黑龙港生态节水循环农业区、山地高效生态农业区、坝上绿色生态产业区和沿海高效渔业产业带构成的"一圈四区一带"的总体布局，明确了各区域农业发展定位和发展重点，具有很强的引导性。

4. 围绕产业发展构建支撑保障体系

《规划》突出问题导向，针对产业发展短板弱项构建了农业支撑保障体系。在生产体系方面，针对水资源严重匮乏、农业投入品使用多、废弃物量大、物质技术装备条件薄弱等突出问题，提出加快建立良种、良法、良田、良机"四良"配套、互联网助推的现代农业生产体系。在经营体系方面，针对农业规模化发展滞后、社会化服务组织小而散问题突出、"谁来种地"问题亟待解决等，提出通过"百园双千农业龙头 + '六位一体'产业化经营模式"，示范带动全省小规模、分散经营向适度规模、主体多元、合作经营为主转变。

三、规划实施

2016年5月，河北省政府常务会审议通过了该《规划》，省农业厅和省农委联合发布关于印发《规划》的通知，6月《河北日报》全文转载《规划》。《规划》的发布、宣传和实施，在全省干部群众中获得了良好反响。该《规划》获得中国工程咨询协会颁发的"2019年度全国优秀工程咨询成果一等奖"。

■ 第二节　编写目录

《河北省现代农业发展"十三五"规划》编写目录

第一章　认清形势，把握发展机遇
第一节　主要成就
第二节　发展机遇
第三节　面临难题

第二章　理清思路，明确发展目标
第一节　指导思想
第二节　规划原则
第三节　发展目标

第三章　优化农业区域布局，调整农业结构
第一节　环京津都市现代农业圈
第二节　山前平原高产农业区
第三节　黑龙港生态节水循环农业区
第四节　山地高效特色农业区
第五节　坝上绿色生态产业区
第六节　沿海高效渔业产业带

第四章　构建现代农业产业体系，挖掘发展优势
第一节　调优种植业
第二节　提升畜牧业
第三节　促进水产业
第四节　壮大农产品加工业
第五节　培育乡村旅游与休闲农业
第六节　打造农产品物流基地

第五章　构建现代农业生产体系，加速动力转换
第一节　提升农业科技水平
第二节　壮大现代种业
第三节　促进农业机械化提档升级

第四节　提高农业设施装备水平
第五节　推进"互联网＋农业"

第六章　构建现代农业经营体系，提升产业素质
第一节　培育壮大新型农业经营主体
第二节　推进现代农业园区建设
第三节　发展多种形式适度规模经营
第四节　提升农业产业化经营水平
第五节　健全农业社会化服务体系

第七章　加强农产品质量监管，确保舌尖上安全
第一节　强化农业投入品管理
第二节　推进农业标准化生产
第三节　加强农产品质量安全监管
第四节　推进农业品牌建设

第八章　保护治理生态环境，促进可持续发展
第一节　大力发展节水农业
第二节　加大农业面源污染治理力度
第三节　推进畜禽养殖污染防治
第四节　强化产地环境监测
第五节　推进"三河源"保护治理
第六节　建设生态循环农业示范县

第九章　深化体制机制创新，加强项目政策支撑
第一节　深化体制机制改革
第二节　加强农业政策扶持
第三节　加快农业"走出去"步伐
第四节　推进产业精准扶贫
第五节　实施现代农业建设工程

■ 第三节　精选章节

第一章　认清形势，把握发展机遇规划区基本情况

······

第二节　发展机遇

京津冀协同发展为河北农业拓展了空间。京津冀协同发展作为新时期重大国家战略，将为河北现代农业发展提供重大战略机遇；要求北京疏解非首都核心功能，农产品加工、批发市场等诸多产业将向河北疏解，有利于河北更多地承接产业和项目转移。······

现代农业发展的宏观环境更加有利。······

新型业态兴起为农业发展提供了新的动力。······

全面创新改革为河北农业发展增添了活力。中共中央办公厅、国务院办公厅印发的《关于在部分区域系统推进全面创新改革试验的总体方案》将京津冀列为全面创新改革试验区域，有助于进一步打破阻碍区域协同发展的体制机制障碍，促进实现省际间要素顺畅流动和创新合作，为现代农业发展提供有力的制度保障。······

······

第二章　理清思路，明确发展目标

第一节　指导思想

全面贯彻党的十八大和十八届三中、四中、五中全会精神，坚持以邓小平理论、"三个代表"重要思想、科学发展观为指导，按照"四个全面"战略布局，坚持创新、协调、绿色、开放、共享的发展理念，积极融入京津冀协同发展大格局，紧紧围绕保障重要农产品有效供给，促进农民收入提高的总任务，以转变农业发展方式、调整优化农业结构为主线，以创新和改革为动力，以加快构建现代农业生产体系、经营体系和产业体系为重点，以推进规模化、集约化和绿色化为抓手，走出一条产出高效、产品安全、资源节约、环境友好的现代农业发展道路。把河北打造成华北优质农产品供应大基地、农业科技成果转化大平台、农产品加工物流转移承接大园区、农业生态恢复与环境改善大屏障，为建设经济强省、美丽河北奠定坚实基础。

······

第三章　优化农业区域布局，调整农业结构

立足全省各地的资源禀赋、环境承载能力和农业发展基础，依据国家主体功能区等规划，以及有利于构建优势产业集群、延伸产业链条，提高产业整体素质和竞争力角度，将全省现代农业发展总体布局为"一圈四区一带"，即环京津都市现代农业圈、山前平原高产农业区、黑龙港生态节水循环农业区、山地高效生态农业区、坝上绿色生态产业区

和沿海高效渔业产业带。努力构建特色分明、逐级带动、良性互动的现代农业协同发展新格局。

第一节　环京津都市现代农业圈

区域特征。本区域包括环北京、天津的27个县（市、区），涉及保定、廊坊、沧州、唐山、承德、张家口6个地级市。紧邻京津，社会资本活跃，优质农产品需求量大；信息、科技、资本等先进生产要素获取相对较易。

发展定位。以都市现代农业为主攻方向，突出服务京津、产业承接功能，建成京津"菜篮子"产品重要供给区、农业先进生产要素聚集区和农业多功能开发先行区。

发展重点。一是种植结构"一减两增"，强化蔬菜水果供给保障能力；二是养殖结构"一稳两进"，提高鲜奶鲜蛋供给保障水平；三是汇集农业科技优势资源，建设"农业硅谷"；四是促进"菜篮子"产品全程信息化，打造农业信息化高地；五是加快发展主食加工，建设"中央厨房"供应体系；六是承接产业转移，建设高效便捷物流体系；七是农旅融合，加快休闲农业一体化进程。

第二节　山前平原高产农业区

区域特征。本区域属国家黄淮海平原农产品主产区，农业地位突出，农村人口集中，水土条件好，是全省粮食高产区和主产区，也是重要的菜、肉、蛋、奶集中产区。

发展定位。以高产绿色基地型农业为主攻方向，突出优质高产、加工物流功能，建成粮食、蔬菜、畜禽等重要农产品生产、加工、物流基地，提高京津冀都市群"米袋子""菜篮子"产品供给能力。

发展重点。一是建设粮食生产核心基地；二是建设设施蔬菜基地；三是建设畜牧业优势产业聚集区；四是大力发展农产品精深加工和流通。

第三节　黑龙港生态节水循环农业区

区域特征。本区域属国家黄淮海平原农产品主产区，是全省重要的粮、棉、蔬、果集中产区。土质盐碱，水资源短缺，造成地下水大量超采，形成了面积达5万平方公里的华北地区最广、最深的地下水超采漏斗区。

发展定位。以高效节水农业为主攻方向，突出生态修复功能，强化"以水定种、以种定养"发展思路，开展地下水超采综合治理，推广耐旱作物和品种，推进"粮改饲"，推广"棉麦丰收"种植模式，建设商品粮、优质棉花生产基地和畜禽、盐碱地水产养殖基地，打造国家节水农业综合示范区和绿色农产品供应基地。

发展重点。一是调整种植制度。推广耐旱作物和品种。开展耕地轮作休耕试点，改"一年两季"为"一年一季"或"两年三季"，压减依靠地下水灌溉的冬小麦种植规模，挖掘雨热同期秋粮作物增产潜力，积极发展玉米、杂粮、油葵、花生、棉花等耐旱作物，推广抗旱节水与高产优质相结合的新品种。结合老菜区设施蔬菜改造，调整品种结构，压减高耗水蔬菜种植面积，推动"菜改菌"，推广节水型蔬菜。二是推进"粮改饲"，发展草食畜牧业。利用盐碱地、中低产田发展青贮玉米和苜蓿等多年生牧草种植，强化牧草加工技术开发，建设优质牧草生产基地，加强奶牛标准化规模养殖场建设，建立肉牛、肉羊育肥基地，实现增草增畜。鼓励支持盐碱地渔业开发，发展水产健康养殖。三是推广"棉麦双丰"等高效间套种植模式，提高资源利用效率。集成应用盐碱地改良利用、棉田增粮等土、肥、水、种技术成果，推广"棉麦双丰"、棉花-洋葱（西瓜）等多种作物高效间套种植模式，实现雨热同季的光、热、水资源的高效利用。四是开源节流，推广节水高产技术。推广浅层微咸水利用技术、水肥一体化技术、微喷灌技术和保护性耕作技术，实现开源与节流并重、良种与良法并重，协同治理地下水超采。

第四节　山地高效特色农业区

......

第五节　坝上绿色生态产业区

......

第六节　沿海高效渔业产业带

......

第四章　构建现代农业产业体系，挖掘发展优势

按照"调优一产、做强二产、做活三产"的思路，构建起粮经饲统筹、种养加一体、一二三产业融合的现代农业产业体系；进一步调优种植业，提升畜牧业；以"强龙头、建园区"为抓手，发展二三产业；培育壮大龙头企业，推进产业集群集聚；围绕原料就地转化增值，发展农产品精深加工；围绕农业增效农民增收，拓展农业多功能，创新农业业态。

第一节　调优种植业

以"稳、调、精、扩"为重点，调优种植业结构。"以水定产"，在稳定粮食产能前提下，调减小麦、籽粒玉米种植面积，发展精品蔬菜、设施蔬菜，扩大饲草、中药材、食用菌、园艺规模，打造蔬菜强省。以"粮草兼顾、农牧结合、循环发展"为要求，促进种养结合。推广粮经饲三元模式，在农区实行"以养定种"，在山坝地区实现"以草定牧"、增草增畜。

稳定粮食产能。......

做精蔬菜产业。......

做大特色产业。......

第二节　提升畜牧业

以"稳猪禽，强奶业、扩牛羊"为思路，调优畜牧业结构。稳定猪禽等传统产业，提高草食畜牧业比重，打造奶业强省。

做强奶业。……

扩大肉牛肉羊业。……

稳定生猪家禽业。……

第三节　促进水产业

……

第四节　壮大农产品加工业

以打造全产业链为主轴，围绕重点优势产业，建设一批规模较大的农产品加工园区，创建一批农业产业化示范区，努力延伸产业链条，将产业化推向新的深度和广度。……

第五节　培育乡村旅游与休闲农业

深入挖掘农村文化资源和农业景观资源，加快转变发展方式，突出区域特色和创意创新，促进休闲观光农业提档升级。……

第六节　打造农产品物流基地

到2020年，初步建立以功能集聚的全国性农产品批发市场为中心，以绿色便捷的区域性市场、田头市场为基础，以高效规范的电子商务等新型市场为补充，产地销地市场相匹配的业态多元、互动有效的市场体系。……

第五章　构建现代农业生产体系，加速动力转换

针对提质增效转方式中的关键领域和薄弱环节，加快建立起"良种、良法、良田、良机'四良'配套、互联网助推"为特征现代农业产业生产体系。大力发展现代种业，加快农业科技创新，促进农业科技成果推广应用，加强农田基础设施建设，强化设施装备支撑，推进农业信息化。科技贡献率达到60%，耕种收综合机械化水平达到80%，旱涝保收高标准农田比重达到60%，互联网普及率达到70%，种业成为河北省农业经济发展的又一亮点。……

第六章　构建现代农业经营体系，提升产业素质

以推进适度规模经营为统领，培育新型经营主体，完善组织方式，推进园区建设，创新服务机制，构建以农户家庭经营为基础、合作与联合为纽带、社会化服务为支撑、农业园区为落脚点的立体式复合型现代农业经营体系，推进农业生产经营标准化、集约化、专业化和社会化发展。通过"百园双千农业龙头"+"六位一体产业化经营模式"，示范带动全省小规模、分散经营向适度规模、主体多元、合作经营为主转变，基本形成多种形式适度规模经

营主导的农业生产新局面。……

……

（本案例精选章节由本院的洪仁彪、张忠明、毛翔飞、朱绪荣和

付海英等主要规划编写人员提供）

案例4-3-1-2

陕西省现代果业发展规划（2015—2020年）

■ 第一节　规划评述

一、规划背景

　　陕西是我国果业第一大省，是世界最大的浓缩苹果汁生产、加工和出口基地，全省果园面积和果业基地县数量均居全国首位。伴随果业发展规模的扩张，来自资源环境的约束逐步加剧，设施装备和现代科技支撑能力亟待提高，可持续的新型经营方式亟待建立，陕西果业已走到从规模扩张向提质增效转型、由水果大省向果业强省跨越的历史新节点。陕西果业是几代人培育的"名片"产业，是全国农业结构战略性调整的典范，为落实《全国优势农产品区域布局规划》中确定的任务做出了巨大的贡献。为了科学引领陕西果业未来发展，构建现代果业产业发展新格局，陕西省果业管理局组织编制了《陕西省现代果业发展规划（2015—2020年）》（以下简称《规划》）。

二、规划特点

1. 整体构建现代果业产业体系

　　该《规划》运用区域经济定量分析、主成分分析等方法，通过对前五年陕西各

区县林果生产的面积、产量、产值等数据进行对比分析，确定苹果、猕猴桃、葡萄、柑橘、红枣和其他特色水果为该省果业的六大优势产业，并突出了苹果和猕猴桃为两大拳头产品。在此基础上，《规划》以构建现代果业产业体系为核心目标，以延伸产业链条为主要任务，并围绕产业链条上的重点环节，通过优化产业布局和品种结构、完善产业链条、拓展产业功能三大方向构建现代果业产业体系，并配套建立质量安全、科技支撑、经营组织、市场品牌和果业信息化等支撑保障体系，创新设计了以"现代果业产业体系"为核心，以"支撑保障体系"为辅助的双体系运作模式。围绕"国内领先、国际一流"总体定位，实现"果业强、果农富、果乡美"果业梦的发展目标。

2. 分层次优化产业空间布局

该《规划》采用大数据分析、层次聚类分析等方法，明确陕西果业现状分布特征。从地区分布来看，延安、咸阳、榆林、渭南等市水果种植面积较大，占全省79.37%。从水果种类来看，苹果主要以延安、铜川、渭南、咸阳、宝鸡五市为主；猕猴桃主要分布西安、宝鸡两市；柑橘以汉中、安康两市为主；葡萄主要集中在关中地区；红枣主要分布在延安、榆林、渭南三市。在此基础上，《规划》运用区域经济计量分析和地理信息技术等方法，借助GIS叠加分析工具，在气候、水文、地形、资源等自然条件数据上叠加各类果品最适区，构建起"一核-两轴-六板块"果业空间新格局。其中西凌（西安-杨凌）为核心区，是陕西现代果业的动力源和世界果业的导航台；辅以"关中平原高效果业轴+沿包茂-京昆高速公路生态果业轴"两轴，是陕西现代果业的翅膀和走向世界的车轮；并充分结合果业品种和发展趋势，精准布局了苹果、猕猴桃、葡萄、柑橘、红枣和其他特色水果六大产业板块。明晰的空间布局结构，进一步优化了陕西现代果业产业布局，实现了生产要素在空间上的优化配置。

3. 积极打造市场品牌体系

《规划》建立和完善了果品质量追溯制度，实现从果园到市场全过程质量管理，为果品市场销售提供了质量安全保障。在此基础上，为了提高市场占有率，搭建了多层多级销售市场网络，形成由上至下完整的产地市场体系。同时，大力整合与规范各地现有果品品牌，逐步形成统一的"陕果"品牌，打造具有较强竞争力的"洛川苹果""周至猕猴桃"等区域公共品牌，大力扶持华圣、齐峰、海升等企业品牌。并积极拓展连锁超市销售专柜，在大中城市开设陕西果品形象店，大幅度提高陕西果业品牌价值。《规划》借助新丝绸之路经济带建设契机，力争在国外布设销售网点，大力开发中亚市场；并谋划设计中哈友谊园和中欧东欧宣介会等项目，主动对接国家"一带一路"倡议，为陕西果业走出国门抢占了先机。

三、规划实施

《规划》已由陕西省农业厅和发改委联合印发实施，为该省果业发展提供了决策依据，推动陕西果业实现传统果业向现代果业的转型升级，为实现"果业强、果乡美、果农富"的美好蓝图提供支撑。规划成果获得了中国工程咨询协会颁发的"2017年度全国优秀工程咨询成果二等奖"。

■ 第二节 编写目录

《陕西省现代果业发展规划（2015—2020年）》编写目录	
第1章 规划背景和依据	**第5章 完善现代果业支撑保障体系**
1.1 规划背景	5.1 质量安全体系
1.2 规划依据	5.2 科技支撑体系
1.3 范围与期限	5.3 经营组织体系
第2章 发展环境与条件	5.4 市场品牌体系
2.1 世界果业概况与发展趋势	5.5 信息化体系
2.2 中国果业概况	**第6章 工程项目与效益分析**
2.3 陕西省果业发展现状	6.1 重点工程与项目
2.4 面临的形势	6.2 工程投资
第3章 发展战略与目标	6.3 实施计划
3.1 指导思想	6.4 资金筹措
3.2 发展战略	6.5 效益分析
3.3 规划思路	**第7章 保障措施**
3.4 发展目标	7.1 组织保障
3.5 总体布局	7.2 政策支持
第4章 构建现代果业产业体系	7.3 资金支撑
4.1 优化产业布局和品种结构	7.4 规范管理
4.2 完善产业链条	7.5 机制创新
4.3 拓展产业功能	

■ 第三节 精选章节

......

第2章 发展环境与条件

2.1 世界果业概况与发展趋势

2.1.1 果品生产

2002—2012年，世界水果种植面积和总产量均保持增长态势，到2012年水果种植面积达8.49亿亩，产量达6.37亿吨。2012年水果产量1 000万吨以上的国家有14个，占全世界总产量的65%。中国、印度、巴西、美国和印度尼西亚水果产量位居世界前五位，中国位列第一，产量约为第二位印度的2倍。……

2.2 中国果业概况

2.2.1 果品生产

我国水果种植面积和产量均居世界第一位。2013年水果种植面积达1.86亿亩，产量1.58亿吨，分别占世界21.2%和23.7%；水果总产值6 034.00亿元，占种植业总产值的7.5。我国水果主要种类为苹果、柑橘、梨、葡萄、红枣、猕猴桃等，山东、陕西、广东、河北、广西位列我国水果主产省前五位（图4-3-1）。……

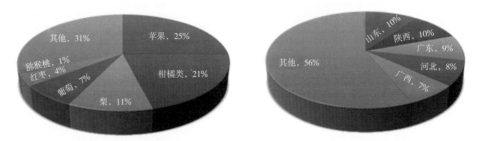

图4-3-1 2013年我国水果产量品种结构（左）区域结构（右）图

2.3 陕西省果业发展现状

2.3.1 果业规模

2013年，全省水果种植面积1 790.85万亩，占全国的9.65%，位居全国第一；水果产量1 487.38万吨，占全国的9.43%，居全国第二；建成苹果基地县41个、猕猴桃主产县6个、梨主产县10个、柑橘主产县2个，果业基地县数量居全国之首。……

2.3.2 产业结构

陕西果业形成了"两个拳头、六大板块"的产业结构。苹果是陕西果业第一大拳头产业，2013年苹果种植面积997.83万亩，产量为942.82万吨，分别占全省果园面积和产量的55.72%和63.39%，总体效益居果业之首。猕猴桃是陕西果业另一拳头产业，也是最具国际竞争优势和潜力的产业，2013年猕猴桃种植面积91.45万亩，产量103.38万吨，分别占果园面积和产量的5.11%和6.95%。除苹果、猕猴桃外，柑橘、葡萄、红枣、传统时令水果等果品也是陕西果业的重要板块。

第3章 发展战略与目标

……

3.3 规划思路

依托陕西省资源环境条件和果业发展基础，围绕把陕西果业建设成为"国内领先、国际一流"现代果业的总体定位，突出"苹果、猕猴桃"两大拳头产品，强化"苹果、猕猴桃、葡萄、柑橘、红枣、传统和时令水果"六大优势产业，完善质量安全、科技支撑和品牌营销等支撑保障体系，实施科技创新与应用等十大工程建设，打造陕西果业升级版，实现陕西果业强省梦。

3.4 发展目标

实现果业强。到2020年，全省果园总面积达到2 000万亩，总产量达到2 335万吨，果业总产值超过1 300亿元，配套关联产业产值达到700亿元；标准化果园面积比重达到60%，机械化作业水平达到50%，冷（气）调贮藏率达到30%以上。……

实现果农富。到2020年，果农人均纯收入达到3万元，提前实现翻两番，果农幸福指数大大提高。……

实现果乡美。到2020年，森林覆盖率不断提高，果园面积占同期森林面积的15%，果乡天蓝、山绿、水清、气洁。……

3.5 总体布局

依托地貌地势特征、自然条件、资源分布及产业基础等，按照现代果业发展目标要求，规划构建"一核-两轴-六板块"的果业战略格局，进一步优化果业产业布局，促进生产要素在空间和产业上优化配置（图4-3-2）。

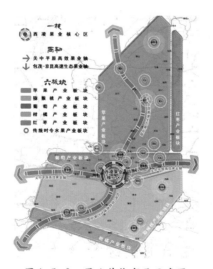

图4-3-2 果业总体布局示意图

"一核"。西凌（西安–杨凌）果业核心区——陕西现代果业的动力源和世界果业的导航台。……

"两轴"。"关中平原高效果业轴＋沿包茂–京昆高速公路生态果业轴"——陕西现代果业的翅膀和走向世界的车轮。……

"六板块"。包括苹果产业、猕猴桃产业、葡萄产业、柑橘产业、红枣产业、传统与时令水果产业六大板块。……

第四章　构建现代果业产业体系

围绕果业发展需求，优化区域布局、调整品种结构、加强种苗繁育、改善生产条件、加强科技应用、推动标准化生产、延伸产业链、发展果业观光，构建布局区域化、条件现代化、手段科技化、形态多样化、产加销一体化现代果业产业体系。

4.1　优化产业布局和品种结构

苹果。在稳定渭北苹果板块的基础上，着力确定28个优势基地县提质升级，继续实施"北扩西进"战略，打造渭北、陕北和关中三大苹果产业板块……。优化不同品种布局，促进各区域品种结构进一步趋于合理。宝鸡以中、早熟品种为主；咸阳、渭南南部果区以早、中熟品种为主，北部果区以晚熟品种为主；铜川、延安、榆林果区以晚熟品种为主，榆林北部果区以抗冻性好、生育期短的寒富、小苹果等为主；在苹果适宜区和次适宜区建设适宜浓缩果汁加工的澳洲青苹品种。

猕猴桃。适时缩减不适宜区和次适宜区面积，引导猕猴桃产业向适宜区特别是优生区集中，在秦岭两侧南北形成关中猕猴桃产业带和陕南猕猴桃基地……。根据秦岭南北两侧环境条件，优化猕猴桃品种结构。秦岭北重点发展美味猕猴桃，积极稳妥发展翠香等中熟品种，适度搭配黄金果、红阳、脐红等早熟新优品种，控制秦美面积；秦岭南重点发展中华猕猴桃，扩大黄金果、金艳、脐红、红阳等早中熟品种，适当搭配徐香、海沃德等晚熟品种。

……

4.2　完善产业链条

统筹兼顾产前、产中、产后各环节，全面推进果业产加销衔接，贸工农一体化发展，构建完善的产业链，重点建设铜川照金（耀州）等一批省级现代果业园区项目，以园区为纽带，完善产业链条。抓住重点和薄弱环节，整合资源，加快建设，实现产业链条完整、环节衔接紧密、利益机制合理、产业整体竞争力提升的目标，提升陕西果业国内外竞争力。

……

第5章　完善现代果业支撑保障体系

5.1　质量安全体系

建设思路。牢记习近平总书记"食品安全首先是'产'出来的,也是'管'出来的"指示,在加强标准化生产的同时,通过完善质量标准制度、严格投入品监管、健全监管制度机制、强化体系能力,建立果品质量追溯制度,实现从果园到市场全过程质量管理,真正做到"源头严防、过程严管、后果严惩",确保陕西水果优质、安全、放心。

发展重点。包含制定果品质量控制标准、加强产地环境质量监测、规范投入品管理和完善果品质量检验检测体系等。……

5.2　科技支撑体系

……

5.3　经营组织体系

……

5.4　市场品牌体系

建设思路。加强果品市场体系建设,发展现代流通方式,用优化的市场机制保证优质果品流通,有效提高果品竞争力和农民收入。加快建立健全果品流通体系,搞活、拓宽流通渠道,努力提高农民进入市场的组织化程度。通过推行品牌的标准化,整合陕西果业品牌,形成标识鲜明的"陕西果业"特色,逐步创建世界知名名牌,不断提高影响力和市场占有率。

发展重点。一是完善市场体系,搭建多层多级销售市场网络。健全省、市、(果业主产)县和乡镇四级果品批发市场体系,形成由上至下完整的产地市场体系。……二是加强冷链运输能力建设。……三是创新丰富果品营销手段,拓宽销售渠道,提高产品价值和产业效益。……四是提升品牌实力,整合、规范各地现有的果品品牌,"五指并拢、握紧拳头",在全省逐步形成统一的"陕西·果品"品牌……,不断提升品牌价值和效应。五是加大陕西果品品牌国际宣传力度,组织开展国际宣传推介活动,2017年前在迪拜、印度、俄罗斯、泰国,以及中国香港、澳门、台湾分别举办推介会,2020年前在韩国、日本、英国、巴西、缅甸、越南分别举办推介会。……

5.5　信息化体系

……

第6章　工程项目与效益分析

规划实施"十县百区千园"示范、科技创新与应用、基础设施与装备提升、良种苗木繁育、果品加工仓储及市场、新型经营主体培育、果品质量安全控制、果业品牌创建及营销、智能果业信息化和防灾减灾十大建设工程，共计45个项目。……

……

智能果业信息化工程。建设重点为：一是建设国家级果业信息枢纽中心……；二是建立国家级果业信息官方门户（果网）……；三是果品电子交易系统……；四是果业数据库建设……；五是建设果业行业应用平台……；六是建设果业一卡通（果通卡）……；七是建设果业信息智能示范基地……

……

（本案例精选章节由本院的洪仁彪、朱晓禧、张忠明、童俊和杜楠等

主要规划编写人员提供）

二、工程类专项规划

案例4-3-2-1

全国农业科技创新能力条件建设规划（2012—2016年）

■ 第一节　规划评述

一、规划背景

"十二五"时期，是我国加快改造传统农业、走中国特色农业现代化道路的关键时期。《国家中长期科学和技术发展规划纲要（2006—2020年）》《全国现代农业发展规划（2011—2015年）》《全国农业和农村经济发展第十二个五年规划》和《中共中央 国务院关于加快推进农业科技创新持续增强农产品供给保障能力的若干意

见》（中发〔2012〕1号），都明确要求更加紧紧依靠科技进步，促进现代农业跨越式发展。为了加快提升农业科技自主创新能力，科学规划和指导"十二五"我国农业科技创新能力条件建设，农业部组织编制了《全国农业科技创新能力条件建设规划（2012—2016年）》（以下简称《规划》）。

二、规划特点

1. 调研充分，客观反映实际需求

规划工作启动之初，规划组成员就分赴河南、山东、甘肃、陕西等地进行实地调研，走访了济南、青岛、新乡等9个城市的11家农业科研机构，深入了解了我国农业科技创新体系的主要问题和需求，形成了12个专题调研报告，共计8万余字。同时，面向我国地市级农业科研单位，在全国范围内按照东、中、西部三个区域，选择具有代表性的农业科研、教学单位和重点机构发放并收回问卷调查表461份，收集整理了1991年以来所有农业科技建设项目和投资情况并录入计算机存档；通过运用趋势分析法和聚类分析法等，经反复测算分析、横纵向比较，摸清了我国农业科技机构建设的真实"家底"和需求，为科学编制规划提供了第一手数据。

2. 科学分析，构建"金字塔"型体系框架

《规划》立足整体提升我国农业基础研究、应用研究和成果转化等水平，突出构建了以国家农业科技创新平台为"塔尖"、农业部重点实验室为"中坚"和农业应用研究示范基地为"塔基"的科技创新能力条件建设框架。国家农业科技创新平台按照生物学、作物学等14个学科门类布局，重点建设重大科学工程、科研用房、试验基地、公共配套、基础设施五类项目；农业部重点实验室规划建设21个综合性重点实验室、148个专业性（区域性）重点实验室和211个农业科学观测实验站三类项目；按已认定的国家现代农业示范区，规划建设127个农业应用研究示范基地。各类项目分别承担不同功能，共同为农业科技创新奠定更加坚实的物质基础。

3. 先行试点，创新规划编制方法

《规划》在编制过程中，首选农业资源环境类学科群部级重点实验室作为建设试点，通过总结试点经验，形成综合性重点实验室、专业性（区域性）重点实验室和农业科学观测实验站等的建设内容和投资标准，为后期拟定项目申报文件和可研编制大纲提供依据，保证《规划》批复后项目批量建设实施的科学合理性和

可操作性。

三、规划实施

该《规划》于2013年6月印发实施。"十二五"期间，累计安排中央预算内投资34.3亿元开展农业科技创新能力条件建设，较"十一五"时期增长29.9%，兴建了国家畜禽改良研究中心、热带农业科技中心等一批科技创新平台，支持改善了"学科群"的18个综合性重点实验室、107个专业性（区域性）重点实验室的装备条件，为111个农业科学观测站配套了田间工程、农业设施、物联网等设备，有效夯实了农业科技创新的物质基础。

■ 第二节 编写目录

《全国农业科技创新能力条件建设规划（2012—2016年）》编写目录

第一章　基本情况
　第一节　规划背景
　第二节　建设现状
　第三节　面临机遇
　第四节　重要意义
第二章　指导思想、原则及目标
　第一节　指导思想
　第二节　建设原则
　第三节　建设目标
第三章　建设任务
　第一节　国家农业科技创新平台
　第二节　农业部重点实验室
　第三节　农业应用研究示范基地
第四章　投资估算和资金筹措
　第一节　单体项目投资规模
　第二节　规划投资
　第三节　资金筹措
　第四节　年度投资计划

第五章　项目管理和运行机制
　第一节　项目管理
　第二节　运行机制
第六章　环境影响分析
　第一节　影响分析
　第二节　应对措施
第七章　效益分析
　第一节　改善科研单位基础设施条件
　第二节　提高我国农业科技创新能力
　第三节　提升科技创新对现代农业发展的支撑
　　　　　保障水平
第八章　保障措施
　第一节　按加强组织领导
　第二节　保障投入力度
　第三节　强化人才队伍
　第四节　推进产学研结合
　第五节　创新共建共享机制

■ 第三节　精选章节

第一章　基本情况

……

第二节　建设现状

……

一是建立了较为完备的农业科技创新体系架构。目前已初步建立了涵盖农业产前、产中、产后不同环节，覆盖中央、地方不同层次，包括农业科研院所、涉农高等院校和涉农企业，较为系统的农业科技创新体系架构。据统计，全国共有地（市）级以上农业科研机构 1 115 个，拥有农业科研人才 27 万人。

二是形成了稳定增长的农业科研投入格局。"十一五"以来，各级政府安排用于农业科研的基本建设投资不断增长。据对 1 058 个地市级以上农业科研机构的统计，"十一五"期间基本建设投资 41.8 亿元，比"十五"期间的 25.57 亿元增长 64.7%。通过投资建设，一批重大科研基础设施、科研实验室、试验基地等项目陆续建成，彻底改变了农业科研基础条件落后面貌，为农业科研工作的开展提供了基本保障。

三是构建了布局合理的农业部重点实验室。面向"十二五"，围绕"产业发展和学科建设"双重需求，按照不同学科领域设立了以综合性重点实验室为龙头、专业性（区域性）重点实验室为骨干、农业科学观测实验站为延伸的"学科群"重点实验室体系，在国家层面开展了农业科研机构创新资源的统筹协调与优化整合。目前，已完成农业基因组学等 30 个"学科群"布局、遴选和命名工作，印发了《农业部重点实验室发展规划（2010—2015 年）》，构架了由 33 个综合性重点实验室、195 个专业性（区域性）重点实验室和 269 个农业科学观测实验站构成的农业部重点实验室体系。

……

第三章　建设任务

着眼于全面提升面向国际竞争需求的原始创新能力、面向国内战略需求的重大关键技术研发能力、面向科技应用推广需求的成果转化能力，重点建设国家农业科技创新平台、农业部重点实验室、农业应用研究示范基地三类项目（见图 4-3-3）。

国家农业科技创新平台是我国农业科技新思想、新理论、新技术和重大科技命题的策源地，是国家农业高层次科研人才的培养基地和创新基地。定位于基础研究和重要的科技基础性工作，面向世界农业科技前沿，着眼于抢占现代农业科技发展制高点，着重改善中央级农业科研单位的科研设施设备以及信息交换系统。

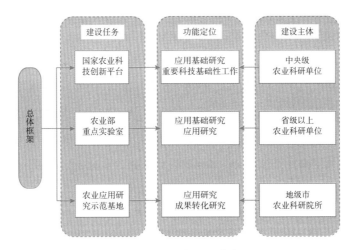

图4-3-3 三类项目关系图

农业部重点实验室是全国性和区域性农业科技创新活动的主力军，是凝聚和培养优秀农业科技人才、组织行业科技创新、开展学术交流的重要基地。定位于应用基础研究，适当向基础研究和应用研究延伸，围绕农业产业发展的重大关键技术和共性技术问题，着力推动全国性、区域性农业科技资源优化整合，重点加强省级以上农业科研单位仪器设备以及配套实验设施建设。

农业应用研究示范基地是国家农业科技创新平台、农业部重点实验室科研成果的转化和示范基地，是具有显著区域特色的先进农业实用技术推广的试验田，是骨干农技人员素质培养的讲习所和大课堂。定位于应用研究和成果转化示范，围绕区域主导产业发展需要，以提高区域农业科技水平为主攻方向，着力提升重点地市级农业科研院所的设施装备水平。

第一节 国家农业科技创新平台

建设目标。"十二五"期间，围绕农业发展的主要学科门类构建14个国家农业科技创新平台，改善科研基础设施和仪器装备条件，提升整体实力和服务能力，实现科研用房满足基本需求、试验基地功能完备、基础设施配套完善和公共设施高效利用的基本目标，更加有力地支撑和保障农业科技创新工作的开展⋯⋯

建设布局。针对生物学、作物学、园艺学、植物保护学、畜牧学、兽医学、热带农业科学、水产科学、农业资源利用、环境科学与工程、农业工程、食品科学与工程、大气科学、农林经济管理等学科领域，规划建设14个国家农业科技创新平台，共建设91个项目。其中，重大科学工程项目10个、科研用房项目18个、试验基地项目48个、公共配套项目5个、基础设施项目10个。⋯⋯

建设内容和标准。包括重大科学工程类、科研用房、试验基地、公共配套和基础设施等方面的设施建设，各类测算参考相关专栏和典型建设内容与投资表。……

选项条件。……

第二节　农业部重点实验室

建设目标。"十二五"期间，根据我国现代农业发展需要、世界农业科技发展趋势，以及专业性、区域性重大农业科技问题，建设一批科研仪器和装备达到国内领先、国际先进水平的综合性、专业性（区域性）重点实验室，以及观测试验手段现代、数据处理高效、资源共享程度高的农业科学观测实验站。根据"学科群"之间科研工艺技术路线及所需仪器设备的分异性和相似性，本规划把30个"学科群"分为种植业类、养殖业类、资源环境类、现代农业装备和新技术类四个类型。……

建设布局。依据《农业部重点实验室发展规划（2010—2015年）》，并与《种子工程建设规划（2011—2015年）》《全国养殖业良种工程"十二五"建设规划》《植物保护工程建设规划（2011—2015年）》《全国动物防疫体系建设规划（2011—2013年）》等行业建设规划相衔接，综合考虑学科布局、产业特点、区域特色和建设基础进行区域布局。规划建设21个综合性重点实验室、148个专业性（区域性）重点实验室、211个农业科学观测实验站。

建设内容和标准。在现有条件基础上，按照综合性重点实验室、专业性（区域性）重点实验室科研需求，兼顾整个实验室体系和学科群内仪器设备共享的需要，支持综合性重点实验室购置单台（套）200万元以上、专业性（区域性）重点实验室购置单台（套）40万～200万元的仪器设备，改造实验设备配套的用气、用水（纯净水）、动力电与通风装置等相关配套实验设施；支持农业科学观测实验站建设与其承担任务及发展方向紧密相关的农业设施，购置单台（套）5万～40万元的观测、分析仪器设备。根据学科群之间科研工艺技术路线及所需仪器设备的分异性和相似性，本规划把30个学科群分为种植业类、养殖业类、资源环境类、现代农业装备和新技术类四个类型。

种植业类

……

养殖业类

……

（3）资源环境类

综合性重点实验室。主要购置气候、环境因子、农田生态监测设备，植物、土壤养分和水分检测设备，土壤性能评价和结构分析设备，新型肥料试制和检测设备，碳、氮等同位素检测设备，农田重金属、持久性有机物等污染物检测与监测设备，微生物检测、分离、培养与鉴定设备，生物质能源检测和转化利用设备等。综合性实验室不受指定，原则上仪器设备配置和土建工程改造的具体内容由项目承担单位在申报阶段确定。

专业性（区域性）重点实验室。主要购置气象要素监测设备，土壤、植物养分和性能检测设备，农药残留、重金属、环境激素等土壤污染物检测设备，温室气体和气体污染物在线检测设备，微生物分离、鉴定和功能研究设备，水分质量监控设备，植物形态和生理检测设备，肥料研制、检测及评价设备、可再生能源转化和评价设备等。

农业科学观测实验站。建设温室、网室、围栏等农业设施；购置与农业资源高效利用、环境保护密切相关的气象、土壤、植物观测设备，农药残留、重金属等污染物检测设备，生理生态及土壤、植物养分检测设备，小型试验用播种、施肥、植保、收获等农机具。

选项条件。……

第三节　农业应用研究示范基地

……

第四章　投资估算和资金筹措

第一节　单体项目投资规模

根据规划项目的建设规模和建设内容，土建工程参照国家工程定额的计价估算方法，仪器设备根据目前市场价格以及国家有关标准进行投资估算。

1. 国家农业科技创新平台

重大科学工程单体项目参考其前期研究匡算的投资规模估算；科研用房、试验基地、公共配套和基础设施单体项目平均投资规模分别按 2 000 万元、1 500 万元、2 000 元、1 000 万元估算。

2. 农业部重点实验室

综合性重点实验室、专业性（区域性）重点实验室、农业科学观测实验站单体项目平均投资规模分别按 1 200 万元、800 万元、400 万元估算。

3. 农业应用研究示范基地

单体项目平均投资规模按 300 万元估算。

第二节　规划投资

规划估算总投资 64.43 亿元。

……

（本案例精选章节来源于 http：//www.moa.gov.cn/nybgb/2013/dliuq/201805/t20180509_6141642.htm 相关内容）

案例4-3-2-2

甘肃省国家级玉米制种基地建设规划（2012—2020年）

■ 第一节 规划评述

一、规划背景

《国务院关于加快推进现代农作物种业发展的意见》（国发〔2011〕8号）、《全国现代农作物种业发展规划（2012—2020年）》（国办发〔2012〕59号）等文件，都把建设海南南繁科研制种基地、甘肃河西走廊杂交玉米制种基地和四川杂交水稻制种基地建设作为提升粮食生产能力的重要支撑保障，做出具体部署。甘肃河西走廊具有杂交玉米制种得天独厚的自然资源、区位优势和技术力量，2011年杂交玉米制种面积接近全国制种面积的37.5%，制种产量占到全国制种量的45.9%，对保障国家粮食安全和玉米供种安全具有举足轻重的作用。为贯彻落实党中央和国务院的工作部署，发挥甘肃省河西走廊区域的玉米制种优势，切实做好甘肃国家级杂交玉米制种基地建设各项工作，甘肃省农业厅组织编制了《甘肃省国家级玉米制种基地建设规划（2012—2020年）》（以下简称《规划》）。

二、规划特点

1. 结合品种特性，合理谋划区域布局

根据当地自然资源条件和适宜制种的品种类型，运用资源禀赋、生态分异规律和地理资源布局等理论，《规划》将全省制种基地划分为早熟玉米制种区、中熟玉米制种区和晚熟极晚熟制种区三大区域。其中早熟玉米制种区包括酒泉市肃州区全部和张掖市甘州区、临泽县、高台县三县南部和武威凉州区，中熟玉米制种区包括张掖市甘州区、临泽县、高台县中部沿河区域，晚熟极晚熟制种区分布在景泰县和徽县。规划分区为全省进一步优化制种产业结构、打造种业产业集群以及科学引导企

业安排种子生产计划奠定了坚实基础条件。

2. 结合产业实际，精心谋划重大工程项目

坚持问题导向，针对甘肃省玉米制种基地制种面积不稳、耕地不连片、设施不配套、机械化程度不高、管理不到位等问题，按照"从种子到种业"的国家战略部署和规模化、集约化、标准化、机械化"四化"基地建设的具体要求，细化落实《全国现代农作物种业发展规划（2012—2020年）》等上位规划关于加强种子生产基地建设的要求，以夯实发展基础、改善生产条件为主线，以种子基地基础设施建设为重点，谋划了标准化制种田改造工程、种子加工工程和配套体系建设工程，明确了工程内容与建设标准，着力提升农田基础设施建设水平和种子加工能力，培育制种机械化服务组织，强化监管服务队伍建设，为甘肃显著提升玉米制种生产能力，打造玉米种业产业链条和产业集群提供了科学指导。

3. 结合区域特征，合理估算项目工程量

规划区具有涉及范围广、基地面积大和资源禀赋各异等特征，田间工程量和投资测算难度较大。《规划》参照本区域同类建设项目工程造价、费用定额以及规划基准年度的造价市场信息，并结合不同地区选取的灌溉方式，将制种基地划分为渠灌区、膜下滴灌区、低压管道灌溉区和井渠联灌区等。在此基础上，《规划》对不同类型灌区都进行了典型田间工程设计，以此算出万亩基地田间工程量和投资标准，然后采用扩大指标法，推算出规划区所有制种基地的田间工程量与建设投资，为科学估算规划投资提供依据。

三、规划实施

《规划》自2015年印发以来，累计投入财政资金6亿元以上，对甘肃省甘州区、临泽县、高台县等6个杂交玉米制种大县进行重点支持。2019年，甘肃杂交玉米制种面积和产量分别达到全国总面积和总产量的45%和50%以上，分别比2011年提高了10多个和5个百分点，种子数量和质量直接影响全国玉米生产的稳定，已成为国家粮食安全的重要保障。2014年12月，该《规划》获得中国工程咨询协会农业专业委员会、中国勘察设计协会农业专业委员会颁发的"全国农业优秀工程咨询成果二等奖"。

■ 第二节　编写目录

《甘肃省国家级玉米制种基地建设规划（2012—2020年）》编写目录

第1章　规划区概况

　1.1　地理位置

　1.2　自然概况

　1.3　社会经济概况

第2章　发展历程和重要意义

　2.1　发展历程

　2.2　重大意义

第3章　发展现状、问题和趋势

　3.1　发展现状

　3.2　主要问题

　3.3　发展趋势

第4章　总体思路与目标

　4.1　总体思路

　4.2　基本原则

　4.3　发展战略

　4.4　发展目标

第5章　总体布局与建设任务

　5.1　功能定位

　5.2　总体布局

　5.3　建设任务

第6章　重点工程

　6.1　标准化制种田改造工程

　6.2　种子加工工程

6.3　配套体系建设工程

第7章　环境保护与节水举措

　7.1　环境影响与保护

　7.2　节水

　7.3　节能

第8章　组织管理与运行机制

　8.1　组织管理

　8.2　运行机制

第9章　投资估算与资金筹措

　9.1　投资估算

　9.2　资金筹措

　9.3　年度计划与投资安排

第10章　效益分析

　10.1　经济效益

　10.2　社会效益

　10.3　生态效益

第11章　保障措施

　11.1　加强组织领导

　11.2　完善法规规章

　11.3　建立生产保护区

　11.4　强化政策支持

　11.5　加强项目整合

　11.6　强化管理和服务

■ 第三节　精选章节

……

第4章　总体思路与目标

4.1　总体思路

深入贯彻落实习近平总书记系列重要讲话精神，按照《全国现代农作物种业发展规划（2011—2020年）》的战略部署，落实国家种业发展政策，以建设玉米制种强市为目标，以科技创新、机制创新为动力，通过政策支持、资金扶持、监管服务，整体推进制种基地建设，打造监管有力、服务到位的种子管理体系和队伍，营造公平公正、竞争有序的种业发展环境，提升甘肃省玉米种业科技创新能力、企业竞争能力、供种保障能力和市场监管能力，为国家粮食安全提供坚强保障。

......

4.4　发展目标

近期目标。到2015年，建设40万亩核心基地。通过强化管理，引导和支持企业与基地建立长期稳定关系；鼓励企业或制种合作社开展土地流转，实现10万亩核心区整村流转，推进制种规模化，并使40万亩核心基地基本实现"一村一企一品种"，促使核心基地率先提升规模化、标准化、机械化和集约化水平。

远期目标。到2020年，初步建成"四化"玉米种子生产基地120万亩，保证70%全国玉米用种需求。80%基地采用"企业+基地"或"企业+合作社+基地"生产模式，基地布局达到"一乡一企一品种"或"一乡一企几品种"，综合机械化率达到80%以上，农田灌溉水利用系数达到0.7以上，种子加工能力和水平达到国际水平，种子质量达到单粒播种要求。

第5章　总体布局与建设任务

......

5.2　总体布局

规划建设标准化、规模化、集约化、机械化玉米种子生产基地120万亩，分为张掖酒泉片区、武威片区、景泰片区和徽县四大片区，包括张掖、酒泉、武威、白银、陇南5个地市，以及肃州区、甘州区、临泽县、高台县、凉州区、景泰县、徽县7个县区和51个乡镇。在基地分布上，主要包括张掖市75万亩（甘州区45万亩、临泽区20万亩、高台县10万亩）；酒泉市15万亩，集中在肃州区；武威市25万亩，集中在凉州区；景泰县3万亩和徽县2万亩。

在品种分布上，规划区分为早熟玉米制种区、中熟玉米制种区和晚熟极晚熟制种区三大区域。早熟制种区包括酒泉市肃州区全部和张掖市甘州区、临泽县、高台县三县及武威市凉州区连霍高速以南海拔在1 500米以上的地区，基地面积为50万亩；中熟制种区包括张掖市甘州区、临泽县、高台县三县及武威市凉州区连霍高速以北海拔在1 500米以下的地区，基地面积65万亩；晚熟极晚熟制种区分布在景泰县和徽县，总制种面积为5万亩。

5.3　建设任务

5.3.1　强化制种全程管理，促进基地关系稳定

......

5.3.2 加强田间工程建设，促进基地标准化

开展土地平整和培肥。以30亩或60亩为一单元，开展田块调整和田块平整，以适合机械化操作。

建设农田节水设施。河西走廊制种基地全部采用膜下滴灌，实现精准施肥和标准化管理，建立高标准玉米种子田。完善灌溉渠系和电力设施，以提高水资源利用率，缓解河西水资源相对缺乏和黑河下游分水任务重的困难。

配套机耕道路和农田防护林。机耕道路分基地田间道和生产路两级道路建设；农田防护林按照生态经济型复合林网建设，提高农田林网的综合效益。

5.3.3 推动农机农艺融合，促进基地机械化

……

5.3.4 加强生产要素整合，促进基地集约化

……

第6章 重点工程

6.1 标准化制种田改造工程

6.1.1 土地平整

田块调整。是将大小或形状不符合标准农田的田块，进行合并和调整，取消不必要的沟渠、畦和自然隔离带，加大田块面积，以满足标准化种植、规模化经营、机械化作业和节水节能的要求。

田块平整。主要是将田块内部进行平整，并使田面高差保持在一定范围内，达到精耕细作和灌水均匀的要求。根据典型区工程量结果计算，120万亩基地需平整土地土方量6 054.22万立方米，田埂修筑491.44万立方米。

6.1.2 农田水利工程

规划建设制种基地面积为120万亩，其中渠灌23万亩、膜下滴灌70万亩、低压管道灌溉13万亩、井渠联灌9万亩，其他灌溉面积5万亩。

水源和灌溉设施。基地共新建、整修斗农渠2 053.90公里，渠系建筑物4.55万座，改造机井1 732眼，铺设干管、支管等48.02万公里。其中渠灌区利用地表水已经建成干、支渠，主要对斗、农渠进行修建配套，采用砼U型渠道或现浇砼梯形渠道衬砌，并配齐分水、控水、量水、连接、桥涵等建筑物。井灌区由于地下水资源比较紧张，局部地区地下水连续下降，因此基地建设主要是充分利用原有的机井，进行旧井改造，并采用管灌、膜下滴灌、井渠联灌等节水灌溉方式。管灌主要采用低压管道灌溉，一般布置干、支两级管道；膜下滴灌的干支管主要根据地形、水源、作物进行布置，支管平行于作物

种植方向；井渠联灌主要采用机井抽水，然后布置干、支两级管道进行灌溉。

排水设施。基地重点是对现有排水沟进行清淤，达到原来的设计断面，并对缺少排水系统的地区，重新规划一些排水工程，参照原有排水沟进行布置。共需修建和清淤斗农沟44公里。

电力设施。……

6.1.3　田间道路

根据典型区工程量计算，基地需要修建道路6 149.93公里，其中，修建田间道2 295.92公里，生产路3 854公里。……

6.1.4　农田防护林

……

6.2　种子加工工程

依托规划区大型种子企业，改善玉米种子生产加工条件；并引导企业对现有种子加工设备进行更新改造，改进工艺方法，整体提升种子加工技术水平，示范和带动产业技术升级。结合建成120万亩杂交玉米种子生产基地，促进果穗烘干能力达到果穗产量的75%，全部籽粒都要加工包装，仓储能力达到种子总量的65%，晒场面积按每亩制种田配15平方米晒场计算。据此，在充分利用现有加工能力的情况下，玉米种子加工基础设施方面需再购置果穗烘干线37条，新增果穗烘干能力29.1万吨，新建种子储藏库12.7万平方米，新建晒场784万平方米。……

6.3　配套体系建设工程

该工程主要包括农田机械体系、基地监管体系和基地服务体系三部分。……

……

第9章　投资估算与资金筹措

9.1　投资估算

该规划总投资为43.68亿元。其中两大基础工程投资40.11亿元，标准化制种田改造工程投资26.56亿元（典型区扩大指标估算如表4-3-1、表4-3-2），种子加工工程投资13.55亿元；三大配套体系投资3.57亿元。

表4-3-1　典型区Ⅰ（渠道灌溉）万亩设计指标表

序号	分项名称	单位	工程量	万亩指标	万亩投资
一	土地平整	亩	—	—	—
1	土地平整	万米³	—	—	—
2	田埂修筑	万米³	—	—	—

（续）

序号	分项名称	单位	工程量	万亩指标	万亩投资
二	农田水利		—	—	—
1	U 型斗衬砌	千米	—	—	—
2	U 型农渠衬砌	千米	—	—	—
3	节制分水闸	座	—	—	—
4	取水口	座	—	—	—
5	涵洞	座	—	—	—
三	田间道路		—	—	—
1	田间道改造	千米	—	—	—
2	生产路	千米	—	—	—
四	农田防护林		—	—	—
1	主林带	万株	—	—	—
2	副林带	万株	—	—	—

表 4-3-2　典型区 Ⅲ（低压管道灌溉）万亩指标表

序号	分项名称	单位	工程量	万亩指标	万亩投资
一	土地平整工程	亩	—	—	—
1	土地平整	万米³	—	—	—
2	田埂修筑	万米³	—	—	—
二	农田水利工程		—	—	—
1	机井改造	眼	—	—	—
2	井房	座	—	—	—
3	干管	千米	—	—	—
4	支管	千米	—	—	—
5	给水栓	套	—	—	—
6	检查井	座	—	—	—
7	排水井	座	—	—	—
8	附件	套	—	—	—
9	井泵更新	台	—	—	—
三	电力设施		—	—	—
1	10 千伏高压线改造	千米	—	—	—
2	380 伏低压线	千米	—	—	—
3	变压器	台	—	—	—

（续）

序号	分项名称	单位	工程量	万亩指标	万亩投资
四	道路工程		—	—	—
1	4 米宽田间道整修	千米	—	—	—
2	3 米宽生产路整修	千米	—	—	—
五	农田防护林工程		—	—	—
1	主林带	万株	—	—	—
2	副林带	万株	—	—	—

……

9.2　资金筹措

……

（本案例精选章节由本院的李树君、赵跃龙、陈海军和李欣等
主要规划编写人员提供）

案例 4-3-2-3

海南省国家农业绿色发展先行区建设规划（2019—2025年）

■ 第一节　规划评述

一、规划背景

习近平总书记强调，推进农业绿色发展是农业发展观的一场深刻革命，以绿色发展引领乡村振兴更是一场深刻革命，要让良好生态成为乡村振兴的支撑点，走乡村绿色发展之路。国家农业绿色发展先行区是推进农业绿色发展的综合性试验示范平台，要求将先行区建设成为绿色技术试验区、绿色制度创新区、绿色发展观测点，为农业的绿色发展转型升级发挥引领作用。

海南省位于中国最南端，是中国唯一的热带岛屿省份，也是中国最大的经济特

区，正在加快建设自由贸易港。习近平总书记在庆祝海南建省办经济特区30周年大会上指出，海南要牢固树立和全面践行绿水青山就是金山银山的理念，在生态文明体制改革上先行一步，为全国生态文明建设做出表率。中共中央、国务院印发《关于支持海南全面深化改革开放的指导意见》提出，支持海南建设生态循环农业示范省，加快创建农业绿色发展先行区。深入推进农业绿色发展，整省创建国家农业绿色发展先行区，是落实习近平总书记重要指示精神，践行"两山"理论，实现"全省人民的幸福家园、中华民族的四季花园、中外游客的度假天堂"三大愿景的重要抓手。科学编制《海南省国家农业绿色发展先行区建设规划（2019—2025年）》（以下简称《规划》）对指导海南省农业绿色发展具有重要意义。

二、规划特点

1. 采用多种方法，找准全省农业绿色发展突出问题

该《规划》初步构建了农业绿色发展规划分析方法体系，采用资源承载力分析法、趋势分析法和相互对比法等，为找准农业绿色发展突出问题、谋划重点任务与工程项目提供支撑。一是运用资源承载力分析法，对海南省水资源和耕地资源承载力进行分析，提出制约海南省农业绿色发展的水土资源条件，结合灰色模型预测"十四五"全省畜禽养殖量；二是采用趋势分析和相互对比法，对近5年海南省耕地质量、化肥农药施用量和农业废弃物利用量等数据进行横向和纵向比较分析，明确"十四五"海南在耕地质量提升、肥药减施和废弃物资源化利用等方面的重点与方向。

2. 坚持绿色理念，全面谋划全省农业绿色发展思路

充分考虑海南作为全面深化改革开放试验区、国家生态文明试验区、国际旅游消费中心和国家重大战略服务保障区的战略定位，结合海南作为全国最好的生态环境、全国最大的经济特区、全国唯一的省域国际旅游岛三大优势，创新性提出了"1134"的发展思路："1"是确立"绿水青山就是金山银山"的理念指引，"1"是遵循资源环境承载力的基准，"3"是明确资源永续利用、生态环境友好、产品质量安全的导向，"4"是调优农业生产力布局、强化农业资源管护、推行绿色生产方式、建立完善支撑体系等重点任务，加快实施一批农业绿色发展重大工程，全面建成海南绿色农业岛，探索农业绿色发展"海南模式"，为全国农业绿色发展提供有益经验。

3. 构建指标体系，科学反映全省农业绿色发展水平

为科学衡量海南省农业绿色发展水平和进程，客观反映农业绿色发展成效，在

充分考虑指标广泛适用性、可比性的基础上，参考国家农业绿色发展指标体系，兼顾海南地处热带及亚热带地区的实际情况，强调数据可获得与简明实用相结合，构建了海南省农业绿色发展两级指标体系。其中，一级指标4个，包括农业生产、农业资源、农业环境和农民生活四大类；二级指标13个，包括高标准农田面积、畜禽养殖规模化率、化肥施用强度、农药施用强度和农村居民人均可支配收入等，反映了农业绿色生产、农业资源环境管控、农业污染防治以及农民生活水平，并明确了约束性指标和预期性指标，体现规划目标的导向作用。

4. 突出分区施策，找准全省各地农业绿色发展重点

从产业结构布局上，将农业绿色发展理念贯穿农业生产全过程，重点是优化农业主体功能布局，推动种养业结构调整和转型升级，实现一二三产业融合发展。立足全省水土资源匹配性，将海南省划分为示范引领区、优化发展区和保护发展区，明确了各区域发展重点。其中，示范引领区，重点是创新农业绿色发展样板，示范引领其他区域绿色发展；优化发展区，重点是补齐农业绿色发展短板，充分发挥资源优势，提升重要农产品生产能力；保护发展区，要坚持保护优先、限制开发的原则，加大生态建设力度，实现保供给与保生态有机统一。

5. 精心谋划项目，细化实化海南农业绿色发展抓手

针对海南省农业绿色发展的突出短板和发展方向，提出海南省农业绿色发展的重点任务。以保护和节约利用耕地、加快发展节水型农业、推进动植物资源保护为重点，强化资源保护，实现永续利用；以科学使用农业投入品、推进废弃物资源利用、发展生态循环农业为重点，推行绿色生产，保护农业环境；加快构建绿色标准、科技、监测、服务体系，推动三亚崖州区、东方市开展支撑体系建设先行先试。为了切实提高规划的可操作性，《规划》针对不同任务设置了各类平台和抓手，系统谋划了产业结构调整行动、资源节约促进行动、绿色生产提升行动、绿色体系构建行动四大行动35项重点项目，每个工程项目具体落实到了主体、实施地点，为海南省农业绿色发展面临的突出问题和薄弱环节提出了治理对策。

三、规划实施

该《规划》于2019年通过专家评审，由海南省农业农村厅正式印发。同年，海南省被评为第二批国家农业绿色发展先行区，是继浙江省之后第二个整省创建的国家农业绿色发展先行区。同时，海南省为加快推进国家农业绿色发展先行区建设，设立专项经费，重点支持《规划》中提出的四大行动35项重点项目建设，其中三亚崖州区、东方市还被确立为国家农业绿色发展先行区支撑体系建设试点县。

■ 第二节　编写目录

《海南省国家农业绿色发展先行区建设规划（2019—2025年）》编写目录

第1章　立足新起点，把握新机遇
1.1　基本情况
1.2　面临机遇
1.3　主要挑战
第2章　树立新理念，谋划新发展
2.1　指导思想
2.2　规划原则
2.3　发展目标
第3章　构建新格局，落实新要求
3.1　持续优化农业生产布局
3.2　构建绿色发展空间布局
第4章　强化资源保护，实现永续利用
4.1　保护和节约利用耕地
4.2　加快发展节水型农业
4.3　推进动植物资源保护
第5章　推行绿色生产，保护农业环境
5.1　科学使用农业投入品
5.2　推进废弃物资源化利用

5.3　发展生态循环农业
第6章　构建绿色体系，推动先行先试
6.1　完善绿色发展标准体系
6.2　构建绿色发展科技体系
6.3　建立资源环境监测体系
6.4　建设绿色发展服务体系
6.5　构建绿色发展政策体系
第7章　落实项目行动，推进规划实施
7.1　产业结构调整行动
7.2　资源节约促进行动
7.3　绿色生产提升行动
7.4　绿色体系构建行动
第8章　加大政策保障，强化组织实施
8.1　加强组织领导
8.2　加大资金投入
8.3　强化考核评价
8.4　实施全民行动

■ 第三节　精选章节

第1章　立足新起点，把握新机遇

……

1.3　主要挑战

……

耕地和水资源约束日益趋紧。根据第二次土地调查数据，海南省人均耕地面积仅为1.17亩，低于1.52亩的全国平均水平；全省耕地后备资源缺乏，耕地占补平衡难度日益加大；耕地质量整体水平不高，90%以上为酸性土壤，复种指数为200%，远高于全国平均水平的150%。全省平均水资源总量为307.3亿立方米，人均占有量约3 900立方米，是全国平均值的1.75倍，总量丰沛；但缺少配套设施，水资源开发利用率仅为13.6%，比全国低7个百分点；同时，降水时空分布不均，东与东南多，西与西北少，5—10月汛期降水量占全年的84%；全省季节性缺水、工程性缺水问题较为突出。

农业面源污染治理仍需加强。一是农业投入品利用率不高。2018年，全省化肥施用量（折纯量）约44.96万吨，化肥亩均用量约为全国的1.6倍；化学农药使用量（折百量）0.3万吨，农药亩均用量仍约为全国的2倍。二是农业废弃物资源化利用水平不高。大多小型养殖场户和散养户处理设施配套情况较差，畜禽粪污存在粗放式直接还田的现象，降低了整体粪污资源化利用率；每年主要秸秆总量约264.9万吨（干重），主要以肥料化和饲料化为主，还存在秸秆焚烧现象。三是农业投入品废弃物处理问题亟待破解。农业投入品回收和综合利用长效机制尚未建立。……

……

第2章　树立新理念，谋划新发展

2.1　指导思想

以习近平新时代中国特色社会主义思想为指导，贯彻落实习近平总书记在庆祝海南建省办经济特区30周年大会上的重要讲话精神，抓住建设自由贸易试验区和中国特色自由贸易港的历史机遇，聚焦全面深化改革开放试验区、国家生态文明试验区、国际旅游消费中心和国家重大战略服务保障区的战略定位，充分发挥全国最好的生态环境、全国最大的经济特区、全国唯一的省域国际旅游岛三大优势，创新谋划了"1134"的发展思路，"1"是确立绿水青山就是金山银山的理念指引，"1"是遵循资源环境承载力的基准，"3"是明确资源永续利用、生态环境友好、产品质量安全的导向，"4"是调优农业生产力布局、强化农业资源管护、推行绿色生产方式、建立完善支撑体系等重点任务，加快实施一批农业绿色发展重大工程，全面建成海南绿色农业岛，探索农业绿色发展"海南模式"，为全国农业绿色发展提供有益经验。

……

2.3　发展目标

……

具体目标参见表4-3-3。

表4-3-3 先导区规划目标表

序号	考核指标	单位	现状值	目标值	备注
一	农业生产				
1	高标准农田面积	万亩	—	—	
2	畜禽养殖规模化率	%	—	—	
3	水产健康养殖示范场数量	家			
4	"三品一标"产量	万吨			
二	农业资源				
5	耕地面积	万亩			
6	耕地土壤有机质含量	克/千克	—	—	
7	农田灌溉水有效利用系数	/			
三	农业环境				
8	化肥施用强度（折纯量）	万吨			
9	农药施用强度	万吨			
10	秸秆综合利用率	%			
11	农膜回收利用率	%			
12	畜禽养殖粪污综合利用率	%			
四	农民生活				
13	农村居民人均可支配收入	万元	—	—	

第3章 构建新格局，落实新要求

贯彻落实五大发展理念，依据生产力布局理论、环境承载力理论和生态分异理论等，优化区域布局合理、一二三产业融合的全省农业生产布局，构建与资源环境承载力相匹配的空间布局。

......

3.2 构建绿色发展空间布局

立足海南地理区位、经济基础和水土资源匹配性等，将全省划分为示范引领区、优化发展区和保护发展区，并明确各区域发展重点（图4-3-4）。

3.2.1 示范引领区

区域范围。主要包括海口市、澄迈县、文昌市、定安县、琼海市、万宁市、陵水县、三亚市。

区域特点。......

定位和任务。一是探索建立省级农业绿色发展市场化运行、循环农业发展和监督奖惩等机制，形成激励与约束并重的管理制度；二是通过技术创新、技术集成以及技术标准制定，形成符合海南实际的农业资源高效利用与生态环境保护协调发展的技术模式，为全面推进农业绿色发展提供有效支撑。三是完善绿色发展体系。……

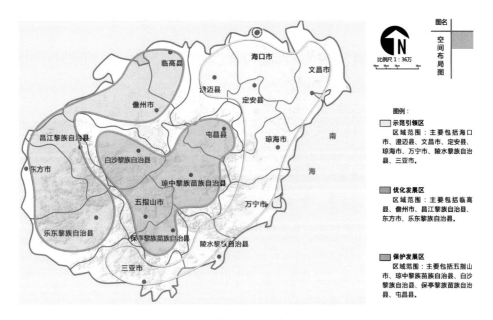

图4-3-4 先导区空间布局示意图

3.2.2 优化发展区

区域范围。主要包括临高县、儋州市、昌江县、东方市、乐东县。

区域特点。……

定位和任务。一是引进秸秆综合利用、畜禽粪便资源化利用及厕所粪污无害化处理等技术和相关设备，进行绿色技术改造升级，做深做实绿色示范工程项目；二是与中国热带农业科学院、海南大学、海南省农业科学院等科研单位合作，推进农业投入品减量高效利用、有害生物绿色防控、废弃物资源化利用、产地环境修复等相关工作，加快提升本区域农业绿色发展水平；三是开展技术培训。……

3.2.3 保护发展区

区域范围。主要包括五指山市、琼中县、白沙县、保亭县、屯昌县。

区域特点。……

定位和任务。一是建立野生稻原生境保护点和国家橡胶树等种质资源圃，加强种质资源保护区建设；二是加强热带特色湿地以及热带雨林保护；三是大力开展生态治理和修复，加大水土流失治理；四是以发展生态保育型农林牧业和特色休闲农业为主攻方向，发展特色瓜菜和柑橘、龙眼等水果种植，稳步推进天然橡胶种植，发展有机种植和林下经济，突出乡村特色和民族特色，建设一批体现热带风光、黎苗文化风情的特色旅游村，积极开展生态旅游。

……

第7章 落实项目行动，推进规划实施

该规划重点实施四大行动35个重点项目。

7.1 产业结构调整行动

主要包括天然橡胶保护区划定、绿色循环优质高效特色农业促进、现代农业产业园创建、农业产业强镇示范、热带特色农产品品牌创建和生态康养文化基地6个项目。……

7.2 资源节约促进行动

主要包括高标准农田建设、耕地轮作休耕制度试点、地力培肥、高效节水灌溉、水肥一体化、农业生物资源保护和渔业资源保护7个项目。……

7.3 绿色生产提升行动

主要包括标准示范果园、畜禽养殖标准化示范场、水产健康养殖示范场、农药减量控害示范基地、兽用抗菌药减量试点、秸秆综合利用试点、畜禽养殖废弃物资源化利用、农膜回收利用、农药包装废弃物回收利用和生态循环试点10个项目。……

7.4 绿色体系构建行动

主要包括绿色标准化建设标准制定、生态环境保护标准制定、绿色农产品标准制定、海南科技研发平台建设、重要农业资源台账制度、监测预警数据库和信息技术平台、一体化绿色发展服务平台、益农信息社建设、农业绿色高质高效技术模式推广、基层农技服务建设、农业信贷担保服务和现代农产品溯源体系12个项目。……

……

（本案例精选章节由本院的冯晶、姚宗路、丛宏斌、张伟漫和袁艳文等
主要规划编写人员提供）

三、园区类专项规划

案例4-3-3-1

湖北潜江国家现代农业产业园建设规划（2017—2025年）

■ 第一节　规划评述

一、规划背景

2017年中央1号文件提出要以规模化种养基地为基础，依托农业产业化龙头企业带动，聚集现代生产要素，建设"生产+加工+科技"的现代农业产业园。通过产业园的创建，带动产品和产业结构的优化，推进农业提质增效，为"四化同步"发展和全面建成小康社会提供坚实保障。同年3月农业部和财政部发布了《关于开展现代农业产业园创建工作的通知》（以下简称《通知》），要求各地按照"一年有起色、两年见成效、四年成体系"的总体安排，建成一批产业特色鲜明、要素高度聚集、设施装备先进、生产方式绿色、经济效益显著、辐射带动有力的国家现代农业产业园。潜江市位于湖北省中南部、江汉平原腹地，自然资源条件和生态环境是江汉平原的典型代表，产业发展基础也符合国家现代农业产业园的申报条件要求。潜江市委、市政府为了保障潜江国家现代农业产业园申报和创建工作的顺利进行，找准潜江现代农业发展方向，切实发挥产业园的示范带动作用，潜江市委、市政府组织编制了《湖北省潜江市国家现代农业产业园建设总体规划（2017—2025年）》（以下简称《规划》）。

二、规划特点

1. 突出主导产业优势

现代农业产业园的核心是"产业"，潜江市以"中国小龙虾之乡""中国虾稻之乡""中国小龙虾加工出口第一市"闻名全国，小龙虾年产量7.35万吨，占全国产量的近1/10，龙虾产品年出口额达1.90亿美元，占到湖北省的60%以上，是全国最大的小龙虾出口基地。根据《通知》要求，通过科学分析和精准论证，《规划》确定虾－稻产业作为潜江国家现代农业产业园的主导产业。《规划》突出产业在龙头企业、精深加工、社会化服务等方面的产业优势，以推动产业发展为核心任务，以推进产业现代化为中心目标，为产业园量身打造了湖北省现代农业产业核心区、华中地区农村产业融合示范区、长江中下游农业可持续发展样板区、全国"四化同步"创新区四大发展功能定位，突出规模种养、加工转化、品牌营销和技术创新的发展内涵，突出技术集成、产业融合、创业平台、核心辐射等主体功能，突出对区域农业结构调整、绿色发展、农村改革的引领作用。在规划布局上，注重突出产业优势和发展潜力，综合考虑经济区位、环境容量和资源承载力，高效集聚现代要素，有效推进虾－稻产业全产业链高质量发展和一二三产业的深度融合。

2. 彰显产业园特色

《规划》是国家现代农业产业园创建和认定的重要依据，精准贴合《通知》中对产业园建设的具体要求，阐明了申报园区的特点和优势。潜江优质小龙虾、稻米、虾－稻共作立体循环模式和以虾－稻产业为主导的现代农业发展模式在江汉平原乃至长江流域都具有典型的示范效应。《规划》紧紧围绕这一产业特色，以园区内30万亩虾－稻共作标准化生产基地为载体，提高其综合生产能力水平；以华山、莱克等龙头企业为载体，打造小龙虾加工产业集群；以中国克氏原螯虾工程技术研究中心、国家杂交水稻工程中心虾－稻分中心为主体，打造国家级产业科技创新中心，彰显潜江虾－稻产业"生产＋加工＋科技"全产业链发展的"潜江模式"，突出"两大国家级龙头企业带动全产业链深度融合"的产业特色，科学谋划产业园的发展建设路径。

3. 大力推进绿色发展

按照国家现代农业产业园的相关标准和要求，围绕产业园主导产业虾－稻共作生产模式，《规划》重点围绕发展绿色产业、创设绿色政策、推广绿色模式、推行农业节水，建立绿色、低碳、循环发展长效机制等方面，为潜江产业园打造在全国具有较高知名度的先进生态循环技术模式，全面提升小龙虾和稻米的品质。并围绕产业园虾－稻田生态涵养、"一控两减三基本"、清洁生产等制定了详细的产业园绿色发展目标。在创建任务中提出深度开展稻米、小龙虾加工副产物综合利用，利用米糠生产米糠油、米糠多糖；利用稻壳生产炭黑、塑木型材等；整合餐饮业小龙虾废弃物、加工企业小龙虾加工副产物资源，生产虾壳素、生物肥料等，不仅实现了农业废弃物的资源化利用，还延伸了产业链，提高了产业整体收益。

4. 创新农民利益联结机制

《规划》为产业园创新谋划了以"返租倒包、统分结合、农企平等、城乡一体"为特点的"华山模式"。鼓励园区内村集体和农户按照依法、自愿、有偿的原则，试行农村集体土地所有权、承包权、经营权"三权分置"。鼓励农户将土地经营权流转给有实力的小龙虾、稻米加工龙头企业，由企业统一整治土地、统一建设。企业将从农民手中流转的耕地，建设成高产高效虾-稻共作模式基地，再成片发包给合作社、家庭农场和种养大户，通过"一租一包"，使企业和农民结成利益共同体，实现土地流转经营、镇企共建社区、多方合作共赢。

三、规划实施

通过几年的创建工作，《规划》建设目标已基本实现，重点任务基本完成，各项重大工程已基本完工。2019年初，经过绩效自评、申请认定、省级推荐、绩效评价和现场考察，农业农村部、财政部将潜江现代农业产业园认定为国家现代农业产业园。

■ 第二节 编写目录

《湖北潜江国家现代农业产业园建设规划（2017—2025年）》编写目录

第1章 背景与意义
　1.1 规划背景
　1.2 建设意义
　1.3 规划范围与期限
　1.4 规划依据
第2章 现状与基础条件
　2.1 潜江市现代农业发展概况
　2.2 产业园基本情况
　2.3 优势条件
　2.4 存在问题
第3章 思路与目标
　3.1 指导思想
　3.2 功能定位
　3.3 创建目标
第4章 空间布局
　4.1 科技创新与综合商务区

　4.2 产业集聚与产城融合发展区
　4.3 绿色高效虾-稻共作标准化种养基地
第5章 现代标准化生产基地建设
　5.1 思路与目标
　5.2 发展与建设重点
第6章 加工产业集群建设
　6.1 思路与目标
　6.2 发展与建设重点
第7章 产业科技创新
　7.1 思路与目标
　7.2 发展与建设重点
第8章 现代农业服务业发展
　8.1 思路与目标
　8.2 发展与建设重点
第9章 一二三产业融合发展
　9.1 思路与目标

(续)

《湖北潜江国家现代农业产业园建设规划（2017—2025年）》编写目录	
9.2　发展与建设重点	11.2　政策支撑体系
第10章　重点工程与效益分析	11.3　农民增收机制
10.1　重点工程	**第12章　保障措施**
10.2　投资估算	12.1　加强组织领导
10.3　效益分析	12.2　完善管理机制
第11章　管理运行与体制机制创新	12.3　强化资金保障
11.1　管理运行体系	12.4　加强舆论宣传

■ 第三节　精选章节

第2章　现状与基础条件

……

2.2 产业园基本情况

……

产业园支柱产业。产业园内虾-稻产业规模大、基础好，龙头带动力强，已成为富民强市的支柱产业。园区内两家国家重点龙头企业华山水产、湖北莱克都以小龙虾产业为主，省级龙头企业潜江巨金米业、潜江虾乡食品有限公司以水稻产业为主，另外湖北虾乡、湖北多优多、湖北马帮、九缘食品、正雄实业等县级龙头企业都是虾-稻产业链上的骨干企业，在这些龙头企业的带动下，虾-稻产业已成为园区经济增长的引擎。2016年，潜江市水产品出口创汇占全省60%，其主要创汇来源于产业园的虾-稻产业。湖北莱克小龙虾加工量和出口创汇连续12年居于同行业之首；华山水产的甲壳素深加工产业已成为公司新的创汇来源。近些年，园区虾-稻共作基地数量和面积连续增长，标准化虾-稻共作基地已达13.59万亩。通过虾-稻共作和虾-稻产业链延伸，产业园有力带动了区域主导产业规模化、集约化、标准化生产基地的建设发展，也带动了大量农户的产业结构调整，吸收了大量剩余劳动力就业，大幅提高了农民收入。

第3章　思路与目标

……

3.3　创建目标

实现产业强。产业园内标准化虾-稻共作基地面积超过20万亩，其中集中连片和规模化经营基地面积达到90%。产业园主导产值200多亿元，其中小龙虾养殖及良种繁育产值达到25亿元，稻米及加工产值达到30亿元，小龙虾加工业产值100亿元，甲壳素及其衍生品深加工业产值达到52亿元。……

实现农民富。以新型经营主体为纽带，不断创新虾-稻产业联农带农激励机制，企业带动农户增收的"华山模式"广泛推广，带动农户和贫困户增收的效果更加显著。园区农民可支配收入持续快速增长，达到2.4万元，年均增长18%以上。……

实现农村美。全面推行"一控两减三基本"，生物农药使用率达到100%，化肥农药施用实现负增长。园区内村容整治和清洁工程全面完成，生活垃圾处理率达100%，生活污水有效治理率达85%以上，道路硬化率达100%，行政村绿化覆盖率达35%以上。虾-稻产城融合特色小镇全面建成，示范带动效果明显。

第4章　空间布局

聚焦园区"产业融合、农户带动、技术集成、就业增收、加快推进农业现代化"的核心功能，结合虾-稻产业优势、发展潜力、经济区位、环境容量和资源承载力，主动对接潜江市虾-稻产业发展规划、城乡规划、土地利用总体规划等，构建以"科技创新与综合商务区（核心区）"为动力源，以"产业集聚与产城融合发展区（示范区）"为增长极，以"绿色高效虾-稻共作标准化种养基地（辐射区）"为重要支撑，有效带动全园发展的"两区一基地"的总体布局（图4-3-5），形成虾-稻规模生产、加工转化、品牌营销、科技示范、文化旅游互动融合发展、相互关联配套、资源高效共享的虾-稻产业新格局。

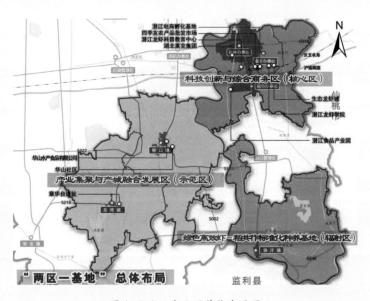

图4-3-5　产业园总体布局图

第5章 现代标准化生产基地建设

5.1 思路与目标

按照"统筹规划、集中连片、规模经营"的思路，依托莱克、华山等龙头企业，推广"企业+基地+合作社+农户"模式，加快推进农村土地流转，加强田间基础设施建设，打造优质虾–稻良种繁育试验基地，大力推动标准化虾–稻共作基地建设。到创建期末，在产业园内打造20万亩高标准、现代化的虾–稻共作生产基地，其中，建成4个万亩以上虾–稻共作基地，建成20个千亩以上虾–稻共作基地，全面提升农田基础设施水平和生态调节功能，推进规模化、标准化、绿色化生产。到规划期末，产业园内建成30万亩虾–稻共作生产基地，全市打造100万亩虾–稻共作生产基地，标准化种植实现全覆盖，辐射湖北省550万亩虾–稻共作面积。

5.2 发展与建设重点

完善虾–稻共作田间基础设施建设。……

打造优质虾–稻良种繁育试验基地。……

加强标准化虾–稻共作生产基地建设。……

第6章 加工产业集群建设

6.1 思路与目标

坚持以市场需求为导向，以农业产业化龙头企业为领军力量，以"高端化、精深化"为发展方向，加快提升生产线、创新生产工艺、升级设施装备，全面提升加工技术水平、装备水平和管理水平，以园区为载体，充分发挥政府的引导作用，优化政策环境、夯实公共基础设施，推进虾–稻加工业集聚发展。到创建期末，虾–稻产业集群效应进一步发挥，虾–稻加工业集群实现产值182亿元以上，其中小龙虾加工及精深加工产值100亿元，甲壳素及衍生产品产值52亿元，潜江虾–稻米加工综合产值30亿元；虾–稻仓储物流产业集群实现产值59亿元；虾–稻品牌运营实现产值18亿元。到规划期末，形成充满活力、协调互促，涵盖虾–稻原料型产品加工、高端精深产品加工、副产物及关联产品加工的产业集群。

6.2 发展与建设重点

做优做大虾–稻米加工。……

做精做强小龙虾加工。……

发展副产物及关联产品加工。……

推进加工企业集聚发展。……

第7章 产业科技创新

7.1 思路与目标

围绕虾–稻全产业链,完善产业科技创新平台建设,强化小龙虾和"潜江虾稻"育种创新体系建设,开展虾–稻共作关键技术攻关与集成应用,提升小龙虾和"潜江虾稻"精深加工及副产物综合利用技术研发水平,加强虾–稻产业新型装备研发,到规划期末,将潜江建成全国最大的虾–稻良种选育繁育基地,建成1~2个国家级虾–稻产业科技创新中心,初步形成完善的虾–稻产业科技创新体系,科技贡献率达65%以上,使潜江成为全国虾–稻产业科技研发制高点。

7.2 发展与建设重点

完善虾–稻产业科技创新平台建设。……

强化虾–稻育种创新体系建设。……

开展虾–稻共作关键技术攻关与集成应用。……

提升虾–稻产品精深加工及副产物利用技术水平。……

加强虾–稻产业新型设施装备研发。……

第8章 现代农业服务业发展

8.1 思路与目标

按照"强公益、活经营、抓重点"的思路,坚持以公益性农业服务机构为依托,农村合作社、农业产业化龙头企业、专业服务公司等经营性农业服务组织为生力军,以农业生产性综合服务、科技推广、人才培训、农业信息化、农产品质量安全、金融保险等为重点领域,强化服务体系建设、基础设施建设和主体培育等,实现公益性服务与经营性服务结合互补,对虾–稻产业服务能力不断加强,力争到创建期末,产业园现代农业服务基本实现全覆盖,为虾–稻产业贡献产值达30亿元。到规划期末,现代农业服务业体系更加健全完善,经营性服务业主体不断壮大,服务内容更加丰富,服务水平不断提升。

8.2 发展与建设重点

建立多元社会化服务体系。……

加强农技推广与人才培训。……

提升虾–稻产业信息化水平。……

强化虾–稻产品质量安全监管。……

加强虾–稻产业品牌建设。……

创新虾–稻产业金融保险服务。……

第9章 一二三产业融合发展

9.1 思路与目标

按照"做强一产、做大二产、做活三产"的思路，以规模化虾–稻共作基地为支撑，以虾–稻精深加工为带动，以熊口龙虾特色小镇和龙湾一二三产业融合示范镇建设为载体，结合产业园荆楚文化、红色文化、饮食文化优势，以"虾–稻＋餐饮""虾–稻＋现代物流""虾–稻＋休闲农业""虾–稻＋电子商务""虾–稻＋文化创意""虾–稻＋会展经济"等为三产融合重点领域，着力推进虾–稻生产与加工物流、餐饮业、旅游业、文化产业等深度融合，打造湖北省产业融合发展活力地带、产城融合示范区、农村三产融合发展先行区。

9.2 发展与建设重点

做强小龙虾特色餐饮。……

培育特色小镇与三产融合示范镇。……

完善虾–稻物流配送体系。……

大力培育新型业态。……

做优休闲农业与乡村旅游。……

……

第11章 管理运行与体制机制创新

……

11.3 农民增收机制

华山模式。……

土地入股模式。……

委托管理模式。……

股份分红机制。……

风险共担机制。……

……

（本案例精选章节由本院的朱晓禧、张汝楠、曹立聪、刘欣和王昌霖等

主要规划编写人员提供）

案例4-3-3-2

中国（驻马店）国际农产品加工产业园总体规划
（2018—2035年）

■ 第一节 规划评述

一、规划背景

为实施乡村振兴战略和落实"一带一路"倡议，促进我国农产品加工业高质量发展，2018年农业农村部提出在全国范围内创建一批产值超100亿元的国际农产品加工产业园。河南省是我国传统农业大省，省委、省政府将食品工业列为支撑中原崛起的重点产业。驻马店市认真贯彻上级战略部署，以农产品加工为引领，着力打造60多个产业集群，培育壮大了1 600多家加工企业，农产品加工总产值达1 800亿元，发展成效十分显著。驻马店市位于新亚欧大陆桥沿线，连续举办了24届中国农产品加工业投资贸易洽谈会，已经成为我国农业对外合作的战略支点。为了积极探索乡村产业振兴路径、主动谋划农产品加工业转型升级，驻马店市委、市政府决定立足自身平台、原料和区位优势等，抢抓机遇，创建国际农产品加工产业园，组织编制了《中国（驻马店）国际农产品加工产业园总体规划（2018—2035年）》（以下简称《规划》）。

二、规划特点

1. 析理证实，理顺发展思路

国际农产品加工产业园是农业农村部实施农产品加工业提升行动的新抓手，研究总体思路是科学编制规划的基础。为此，规划团队开展了国内外农产品加工园区规划建设专题研究，通过大量文献查阅和座谈交流，总结了农产品加工园区一般经历的要素集聚、产业主导、创新突破和产城融合4个发展阶段，系统分析了相关支撑理论，提出了国际农产品加工产业园应具备的国际性、集群性、平台性和高端性等基本特征。采用类比法，对2个国外食品工业园和12个国内农产品加工园区进行深入分析，剖析了其规划布局、产业构成、运营模式及经验启示。以理论分析和案例借鉴为基础，结合河南省和驻马店市实际，提出了中国（驻马店）国际农产品加工产业园规划的总体思路，即科技创新促进园区阶段跨越、上下游联动构建产业生态系统、链式服务提升创业就业活力、政企联合破解融资招商难题以及产城融合创造宜居宜业环境等。

2. 优化结构，突出重点方向

按照产业高端植入实现园区跨越发展的战略构想，《规划》采用"总—分—总"的思路深入开展了重点产业专题研究，选取政策受益度、农产品产量、领军企业数量、区域加工产能、创新平台数量、主营业务收入增长率、主营业务收入利润率等多个关键指标，建立综合评价模型，对22个农产品加工子行业和农产品加工装备制造业进行评价排序，筛选出适合园区发展的十大优势行业。以全球视野，对每个优势行业从生产消费、进出口贸易、发展趋势等角度进行分析，对标行业领军企业，研判园区适宜的加工方向，形成15个食品制造重点方向。结合国际食品发展趋势，按照产品功能特征，将15个重点方向按照新食品、休闲便利食品、保健及特医食品和营养健康食品进行归类，形成园区的四大食品制造产业。

3. 统筹谋划，优化空间布局

秉持"生态优先、产业集群、产城融合"的布局理念，对园区产业、科技、休闲、居住在区域上进行科学规划。融合了我国适中居中的传统规划思想，在园区中央环形公园围合的区域，以执中守正的天中文化内涵为引领，以构建简洁时尚的现代商业、办公等建筑风貌为重点，强调城市门户景观形象的塑造，构建方正对称的中心区风貌。发挥基地密集的水资源优势，以水系联通及滨水公园建设为抓手，修复串联河流水网，构建"以水为脉"的生态景观基底。注重园区通风环境，预控南北向城市绿廊宽度，打造多条通风廊道。依托水系与路网，构建由河流绿廊、道路绿带、集中绿地组成的结构层次清晰的蓝绿骨架。采用"单元式"规划与建设，滚动发展、弹性生长。按照步行、骑行、车行尺度大小及制造、研发、服务功能差异，以约2平方公里为基本规模规划若干制造单元、研发单元和服务单元，按照人员密集程度，产业单元内适度混合职工宿舍、公园及配套商业等功能，通过复合开发模式实现土地多样化利用及服务业集聚，保障单元内产业运转效率，平衡职住，塑造宜居品质与创新活力。

三、规划实施

2018年经河南省政府申请、农业农村部批复同意在驻马店市建设全国首个国际农产品加工产业园。截至2020年5月，中国（驻马店）国际农产品加工产业园建设取得阶段性成果。园区内已建成90多公里"三纵六横"的道路网，水电气暖、通信设施基本铺设到位，具备了集群式承接产业转移的条件。园区已成功签约产业类项目11个，合同总投资160多亿元；签署框架协议项目4个，合同总投资近70亿元。泰国正大、徐福记、君乐宝、恒都、鲁花、中花粮油、克明面业、今麦郎食品、思念食品、花花牛等一批国内外知名企业以及十三香调味品、大程粮油、久久农科等本地骨干企业入驻园区。

■ 第二节　编写目录

《中国（驻马店）国际农产品加工产业园总体规划（2018—2035年）》编写目录

第1章　项目概况
1.1　背景意义
1.2　指导思想
1.3　规划基本依据
1.4　规划期限与范围
1.5　规划原则

第2章　基础条件
2.1　城市发展基础
2.2　产业园现状条件

第3章　目标定位
3.1　发展定位
3.2　发展战略
3.3　发展目标

第4章　发展高端农产品加工产业
4.1　产业选择原则
4.2　国际经验借鉴
4.3　产业总体方案
4.4　高端食品制造
4.5　智能装备制造
4.6　高端服务业

第5章　高效集约的空间布局
5.1　空间布局理念与策略
5.2　总体空间结构
5.3　产业空间布局
5.4　各类用地布局规划
5.5　提高工业用地投资强度

第6章　搭建蓝绿交织的生态网络
6.1　规划目标
6.2　水系结构
6.3　绿地系统结构
6.4　通风廊道
6.5　公园绿地
6.6　防护绿地
6.7　附属绿地
6.8　海绵城市建设指引

第7章　提供全覆盖的优质公共服务
7.1　公共服务设施用地现状
7.2　公共服务设施用地规划

第8章　构建快捷高效的交通体系
8.1　发展目标与策略
8.2　对外交通系统规划
8.3　道路系统规划
8.4　慢行系统规划
8.5　交通设施规划
8.6　智能交通系统规划

第9章　建设绿色低碳的基础设施
9.1　给水工程规划
9.2　排水工程规划

（续）

《中国（驻马店）国际农产品加工产业园总体规划（2018—2035年）》编写目录

9.3 电力工程规划	第11章 环境影响评价
9.4 通信工程	11.1 环境与生态现状
9.5 燃气工程	11.2 规划环境影响分析及评价
9.6 供热工程	11.3 对策和措施
9.7 环卫工程	第12章 强化资源与生态环境保护
9.8 地下综合管廊	12.1 规划目标
9.9 综合防灾工程	12.2 水环境污染防治
第10章 塑造天中特色的景观风貌	12.3 大气环境污染防治
10.1 规划目标	12.4 声环境污染防治
10.2 整体结构	12.5 土壤环境污染防治
10.3 景观风貌分区	12.6 生态保护与建设
10.4 特色功能轴带	第13章 分期建设指引
10.5 标志节点	13.1 开发建设时序
10.6 特色开放空间塑造	13.2 近期实施建设指引
10.7 建筑色彩	第14章 政策支持与实施保障
	14.1 政策支持
	14.2 园区运营建议

■ 第三节　精选章节

第1章　项目概况

······

1.2　指导思想

深入学习贯彻习近平新时代中国特色社会主义思想和党的十九大精神，以农产品加工业高端创新发展为导向，以推进实施乡村振兴战略为抓手，以农业供给侧结构性改革为主线，牢固树立和贯彻落实创新、协调、绿色、开放、共享等新发展理念，瞄准国内、国际两个市场和两种资源，引领园区高标准规划、高效率建设、高水平建成、高质量发展，为筑就农产品加工产业国际竞争优势提供新探索，也为促进全国农产品加工业高质量发展、农村一二三产业和城乡融合发展提供新样板。

······

第3章　目标定位

3.1　发展定位

中国国际高端食品制造基地。……

中国国际农产品加工装备制造基地。……

中国国际农产品加工科技研发基地。……

中国国际农产品加工物流贸易中心。……

3.2　发展战略

全方位国际开放战略。……

全产业深度链接战略。……

全要素创新驱动战略。……

全尺度产城融合战略。……

3.3　发展目标

力争到2035年，建成产业优势明显、配套功能完善、服务优质高效的国际农产品加工产业园；引进及合作一大批国内外著名的大学及科研院所，农产品加工科技创新能力达到国际一流水平；食品加工和装备制造产业蓬勃发展，部分企业在行业内达到领军地位；加工原料、产品及智能装备交易活跃，出口交货值迅速增长；园区带动区域农业现代化效果明显，全市农产品加工转化程度处于全国领先水平。

……

第4章　发展高端农产品加工产业

……

4.3　产业总体方案

根据中国（驻马店）国际农产品加工产业园的总体定位，并借鉴国外经验，将园区产业定位为通过发展高端制造业和高端服务业，聚集全球科技、人才、资本、信息、市场等先进要素，促进园区与农区、城区的高度融合，并促进中国农产品加工业的高质量发展。

4.3.1　高端制造业

园区高端制造业旨在适应制造业服务化、定制化、智能化发展的新趋势，将传统制造业向提供具有丰富服务内涵的产品和依托产品的服务转变，一方面将研发、营销等在企业内部服务于传统产品制造的业务，提升为园区内面向国内外农产品加工行业的高端服务业；另一方面，将传统单纯产品制造，提升为面向客户个性需求的"产品＋服务"，实现个性化生产和服务，从而提高价值水平。主要定格在高端食品制造和智能装备产业发展方向上。

高端食品制造。根据国内外食品发展趋势的分析，确定园区高端食品制造产业组成方案为四大产业15个重点方向。一是营养健康食品制造。主要包括营养强化面制品、高油酸食用油、高端肉制品、高端乳品及双蛋白食品、蔬菜加工制品、宠物食品、生物美容产品等研究方向。二是保健及特医食品制造。主要包括保健食品和特医精准营养食品两个研究方向。三是休闲便利食品制造。主要包括休闲食品、预制调理食品和调味食品等研究方向。四是新食品制造。主要包括替代食品、生物制造食品和定制食品等研究方向。……

智能装备制造。根据我国农产品加工尤其是食品制造关键装备依赖进口的现状，融合现代信息技术和智能技术，着力发展农产品加工（食品制造）智能工厂生产系统、食品智能制造和3D打印设备、高效食品粉碎与分离技术与装备、食品智能杀菌装备、智能干燥装备、冷冻冷藏装备、物性重组关键技术与装备、智能包装关键装备、智能服务机器人和其他智能装备（含农机装备、园林机械等）10类装备制造和系统集成服务业务。……

4.3.2 高端服务业

科技教育。以创建"国际农产品加工科技研发基地"为载体，集聚全球农产品加工科技与人才资源，在平台搭建、团队建设、机制创新、技术研发、人才培养、成果转移等方面取得突破。……

贸易物流服务。以构建"国际农产品加工贸易物流中心"为目标，开展贸易和物流服务，促进国际农产品加工原料、产品、资金、技术、人才自由流动，建设进出口产品质量标准、质量认证中心和追溯中心。……

其他服务业。包括现代金融服务、现代中介服务和食品体验与健康文化传播等。……

第5章 高效集约的空间布局

……

5.2 总体空间结构

规划打造"一心、多板块"的空间结构（图4-3-6）：

"一心"，即综合服务中心，是集科技研发、商贸合作、产品展示、商务办公、商业服务于一体的多功能复合区，依托重阳大道和兴业大道进行布局。综合服务中心致力于打造产业和生活服务平台，为整个园区的产业和服务人口提供集聚服务、企业总部、酒店、商务办公、配套金融、创意服务、研发平台、人才教育培训和公园等功能。

"多板块"，包括营养健康食品制造、新食品制造、休闲便利食品制造、保健及特医食品制造、智能装备制造、物流仓储、高端服务和产业预留八大板块。……

……

第6章 搭建蓝绿交织的生态网络

生态网络系统对于中国（驻马店）国际农产品加工产业园生态环境保护起着决定性作用。产业园区的生态网络系统设计遵循人与自然共处的基本原则，尊重自然、保护自然、防御自然、利用自然。坚持生态优先、一体构建、因地制宜，突出特色、多元功能，整体协调等原则，搭建蓝绿入园的生态网络。……

第7章　提供全覆盖的优质公共服务

……

7.2　公共服务设施用地规划

园区公共服务设施主要是为产业工人、居民提供生产性服务设施、生活性服务设施以及其他服务设施，其规划建设应遵循以人为本的发展理念，坚持集约共享、绿色开放的基本原则，合理配置、高效服务。

结合园区"一心、多板块"的空间结构体系，构建以基层设施为基础，产业园区级—基层级设施衔接配套的公共服务设施网络体系。规划期末，产业园工人规模约30万人，居住人口规模约16万人，公共服务设施用地控制在686.32公顷，占产业园建设用地的11.48%。

……

第10章　塑造天中特色的景观风貌

……

10.2　整体结构

规划形成"一环一心、一带双轴多节点"的整体风貌结构（图4-3-7）。

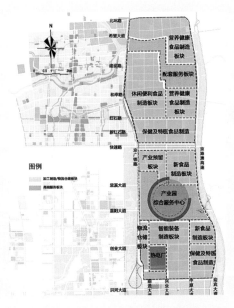

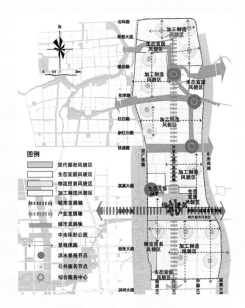

图4-3-6　园区空间结构示意图　　　　图4-3-7　园区整体风貌结构图

10.3　景观风貌分区

现代都市风貌。主要指中央环形公园围合的区域，以执中守正的天中文化内涵为引领，以构建简洁时尚的现代商业、办公风貌为重点，强调城市门户景观形象的塑造，构建方正对称的中心区风貌。建筑风格以现代主义建筑风格为主，总体突出清新明亮、充满活力、富有韵律变化的现代都市风貌特征。

生态宜居风貌区。……

物流贸易风貌区。……

加工制造风貌区。以井然有序的方正路网，营造干练高效、简洁大气的工业园区特色。适应食品加工制造及装备制造产业的功能需要，建筑以多层厂房为主，以现代风格为特色，凸显灰、黄等大地色系，形成彰显天中特色的加工制造风貌区。

……

（本案例精选章节由本院的程勤阳、娄正和王军莉等，深圳市城市规划设计研究院有限公司的程龙、刘迎宾和韩江雪等，以及驻马店市城乡规划勘测设计院的赵磊、钱坤和吴旭等单位和主要规划编写人员提供）

案例4-3-3-3

深圳市华侨城光明小镇国家现代农业庄园建设规划（2018—2022年）

■ 第一节　规划评述

一、规划背景

2016年，国家旅游局和农业部联合发文创建国家现代农业庄园，是国家层面探索农业现代化和城乡融合发展的宏观导引，光明小镇现代农业庄园是深圳市推进都市农业发展的探索地和试验田。庄园总面积3.8平方公里，拥有深圳最大的连片基本农田（3 693亩，占全市基本农田总面积的11.54%）。深圳市引进我国文旅行业龙头——华侨城集团以增资扩股方式投资光明集团（原光明农场），探索如何以现代农业庄园的形式在深圳进行以景观农业、旅游农业为引领的现代农业示范。

二、规划特点

《规划》创新性地运用了风景园林基本原理，整合了景观都市主义、景观生态学等理论方法，研发了精确到月的全周期种植模型和全方位生态模型，提出了"大尺度景观构建+小组团体验链接"的总体思路，构建了"欢乐田园"和"体验庄园"两大功能板块，安排了作物品种、作物布局、种植规模、种植制度、景观元素和游赏项目，细化了综合交通、水利工程、土地整治、农业信息化、植景设计等建设方案，提出了运营管理方案和建设项目库。

1. 有效破解了都市农业新难题

庄园几乎全部处于生态保护用地范围中，65%的土地都是永久基本农田。《规划》坚守生态保护红线和粮食安全底线，提出了"大尺度景观构建+小组团体验链接"的发展思路，形成了"景观风貌引领、产业内核驱动、乡愁文化蕴含"的构架，实现了"农旅生态化"和"田园景观化"发展策略。通过粮经作物品种的空间设计和时序安排，营造四时变换的大尺度农业景观，有效破解了生态保护、粮食安全与旅游开发的矛盾，探索出永久基本农田有效利用新方式。

2. 创新构建了以小见大新格局

庄园内受高铁、绿道、变电站、填埋场等城市建设的限制，田块和水系极度破碎，对大场景的营建提出了新挑战。《规划》提出"基底+肌理+基地"的空间策略，以"稻田、菜田、葵田、花田"为纸砚，以"花丘、果丘、塔丘、节点"为笔墨，以"水网、路网、绿网、栈桥"为经纬，泼洒写意成"稻香花海·欢乐田园"都市农业新画卷。做到全场景因地制宜，全生态修补修复，有效破解了多重场地条件限制，探索出"小空间见大场景"的新格局。

3. 积极探索了城乡融合新模式

庄园土地机会成本高，建设用地指标匮乏，生产和游憩服务设施用地难以双重保障。《规划》立足破解大都市小农业发展难题，提出"景观引领、三产协调、共享发展"的都市农业发展新模式，全面实现设施共享、服务共享、经济共享，推动庄园与小镇深度融合，实现园内生产、镇区服务，园内游赏、镇区消费，园内创造价值、小镇实现价值的新模式，有效地破解了运营管理难题，探索出多方协力、互利共赢的运营模式。

4.巧妙构建了四季延绵新景观

庄园面临四季有景难、空窗期长、灌溉水源紧张、土壤肥力不高等问题。《规划》提出季相变换、四季皆景的全年物候图景，落实了每种作物从播种到收获的农作安排，设计了多种轮作、间作、套作模式，提出"空景＋夜景"解决方案，同时对土地整理、土壤改良、水土修复等设施进行了详细设计，完成了智慧农业、智慧水利、智慧管理方案，保证了美景四季绵延。

三、规划实施

《规划》得到广东省、深圳市和华侨城集团的充分认可，庄园建设迅速推进。开工仅4个月时，首批1 500亩油菜花海景观亮相后即刻蹿红，仅2019春节前后10天就接待游客30万人次，迅速成为深圳春节档明星景区和网红打卡地。如今，3 700亩的欢乐田园建设有序推进，油菜花海、丰收稻田、金色葵浪等交织错落的大尺度农业景观相继建成，已然成为深圳最大的田园花海和果林花丘。庄园的初步落成激活了迳口古村发展，带动了光明新城建设，打造出一批"网红塔""网红桥"等标志性景点。先后被《深圳晚报》、深圳新闻网、光明网等各大媒体进行热点报道，各类网红达人也纷纷打卡推介。该《规划》获得了中国工程咨询协会颁发的"2020年度全国优秀工程咨询成果一等奖"，广东省农业技术推广三等奖，深圳市科普教育基地、数说深圳2019年备受关注旅游景点等多项荣誉。

■ 第二节　编写目录

《深圳市华侨城光明小镇国家现代农业庄园建设规划（2018—2022年）》编写目录

第1章　背景与意义	第2章　发展条件分析
1.1　现代农业发展前沿	2.1　区位交通
1.2　景观农业发展趋势	2.2　资源条件
1.3　景观农业构建原则和任务	2.3　社会经济
1.4　区域农业功能定位与发展要求	2.4　基础设施条件
1.5　建设国家现代农业庄园意义	2.5　优势条件
1.6　规划依据	2.6　存在问题
1.7　规划范围与期限	第3章　总体方案
	3.1　指导思想

（续）

《深圳市华侨城光明小镇国家现代农业庄园建设规划（2018—2022年）》编写目录	
3.2　基本原则	6.5　智能化质量追溯服务系统方案
3.3　战略定位	6.6　智慧水利方案
3.4　规划目标	6.7　智慧管理方案
3.5　建设路径	6.8　智慧项目体验方案
3.6　总体布局	**第7章　基础设施规划**
第4章　欢乐田园建设方案	7.1　综合交通
4.1　作物选择原则	7.2　水利工程
4.2　稻田景观区建设方案	7.3　土地平整与土壤改良
4.3　园艺景观区建设方案	7.4　电力及通信网络设施
4.4　高铁廊道、道路、水系、景观空窗期等 设计方案	7.5　环卫设施
4.5　农业新品种新技术研发展示区建设方案	**第8章　投资与效益**
4.6　农业产业链构建方案	8.1　建设投资和资金筹措
第5章　体验农庄建设方案	8.2　效益分析
5.1　智慧农庄	**第9章　运营和管理机制**
5.2　康养农庄	9.1　组织管理
5.3　果林农庄	9.2　运营机制
第6章　智慧园区规划	9.3　品牌打造
6.1　规划思路	**第10章　保障措施**
6.2　智慧农田方案	10.1　人力资源保障
6.3　智慧农业设施规划方案	10.2　工程质量保障
6.4　智能化采收及物流系统方案	10.3　资源环境保障
	10.4　运营维护保障

■ 第三节　精选章节

……

第2章　发展条件分析

……

2.5　优势条件

2.5.1　农业产业基础好，农产品品牌优势明显

耕地资源丰富，基础设施完善。深圳市现有基本农田为3.2万亩，光明区基本农田保护区面积13 200亩，基本农田改造全面完成。庄园总占地面积5 710亩，全部为农用地，其中基本农田保护区面积3 693亩，占全市基本农田总面积的11.54%，区域内基本农田集中连片，已经建成多处高标准的水稻、油菜育种基地，果蔬生产基地。

生物育种水平全国领先。……

产业特色优势明显，产品知名度高。光明区下属的光明集团拥有亚洲最大的养鸽基地、国内最大的鲜奶出口基地、广东最大的西式肉制品生产基地。生产的"光明红烧乳鸽""甜玉米""晨光鲜奶""光侨肉制品"等美食更是驰名海内外。生产的晨光巴氏杀菌乳获得中国名牌农产品称号；晨光牌含乳饮料、晨光牌液体奶、光明鸽牌乳鸽种鸽、深光牌光明猪配套系肉猪、光侨牌三文治、光侨牌高级鸡肉肠以及金新农公司的成农牌4%预混料、成农牌代乳王8个产品获广东省名牌；"晨光""卫光"等获广东省著名商标。

2.5.2 小镇布局形成，与上位规划衔接紧密

……

2.5.3 区域生态环境良好，地理区位优势突出

……

2.6 存在问题

基本农田保护与农旅项目定位矛盾突出。庄园内土地均为非建设用地，尤其是基本农田红线划定范围，占庄园总面积的65%。根据《深圳市基本农田保护区管理办法》等基本农田保护政策，基本农田仅能用于生产粮、棉、油等粮食作物和蔬菜等经济作物，对作物品种选择和四季景观构建上限制很大。根据深圳市（深规土〔2015〕345号）文件要求，设施农用地不得占用基本农田，并对开发农业文化旅游项目限制更为严格。

场地复杂情况与大尺度景观构建冲突明显。一是庄园内属低山丘陵区，岗峦起伏，田块大小不一，土地平整难度大，对地块的规模限制很大。二是庄园内基本农田于2013年由市政府投资进行升级改造，现有道路设施、灌排设施基本完善，但当时对田块的景观设计考虑较少，内部道路结构混乱、田块细碎化等问题普遍存在。三是庄园内现有2条高铁和1条省立绿道穿过，1座220千伏变电站位于其内，对庄园空间造成极其严重的影响。……

农业生产需水与现实用水保障差距甚大。庄园农田灌溉水源原为东侧的横江水库、石头湖水库和石狗公水库等。目前横江水库、石头湖水库和迳口水库扩建而形成的公明水库是深圳最大饮用水战略储备型水库，不能作为项目区灌溉水源。根据《光明新区基本农田建设和改造工程》，庄园农业用水理应引自石狗公水库，但由于输水管道破损以及经过军事管理区等原因，目前暂无输水条件；且石狗公水库为小I型水库，可用水量相对较少。虽然区域内地下水丰富，现有灌溉水源为农户自打机井，但不符合水源地保护要求。因此，园区灌溉水源问题依然是庄园农业生产的最大挑战。

……

第3章 总体方案

3.1 指导思想

深入贯彻落实习近平新时代中国特色社会主义思想，牢固树立创新、协调、绿色、开放、共享发展理念，借助深圳市科技创新发展之势，围绕做强做大"景观+体验+科技+文化"的农业旅游产业，以"大尺度农业景观构建+小组团体验联结"为总体思路，不断优化空间布局、丰富农业产品、提升设施装备、强化科技支撑、创新体制机制，走出一条产业兴旺、质量高端、创新有力、城乡融合、生态宜游的发展道路，为全国现代农业庄园建设提供新模式，为广东省率先实现农业现代化提供新动力，为深圳光明区"四城两区"建设提供新支撑，为华侨城集团探索农、科、文、旅融合发展探索新路径，力争建成世界都市农业新典范和全国景观农业新标杆，助力国家"五化同步"大发展。

……

3.3 战略定位

立足庄园资源环境状况和产业发展状况，遵循深圳市和光明区发展战略，结合国内农业发展趋势，将园区定位为景观农业创意基地、智慧农业科普基地、农耕记忆传承基地和生态农业旅游胜地。用最先进的农业智慧系统、最独特的共享体验方式、最绿色的食材生产环境、最舒心的田园休闲服务、最具创意的农业生产景观，向面临快节奏、强压力生活的都市人群传达快乐、幸福、健康、可持续发展的价值理念，为深圳、粤港澳及更多大都市居民提供智慧、共享、快乐、绿色、健康的现代都市田园休闲生活解决方案，为深圳高速发展留住低碳缓冲空间。……

……

3.5 建设路径

3.5.1 尊重现状约束，借势巧构景观

在大尺度农业景观构建和小组团农耕体验的设计中融入借势就势的理念，尊重场地现有水源、地形、路网、土壤、文化等客观约束，运用科学合理、经济实用的技术手段，巧妙突破农业生产和景观构造限制，创设大尺度农业景观。依托现有地形地貌，规划园区低丘平畈大尺度景观；依托现有沟渠堰塘，构建园区生产、景观水系。空间上通过强烈的空间对比烘托出主景的尺度规模，构图上适当采用放射的轴线系统形成强烈的视觉冲击，游线上通过变幻的视点视角扩大游赏的空间感受，衔接上通过内外的空间联系形成丰富的借景系统。一是构建完整如画的农业肌理。……二是构建完整的田块肌理。……三是构成大场景的农田景观。……四是连通精致靓丽的景观节点。……

3.5.2 开放共享服务，创新产品体验

充分落实创新、协调、绿色、开放、共享五大发展理念。在经营管理上，多便民，少设卡。采用路网共享、设施共享、服务共享。……产品设计上，多创新体验，少照搬照抄。……

3.5.3 促进科技创新，提高竞争能力

借势光明科技城建设，吸引全球科研机构，促进科技创新，走创新发展道路。开展生物种业创新。……智慧农业创新。……搭建土壤改良示范平台。……开展生态农业创新。……

3.5.4 构建产业体系，促进产业兴旺

构建绿色稻-渔和特色果蔬两条产业链，促使一二三产业紧密融合，走产业兴旺发展道路。一是构建绿色稻-渔产业链。……二是建设工厂化育苗基地。……三是建设稻田立体种养区。……四是构建特色果蔬产业链。……

3.5.5 发展生态农业，打造质量经济

……

3.6 总体布局

空间结构。秉承"城乡统筹、产景互促、农旅融合"的发展理念，主动对接深圳市光明区农业相关规划，进一步与《光明区土地利用总体规划》和《光明小镇总体规划》布局紧密衔接，构建以欢乐田园和体验农庄两大板块为发展翼的"一园一庄"空间布局，形成绿色水稻、特色蔬果、缤纷花卉景观营建，规模生产、品牌营销、科技示范、文化旅游互动融合发展，相互关联配套、资源高效共享的庄园新格局（图4-3-8、图4-3-9）。

图4-3-8 空间布局示意图　　　图4-3-9 总体布局平面效果图

功能分区。在一级分区的基础上，稻田景观区又划分为园艺景观区、新品种新技术研发展示区和欢乐田园体验农庄二级功能区，其面积分别为 1 677 亩、2 104 亩和 1 067 亩；体验农庄划分为智慧农庄、康养农庄和果林农庄二级功能区，其面积各为 433 亩、325 亩和 105 亩（图 4-3-10、图 4-3-11）。

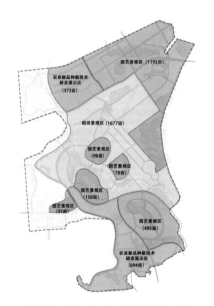

图 4-3-10　欢乐田园功能分区图　　　　图 4-3-11　体验农庄功能分区图

第 4 章　欢乐田园建设方案

依托园区基础条件，结合未来发展定位，按照"大尺度+中尺度+小景观"的景观构建思路，挖掘并充分利用农作物的生产价值和美学价值，通过作物品种选择搭配、合理种植制度安排、艺术化农田分区、小景观设计等，打造稻田大尺度景观，园艺种植及农业技术品种展示中尺度景观，道路、水系、小品等小景观，从而营造四季皆景、"三生"融合的独特田园风光。同时着力构建农业产业链，提升农业效益。

4.1　作物选择原则

……

4.2　稻田景观区建设方案

以稻田花海为主题，将稻田景观区艺术化分割成 A、B 两区，田块交错分布，分别采用"绿肥-花-水稻轮作"模式和"油菜-水稻-花轮作"模式。通过集中连片稻田营造古朴的田园风光，回归农业本真；通过美丽花海调节稻田景观，增加田园色彩、增强观赏性，营造浪漫、华美的氛围；通过种植油菜、绿肥等，改善农田地力，促进农业可持续，保护农田生态环境。稻田的淳朴宁静与花海的绚丽炽热错落交织、有机融合，打造独特的"稻花乡"田园风光，实现大尺度田园风光、农业生产、农田生态协调发展。

4.2.1 作物种植方案

稻田景观区A、B两区分别采用"绿肥-花-水稻轮作"模式和"油菜-水稻-花轮作"模式进行生产，但不固定，每隔2～3年对调A、B两区种植模式。"绿肥-花-水稻轮作"模式种植方案、"油菜-水稻-花轮作"模式种植方案（图4-3-12、图4-3-13）。

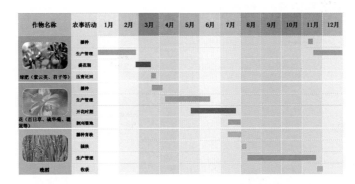

图4-3-12 "绿肥-花-水稻轮作"模式种植方案

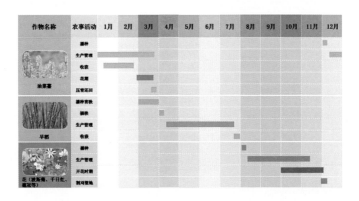

图4-3-13 "油菜-水稻-花轮作"模式种植方案

......

4.2.2 景观效果

......

4.3 园艺景观区建设方案

园艺景观区包含蔬菜种植区、花卉种植区、美丽花岭和飘香果岭四个部分（图4-3-14）。

4.3.1　蔬菜种植区建设方案

以蔬菜田园风光为主题，通过科学合理的蔬菜品种选择搭配与种植安排，构建春日色彩艳丽、夏日热情似火、秋日绿海幽深、冬日梦幻华美的蔬菜田园风光。……

……

4.4　高铁廊道、道路、水系、景观空窗期等设计方案

……

4.5　农业新品种新技术研发展示区建设方案（图4-3-15）

……

图4-3-14　园艺景观区项目分布图　　图4-3-15　新品种新技术研发展示区分布图

4.6　农业产业链构建方案

4.6.1　构建绿色稻-渔产业链

规划建设1 600亩高标准水田，373亩稻-鱼、稻-鸭共作基地，年产水稻850吨左右，稻田鱼150吨左右，加工稻米560吨左右，实现稻米销售收入640万元以上，水产销售收入220万元左右，稻-渔产业链总产值860万元以上。

加强产地环境改造。强化田间基础设施，建设高标准水稻，实现田块整齐、渠路相连、灌排有效；加强土壤改良，增施有机肥，开展测土配方施肥；采用"绿肥-花-稻轮作"等模式、稻田综合种养模式，推行绿色生态种养。

开展稻田生态养殖。建设373亩稻田立体种养区，进行立体种养稻田改造，根据

稻-鱼、稻-鸭等养殖标准合理设计养殖分区,开挖稻田渔沟、鱼溜等,筑埂,设置防逃设施、进排水设施、鸭舍等。科学合理搭配水稻、鱼、鸭品种,水稻品种以耐肥性好、秸秆坚硬、不易倒伏、抗病性强、品质优的品种为佳;鱼品种以耐浅水、适宜当地温差、生长速度快的鱼类品种为佳。强化稻田鱼饲养管理,及时合理调控水质、投饵、鱼病防控、成鱼捕捞等。

推进稻米加工包装。建设仓储中心及加工车间,配套建设稻米加工生产线、稻谷烘干保存设施、稻米恒温冷藏系统等,购置稻谷、稻米专用运输车辆等。引进先进的包装线等,提升稻米包装水平。积极开展稻壳、谷糠等综合利用。

发展水产品保鲜餐饮。配套鱼、鸭等运载设备,冷库储藏等设施建设,实现水产品生产与小镇餐饮无缝对接,积极开发水产餐饮菜品等,为小镇餐饮提供鲜活水产支撑。

开展机械化标准化生产。……

强化品牌打造。……

加强市场营销。……

4.6.2 构建特色蔬果产业链

建设550亩蔬菜种植基地,90亩火龙果园、80亩黄皮园、280亩荔枝园、490亩葡萄园,年产蔬菜7 000吨左右,各类水果700吨以上,年蔬菜销售收入达3 300万元以上,水果销售收入达1 700万元以上。

引进优新品种培育优质种苗。着力引进羽衣甘蓝、西兰薹、彩色菜花、彩色生菜、彩色苋菜等观赏食用兼用蔬菜、保健蔬菜等品种,以及葡萄、火龙果、黄皮等特色品种,推进智慧农庄智能育秧温室集约化育苗,保障园区优质种苗供应。

加强标准果蔬园建设。实施土地平整和丘陵山坡地梯田建设,开展土壤改良,配套建设灌排设施、路网等,实现果园、菜园建设标准化。

实施绿色标准化种植。……

推进现代化农机应用。……

加强采后商品化处理。……

第5章 体验农庄建设方案

以发展科技农业、文化农业、康养农业、体验农业为核心,通过建设智慧农庄、康养农庄、果林农庄,配套现代化农业设施装备,打造集生产加工、仓储物流、服务管理、科技研发、展示展览、文化体验、康体养生等多功能于一体的现代化、智能化农业体验农庄。

5.1 智慧农庄

……

5.2 康养农庄

……

5.3 果林农庄

……

（本案例精选章节由本院的肖运来、童俊、张汝楠、王能波和刘欣等

主要规划编写人员提供）

案例4-3-3-4

吉林省延边州国家农业科技园区总体规划

（2011—2015年）

■ 第一节 规划评述

一、规划背景

农业科技园区作为农业技术组装集成、科技成果转化及现代农业生产的示范载体，是我国推进农业科技革命、转变农业发展方式的重要举措。吉林延边朝鲜族自治州（以下简称延边州）位于吉林省东部，与朝鲜接壤，是我国唯一的朝鲜族自治州。农业资源独特，是全国冷水稻、延边黄牛、苹果梨等的发源地；生态环境优越，具有丰富的林下资源，具备大力发展生态农业、特色农业和科技农业的优势和潜力。2010年，延边州获批为吉林省级农业科技园区，引进了一批优质大米加工、黄牛养殖加工、肉鸡屠宰加工以及朝鲜族特色食品加工的企业，取得了明显成效。为打造国内一流的农业科技园区、申创国家级农业科技园，州政府组织编制了《吉林省延边州国家农业科技园区总体规划（2011—2015）》（以下简称《规划》）。

二、规划特点

1. 立足特色，谋划规划思路

《规划》立足高标准、高水平建设吉林省延边国家农业科技园区，遵循建设"富庶、开放、生态、和谐、幸福"新延边的发展要求，充分挖掘"民族、生态、资源、文化、边境"的延边特色，系统谋划了打造"三业、三全、四增、五聚"创新型国家农业科技园区的总体思路，即瞄准"延边大米、延边黄牛和延边特产"三大主导产业，树立"全面标准化、全程可追溯和全局产业链"的"三全"发展理念，沿着"科技增效、提质增效、延链增效和品牌增效"的"四增"发展方向，建设"集聚科技、集聚资金、集聚产业、集聚人才、集聚政策"的创新型国家农业科技园区，引领带动延边地区加快发展现代农业、提升经济实力、增强城乡活力和实现兴边富民。

2. 科技引领，优化空间布局

《规划》基于集约发展、创新驱动、产业带动、开放建设等基本原则，按照相关要求，将园区划分为核心区、示范区和辐射区三个层次。三个层次之间以科技为贯穿主线，通过技术开发、技术服务等科技对接，链条延伸、品牌共享等产业对接，以及订单农业、合作发展等模式对接，实现三个层次之间相互联系、梯次推进、整体提升。其中核心区起着龙头引擎作用，是决定园区建设成效的关键区域，《规划》将核心区设计为"一心、三园、一带"的空间结构，其中"一心"主要承担农业科技创新转化、农业新兴产业孵化和涉农高新技术企业集聚等任务，"三园"主要承担现代农业产业集聚和融合发展任务，"一带"主要承担提升文化、生态和经济价值等任务。

3. 突出转化，打造七大平台

《规划》以"集聚科技、集聚资金、集聚产业、集聚人才、集聚政策"为思路，以促进科技成果产出为导向，着力打造七大功能平台，加快推进科技成果转化与应用。一是打造科技转化创新平台，支持自主创新、科研攻关和成果转化；二是打造新兴产业孵化平台，支持科技型小微企业，建成科技企业孵化器；三是打造高新企业集聚平台，支持本地涉农高新技术企业，承接周边地区高新技术产业扩张；四是打造示范培训带动平台，支持国内外农业新品种、新技术、新设备、新材料的展示、示范和推广；五是打造科技特派员创业平台，鼓励科技特派员创办、协办科技型农业企业和专业合作经济组织；六是打造国际合作交流平台，支持日、韩、俄等多形式的农业科技合作；七是打造战略联盟平台，积极参与到"一城两区百园"战略联盟中。《规划》通过培养和吸引一批优秀人才，取得一批解决现代农业发展的重大科技成果，促进科技成果尽快转化与推广。

三、规划实施

2013年，该园区获科技部批准，成为第五批国家农业科技园区创建单位之一。截止到2017年8月，科技园核心区入园企业达156家，专业农场达到141家，带动农户超过1 000户，涉农技术项目获得6个奖项，审定8个新品种，研发推广15个新技术。该园区于2017年11月顺利通过科技部验收。

■ 第二节　编写目录

《吉林省延边州国家农业科技园区总体规划（2011—2015年）》编写目录

第1章　规划提要	第5章　总体布局与功能定位
1.1　规划名称、期限与地点	5.1　总体布局
1.2　建设单位与技术依托单位	5.2　功能定位
1.3　总体思路与总体目标	第6章　核心区建设规划
1.4　布局规划	6.1　现状条件
1.5　建设重点	6.3　建设目标
1.6　投资估算与效益分析	6.4　核心区产业布局
1.7　规划依据	6.5　中心园建设重点
第2章　园区概况	6.6　农业科技服务园建设
2.1　自然条件	6.7　农产品加工流通园
2.2　经济与社会发展	6.8　农业种养产业园
2.3　农业发展现状	6.9　朝鲜族民俗旅游带
2.4　农业科技现状	6.10　重点项目
2.5　园区建设由来	第7章　示范区建设规划
2.6　园区建设条件分析	7.1　现状条件
第3章　必要性与产业选择	7.2　建设思路
3.1　园区建设的必要性	7.3　建设目标
3.2　主导产业的选择	7.4　产业布局
第4章　总体思路与目标	7.5　建设重点
4.1　总体思路	7.6　重点项目
4.2　基本原则	第8章　组织管理与运行机制
4.3　发展战略	8.1　组织管理
4.4　总体目标	8.2　运行机制

（续）

《吉林省延边州国家农业科技园区总体规划（2011—2015年）》编写目录	
第9章 投资估算、资金筹措与效益分析	第10章 配套政策与保障措施
9.1 投资估算	10.1 配套政策
9.2 资金筹措	10.2 保障措施
9.3 效益分析	第11章 建设任务年度进度与安排
	11.1 总体进度
	11.2 分年度安排

■ 第三节 精选章节

......

第4章 总体思路与目标

......

4.1 总体思路

全面贯彻党的十八大精神，以邓小平理论、"三个代表"重要思想、科学发展观为指导，坚定信心、凝聚共识、统筹谋划、协同推进，紧紧抓住吉林延边建设国家农业科技园区的难得机遇，充分利用吉林延边具有东北振兴、西部大开发、兴边富民、扶贫开发、长吉图开发开放先导区、少数民族区域自治等多种政策的叠加优势，以市场为导向、以科技为支撑、以企业为主体，解放思想、先行先试、转变方式、深化开放，围绕"延边大米、延边黄牛和延边特产"三大主导产业，坚持"科技增效、提质增效、延链增效和品牌增效"的发展方向，树立"全面标准化、全程可追溯和全局产业链"的发展理念，贯彻"生态立园、科技兴园、特色富园"的发展要求，突出"民族、生态、资源、文化、边疆"的延边特色，充分利用国内国外"两个市场、两种资源"，着力建设"集聚科技、集聚资金、集聚产业、集聚人才、集聚政策"的创新型国家农业科技园区，引领带动延边地区加快发展现代农业、提升经济实力、增强城市活力、实现兴边富民，为建设富庶、开放、生态、和谐、幸福的新延边做出贡献。

......

第5章 总体布局与功能定位

5.1 总体布局

吉林延边国家农业科技园区的总体布局分为核心区、示范区和辐射区三个层次，如图4-3-16所示。

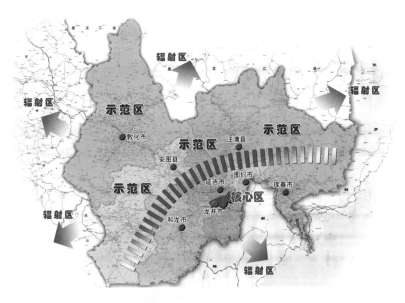

图 4-3-16 总体布局规划图

核心区。布置在延边州龙井市境内，包括龙井市东盛涌镇的全部镇域，智新镇的龙丰村、龙明村、光新村、龙江村、龙池村、工农村、新安村7个村，总面积300平方公里。

示范区。布置在延边州除核心区范围以外的全部州域，包括龙井市的部分区域，延吉市、图们市、和龙市、敦化市、珲春市、汪清县、安图县的全部区域，总面积42 400平方公里。

辐射区。布置在延边州周边地区，包括牡丹江市、吉林市、白山市等国内附近地区以及俄罗斯、朝鲜等国外附近地区。

5.2 功能定位

按照建设"集聚科技、集聚资金、集聚产业、集聚人才、集聚政策"的建设思路，该园区聚焦打造科技转化创新平台、新兴产业孵化平台、高新企业集聚平台、示范培训带动平台、科技特派员创业平台、国际合作交流平台和园区战略联盟平台七大功能平台。

……

第6章 核心区建设规划

……

6.4 核心区产业布局

核心区产业发展布局规划为"一心、三园、一带"，如图4-3-17所示。

乡村规划理论与实践探索

图4-3-17 核心区产业发展布局图

"一心"：是指在核心区内规划建设一个中心园，用于加强农业科技创新转化、农业新兴产业孵化，并打造成为涉农高新技术企业、农副产品深加工企业的集聚园，以加速引领和支撑科技园区农业产业的转型升级。

"三园"：是指在核心区内规划设置农业科技服务园、农产品加工流通园、农业种养产业园三种园区，用于合理确定不同产业的发展空间，推动产业集合、集聚和融合发展，争取科技园区农业产业的更大效益。

"一带"：是指在核心区内规划将海兰江流域打造成为朝鲜族民俗旅游带，依托海兰江、琵岩山等自然风光，借力现代农业景观，挖掘朝鲜族民俗文化，建设一批旅游、休闲、观光景区，以进一步增加核心区的生态价值和经济价值，打造环境质量优良、产业功能协调、生态系统良性循环的核心区。

6.5 中心园建设重点

主要包括农业科技服务园、农产品加工流通园、农业种养产业园和朝鲜族民俗旅游带等方面的建设。……

……

（本案例精选章节由本院的张学军、张跃峰、张庆东、吴政文和鲜于开艳等

主要规划编写人员提供）

案例 4-3-3-5

广西田东农产品加工与物流产业园控制性详细规划

■ 第一节　规划评述

一、规划背景

广西田东农产品加工与物流产业园位于百色市田东县祥周镇，规划用地规模132.7公顷，是田东县"十三五"重点建设的四大农业园区之一，也是加速推动全县一二三产业融合发展的重要抓手。为确保园区建设有序、科学高效推进，该县特组织编制《广西田东农产品加工与物流产业园控制性详细规划》（以下简称《规划》）。该园区规划用地规模较小，用地现状情况相对简单，为解决规划周期短、报批任务重、工程建设急、总体规划缺失等实际问题，规划编制组与田东县政府及规划主管部门沟通，确定采取园区总体规划与控制性详细规划同时启动、联动编制、联合评审的工作组织形式。《规划》为当地规划主管部门做出规划行政许可、实施规划管理提供了依据，同时也为指导园区开发建设、服务招商奠定了基础。

二、规划特点

1.确定规划指标体系，利于地方开发管理

控制性详细规划属于法定规划，指标体系是其核心内容之一，也是指导园区建设用地管理的直接依据，主要涉及容积率、建筑密度、绿化率、建设退线、建筑高度等指标。为满足该县规划主管部门的管理要求与园区开发的实际需求，规划团队通过研究《百色市城市规划管理技术规定》和田东县已审批通过的控制性详细规划成果，初步确定本次规划的指标体系。同时考虑到农产品加工与物流产业的产值与其他制造业的产值差别较大，团队还对《广西壮族自治区建设用地控制指标（修订稿）》《广西工业项目建设用地控制指标（2015年修订）》等文件中涉及农产品加工与物流产业的相关用地指标要求进行了深入解读，在与国家标准进行对比的情况下，将各项控制指标与《田东县祥周镇镇区控制性详细规划》进行了衔接与协调，最终

243

确定了突出农产品加工与物流产业特色并满足园区开发实际需求的规划指标体系。

2. 突出用地布局弹性，确保土地高效利用

一般情况下，园区控制性详细规划按照不同等级城镇道路的间距要求划分建设用地地块，划分好的地块出让或划拨给入驻企业进行项目开发，地块的规划用地规模与招商企业实际需求之间常存在难以匹配的情况，容易造成单一企业厂区被城镇道路分割或建设用地利用率不高、土地浪费等问题。本次规划园区的招商对象以水果、粮食、生猪等农产品加工与物流企业为主，规划团队通过案例研究、意向企业问询等方式发现，不同类型加工与物流企业的建设用地需求规模存在较大差距，无法通过统一规模地块解决；规划团队总结了农产品加工与物流企业所需建设用地规模的合理范围，提出了通过灵活增减园区支路满足企业入驻需求的用地弹性划分方法，并给出了地块细分原则和园区支路的规划布局建议，在便于园区进行企业招商的同时，避免土地低效开发。

3. 开展人地规模预测，确定配套设施规模

确定公共服务设施和市政基础设施的规模是园区控制性详细规划阶段的重要内容之一。《规划》编制过程中，主要采用"人口规模预测法"确定公共服务设施的配套规模，以总体规划确定的园区产业人口规模为基础，以国家及广西地区有关公共服务设施配套标准与规范为依据，按照千人用地面积指标和千人建筑面积指标进行规模测算，最终确定公共服务设施的占地面积与建筑面积；市政基础设施建设规模方面，主要采用"用地规模预测法"确定各类市政基础设施的配套规模，结合园区的用地布局，以《城市给水工程规范》（GB/T 50280）、《城市电力规划规范》（GB/T 50293）等国家现行的规范为依据，按照单位用地面积或建筑面积的地均指标进行市政设施的规模测算。

4. 强调环境风貌协调，突出园区设计导引

《规划》借鉴城市设计方法，从建筑风貌、地块内部交通设计、道路附属设施设计、公共空间设计、沿街界面控制等多方面提出了园区设计导引，指导园区空间开发建设。在建筑设计方面，考虑到园区位于祥周镇传统风貌控制区内，规划将园区内建筑物分为传统风貌协调类、现代风貌类两种，并从色彩、风格、材料等多方面提出传统风貌协调类建筑的设计导则；同时，为营造园区安全、绿色、舒适的建筑空间环境，规划从节水、节地、节材、节能等多方面提出了绿色建筑设计导引，有效推动园区可持续发展。

三、规划实施

自2018年12月《规划》获批以来，田东县政府通过财政资金、银行贷款、业主自筹等多渠道，筹措资金8 600余万元，按照《规划》确定的路网、地块等内容，开展了启动区土地一级开发与标准厂房建设。主要实施内容包括完成土地平整6.67公顷，建成祥周纵十路、祥周横三路等多条园区道路，建设完成占地面积为1.22公顷的双创孵化园等。

■ 第二节　编写目录

《广西田东农产品加工与物流产业园控制性详细规划》编写目录	
第1章　总则	**第5章　公共服务设施与商业服务业设施**
1.1　规划背景	5.1　设施分类
1.2　区位分析与规划范围	5.2　公共服务设施
1.3　规划原则	5.3　商业服务业设施
1.4　规划依据	**第6章　综合交通**
1.5　技术路线	6.1　规划原则
第2章　现状分析	6.2　对外交通
2.1　自然条件分析	6.3　内部道路系统
2.2　现状交通分析	**第7章　绿地与景观系统**
2.3　土地利用现状	7.1　规划原则
2.4　现状用地情况	7.2　绿地系统
2.5　现状设施情况	7.3　景观系统
2.6　现状建筑情况	7.4　海绵园区
2.7　已批已建用地情况	**第8章　竖向工程**
第3章　功能定位与总量控制	8.1　规划原则
3.1　发展定位与方案构思	8.2　规划依据
3.2　上位规划指引与相关规划分析	8.3　道路竖向工程
3.3　规划指标体系	8.4　场地竖向工程
3.4　功能定位与总量控制	**第9章　公用工程**
3.5　人口规模控制	9.1　给水工程
第4章　用地布局	9.2　排水工程
4.1　布局原则	9.3　电力工程
4.2　规划结构	9.4　通信工程
4.3　用地布局	9.5　燃气工程

（续）

《广西田东农产品加工与物流产业园控制性详细规划》编写目录	
9.6　供热工程	12.2　建筑风貌设计导引
9.7　管线综合	12.3　绿色建筑建设导引
9.8　环境卫生设施	12.4　公共空间设计导引
第10章　环境保护	**第13章　规划管理与开发控制**
10.1　环境保护目标	13.1　规划管理单元与地块划分
10.2　环境保护措施	13.2　开发控制
第11章　综合防灾	13.3　总图图则
11.1　消防工程	13.4　五线控制图则
11.2　防洪工程	13.5　分图图则
11.3　抗震工程	**第14章　规划实施措施与建议**
11.4　人防工程	14.1　规划分期
第12章　城市设计引导	14.2　实施策略
12.1　城市设计原则	**第15章　附则**

■ 第三节　精选章节

......

第3章　功能定位与总量控制

......

3.3.4　确定指标体系

本次规划在满足国家标准、《广西壮族自治区建设用地控制指标（修订稿）》《百色市城市规划管理技术规定（2008）》的前提下，将各项标准与《田东县祥周镇镇区控制性详细规划》中提出的相关指标进行充分协调，结合农产品加工与物流产业特色，在满足园区开发实际需求的情况下，确定规划指标体系，具体指标如表4-3-4至表4-3-8所示。

表4-3-4　用地控制指标表

用地类型	容积率	建筑密度（%）	绿地率（%）	建筑高度（米）	投资强度（万元/公顷）
工业用地	≥1.1	≥35%	≤20%	≤15	≥747
公共管理与公共服务设施用地	≤1.5	≤30%	≥35%	≤24	—
商业服务业设施用地	≤2.0	≤40%	≥25%	≤24	—
公用设施用地	≤1.2	≤25%	≥30%	≤12	—

表 4-3-5　建筑退界指标表

建筑类型	道路退红线（米）			用地界线退红线（米）		建筑类型退红线（米）	
	红线 40 米以上	红线 20 米以上	红线 20 米以下	主要朝向	次要朝向	一般性构筑物	商业建筑
低层建筑（＜5 米）	≥ 10	≥ 5	3	≥ 5	≥ 4	≥ 5	≥ 10
多层建筑（15～24 米）	≥ 10	≥ 5	5	≥ 8	≥ 4	≥ 5	≥ 10

表 4-3-6　绿地控制指标表

类型	国道、省道、主要道路	县乡道	50 米以下河道	铁路支线、专线	1～10 千伏电力线	35～110 千伏电力线
防护绿地宽度一侧（米）	≥ 20	≥ 20	≥ 20	≥ 15	≥ 5	≥ 10

表 4-3-7　地块出入口控制指标表

用地类别	距主干路红线交叉口（米）	距次干路红线交叉口（米）	距支路红线交叉口（米）
工业用地	≥ 70	≥ 50	≥ 30

表 4-3-8　地块配建停车位指标表

用地类型	机动车（个）	摩托车 / 自行车（个）	备注
工业用地	0.3	2	
行政办公	1.5	3～5	
其他办公	0.5～1	2	车位 /100 平方米
集贸市场	0.5	10	
公园、广场	0.02	0.2	

……

第4章　用地布局

4.1　布局原则

主导产业优先。根据园区发展目标和功能定位，对于农产品加工业等产业用地要积极引导，优先安排。同时创造良好的政策条件，吸引大型企业入园，加强与研究机构合作，增强产业创新能力。

集群布局。整合产业空间布局，引导企业向相应类型的产业组团集中，提高产业布局的集聚度和集群化，构筑完整的产业链，将研发、生产、物流、营销、服务等环节联系起来。

交通引导。规划通过主要的交通干路将规划区分成相对独立、功能明确的产业片区，并将产业片区中心的服务配套区布局在交通便利但相对独立的区域，适当提高其开发强度，以提高土地集约利用效率，优化空间结构。

生态优先。充分利用规划范围内现状水系及良好的生态基底，在生态环境承载力范围内进行开发建设。结合右江支流水系，规划较大面积的公园绿地，作为园区的景观核心；沿百色大道规划20米防护绿地，沿园区其他主要道路规划10米防护绿地，形成园区生态骨架，保障园区绿色发展。

弹性控制。规划规定了各个地块的用地性质和开发强度，作为土地开发的依据，但同时要充分考虑用地兼容性要求，在用地布局和调整上留有足够弹性，强化市场应变能力，保障园区招商引资与开发建设。

4.2 规划结构

依据园区总体规划，以"产业服务最优化为导向"，结合产业规划与项目策划，形成"一走廊+三板块+多功能区"的空间发展结构。

"一走廊"。沿百色大道打造产业交通走廊，作为园区主要的对外联系载体。

"三板块"。在百色大道北侧中部地块，打造以工业与商业服务业为主要功能的产业服务板块；在百色大道北侧的其他区域，打造以农产品精深加工、食品加工等为主要功能的食品生产板块；在百色大道南侧打造以行政办公、科技服务、商业休闲等服务业为主的综合配套板块。

"多功能区"。食品加工板块内，结合产业规划，在西部、中部、东部依次规划形成果蔬加工集聚区、粮油加工集聚区和畜禽加工集聚区；在粮油加工集聚区和畜禽加工集聚区之间，结合河道保护和畜产品加工隔离的要求，利用右江支流，打造主题公园展示区；在产业服务板块内，结合中农联项目形成综合服务区；在中农联项目西侧，打造产业双创孵化区。

4.3 用地布局

园区规划总用地面积132.74公顷，其中建设用地面积132.31公顷，占总用地面积的99.67%；水域面积0.43公顷，占总用地面积的0.33%。建设用地中，公共管理与公共服务设施用地4.93公顷，占总用地面积的3.72%；商业服务业设施用地23.75公顷，占总用地面积的17.90%；工业用地68.46公顷，占总用地面积的51.57%；道路与交通设施用地21.04公顷，占总用地面积的15.85%；绿地与广场用地14.12公顷，占总用地面积的10.64%。用地构成情况如表4-3-9。

表 4-3-9　园区规划用地平衡表

类型代码			用地性质	用地面积（公顷）	所占比例（%）
建设用地				—	—
A			公共管理与公共服务设施用地	—	—
其中	A1		行政办公用地	—	—
	A3		教育科研用地	—	—
		A35	科研用地	—	—
B			商业服务业设施用地	—	—
其中	B1		商业设施用地	—	—
		B11	零售商业用地	—	—
M			工业用地	—	—
其中	M2		二类工业用地	—	—
S			道路与交通设施用地	—	—
其中	S1		城市道路用地	—	—
	S4		交通场站用地	—	—
		S42	社会停车场用地	—	—
G			绿地与广场用地	—	—
其中	G1		公园绿地	—	—
	G2		防护绿地	—	—
非建设用地				—	—
E1			水域	—	—
规划范围				—	—

各项用地布置图和效果图如下图4-3-18、图4-3-19：

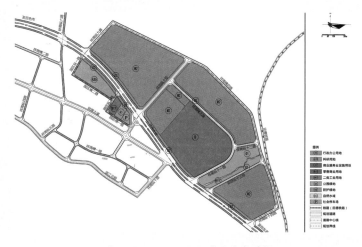

图4-3-18　园区规划用地布置图

图4-3-19 园区规划效果图

第6章 综合交通

6.1 规划原则

在构筑合理道路交通网络骨架的基础上，保证支路系统与局部路网的弹性，适应用地功能调整与地块规模调整的需要。……

6.2 对外交通

6.3 内部道路系统

6.3.1 道路等级划分及红线宽度

规划道路系统分为主干路、次干路、支路三级。

（1）主干路……

（2）次干路……

（3）支路……

规划园区横一路、园区横二路、园区纵一路、园区纵二路为支路，与祥周纵九路、祥周纵十路联系，形成园区配套服务环路；规划祥周纵十二路为支路，加强生产内环路与生产外环路之间的交通联系。

通过对不同类型农产品加工企业对建设用地需求的研究发现，单一加工企业建设用地需求集中在50～600亩。园区规划道路划分地块最大约为400亩，最小约为220亩，可通过在规划路网上灵活增减支路，满足园区招商企业对用地的实际需求，避免土地低效开发。结合园区规划道路情况，建议可沿园区纵二路、祥周横三路等道路延伸增加支路（图4-3-20）。

……

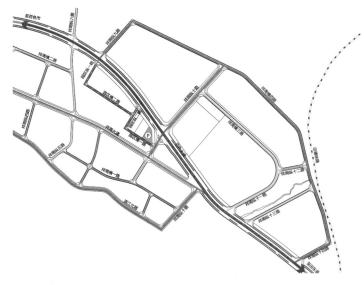

图4-3-20　道路系统规划图

……

第12章　城市设计导引

……

12.2　建筑风貌设计导引

建筑高度。建筑高度控制在24米以内，其中，行政办公类建筑高度控制在24米以内，科研类建筑高度控制在18米以内，形成错落有致的天际线。

建筑体量和尺度。行政办公建筑体量可稍大，尺度适中；商业与科研类建筑以中、小体量为主，在建筑布局上应错落有致，营造以人为本的空间尺度。

建筑色彩。采用柔和的中性色彩，与特色小镇"宋城古韵"的建筑风貌相协调，以青（灰）瓦粉（白）墙为主。建筑色彩注重冷暖色调的协调应用，主色调以冷色为主，暖色调运用于局部，起到画龙点睛的作用（图4-3-21）。

建筑风格。采用新中式建筑风格，保留中式建筑的神韵和精髓，追求人与环境的和谐共生。以坡屋顶为主，局部采用平屋顶，依据建筑功能需求，通过现代材料和设计手法，融入创意芒果元素，形成具有祥周特色的新中式建筑风格。

建筑材料。以青瓦、砖墙、天然石材、外墙涂料为主要建筑材料，以木材、玻璃、壁纸等为辅助材料，融入当地建筑色彩，将传统建筑风韵与现代舒适美感融于一体。

12.3　绿色建筑设计导引

节地。要在满足生产工艺的前提下，采用联合厂房、多层建筑、地下建筑或利用地形高差的阶梯式建筑方式进行建设；公用设施与工业厂房应统一规划、合理共享。

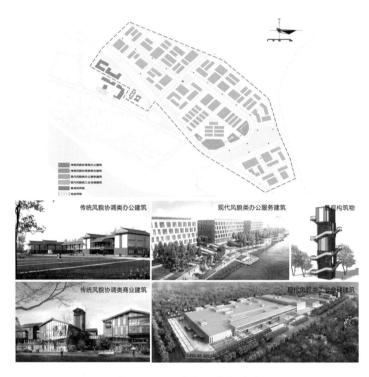

图4-3-21 城市设计导引图

节能。工业建筑能耗的范围、计算和统计方法应符合国家现行的《绿色工业建筑评价标准》(GB/T 50878)相关规定，单位产品（或单位建筑面积）工业建筑能耗指标应达到国内同行业先进水平。

节水。单位产品取水量的范围、计算和统计方法应符合国家现行的《绿色工业建筑评价标准》(GB/T 50878)相关规定，单位产品取水量指标应达到国内同行业先进水平。

节材。园区建筑不得使用国家禁止的建筑材料或建筑产品，应使用国家批准推荐的建筑材料或产品；主要厂房建筑结构材料合理采用高性能混凝土或高强度钢材；园区建筑在保证性能的前提下，可选择使用以废弃物为原料生产的建筑材料，且占可用同类建筑材料总量的比例不低于30%；建筑选材应考虑材料的可循环使用性能，在保证安全和不污染环境的情况下，可再循环材料使用量占所用相应建筑材料总量的10%以上。

第13章 规划管理与开发控制

······

13.2 开发控制

13.2.1 开发强度控制

规划顺应园区产业功能需求，以地块为单位进行控制，对公园绿地、防护绿地、社会停车场用地不做开发强度控制。将规划区域划分为四个开发强度层级进行控制：

（1）FAR ≤ 1.0

（2）1.0 < FAR ≤ 1.2

（3）1.2 < FAR ≤ 1.5

（4）1.5 < FAR

行政办公用地容积率控制在1.5以下；科研用地容积率控制在1.2以下；中农联已批项目容积率控制在1.0；零售商业设施用地主要用于园区配套商业建设，同时可结合工业旅游发展休闲旅游配套服务，建议容积率控制在1.5以下；工业用地容积率不低于1.1，投资强度不低于747万元/公顷。

13.2.2 建筑高度控制

依据总体规划要求，与祥周镇镇区控制性详细规划充分衔接，结合园区功能布局和开发强度确定建筑的限制高度。规划区建筑以多层为主，按照三个层级进行建筑高度控制：

（1）建筑高度0～15米

（2）建筑高度15～18米

（3）建筑高度18～24米

行政办公建筑最高不超过6层，不高于24米；商业建筑最高不超过6层，不高于24米；科研办公建筑最高不超过6层，不高于18米；工业建筑结合农产品加工建筑特点，以1～2层为主，建议不高于15米；规划已批中农联项目依据其控制性详细规划控制在24米以内。

13.2.3 建筑退界控制

沿用地边界和沿城市道路、水系两侧及电力线路走廊的建筑，其退让距离除必须符合消防、防汛、日照和交通安全等方面的要求外，应同时符合本次规划的控制要求。

......

（本案例精选章节由本院的张志强、江婷、曹干和杜孝明等

主要规划编写人员提供）

第四章 乡村空间规划——村庄规划

案例4-4-1

黑龙江饶河县四排赫哲族乡四排村村庄规划
（2019—2030年）

■ 第一节 规划评述

一、规划背景

村庄是乡村振兴的基本单元，村庄规划是推进乡村建设发展的重要前提。2019年，农业农村部规划设计研究院启动"规划师下乡"活动，选定黑龙江省饶河县四排赫哲族乡四排村作为重点村之一，为其编制村庄规划。

黑龙江省饶河县四排赫哲族乡是全国仅有的3个赫哲族乡之一，有《乌苏里船歌》诞生地、华夏祈福第一乡之称。四排村距县城22公里，是四排赫哲族乡政府所在地。全村总面积22平方公里，耕地1.85万亩，总人口504人，其中赫哲族人口201人。境内地势平坦，泡泽密布，水资源丰富，主要农作物为水稻。2014年启动城镇化试点建设，中央投资3亿元在四排村建设居民小区，全乡人口集中居住。全村水、电、路、讯全部解决，文化站、卫生院、小学等一应俱全。经济已经实现从单一的渔猎生产到种植、养殖、旅游、渔猎等多渠道增收的转变，昔日的小边村早已变成富饶美丽的新农村。四排村现有条件已处于全国较高水平，但也正处于一个新的发展平台期，与实现乡村振兴"二十个字"总要求存在一定差距。

二、规划特点

1. 系统梳理问题，合理构建路径

四排村既是抵边村，又是少数民族村，两个特殊"身份"使该村拥有国家支持力度大、民族文化特色鲜明等优势，但也由于其受到地处偏远、交通不便等因素所限，造成资本、人才等资源要素流入困难，村庄人气不足，农旅融合不够等问题。《规划》确定了"边境巩固和特色保护类村庄"的双定位。提出了"一个率先、两个优化、三个突破、四个提升"总体要求，即乡村振兴在全省率先实现，村庄布局和产业结构明显优化，农业高质量发展、体制机制创新、文化保护与旅游开发实现重大突破，绿色农业发展水平、生态宜居水平、村庄治理水平、村民幸福感显著提升。勾勒了"高地、宝地、胜地、要地"四条建设路径，即：绿色发展，打造生态产品高地；文化铸魂，打造文脉传承宝地；旅游引爆，打造民族旅游胜地；机制创新，打造基层治理要地。实现了"空间规划+产业发展+旅游策划+村庄建设+人居环境"全面整合。

2. 科学利用土地，系统布局空间

《规划》提出了"绿色水稻+绿色水产"两大基础产业和"民俗产品+民俗旅游"两大特色产业的空间本底，落实了"三区三线"空间管控要求，应用了生活圈理论构建了"生产、生活、生态"空间的融合布局。村域层面，提出了以中心村为驱动核心，以乡村旅游线为连接纽带，以大田生产和渔猎生产为空间基底，以主题游园为增长极点的"一心、两带、两区、多园"空间结构。村庄层面，聚焦产业融合、管理服务、康养度假、民族文化体验等主体功能，形成了美食和文创"两街"，以及赫哲民族风情、渔村部落民宿、农耕年华体验、国际康养度假、古村小镇商业、公共服务、生活居住、加工仓储、马架子遗址公园和战略留白发展"十区"的村庄布局。

3. 深入挖掘文化，强化风貌引导

《规划》深入挖掘了该村赫哲民族文化，提出了"一路向东去饶河·诗和远方在赫哲""乌苏里船歌诞生地·华夏祈福第一乡"的旅游形象，策划了"唱游乌苏里·寻梦赫哲乡"等十大旅游项目和宣传口号，编制了历史文化传承保护和开发利用方案，彰显了以鱼皮为服、以渔猎为生、以地窖为居、以萨满为神的赫哲族文化特色。在此基础上，《规划》立足自然山水格局，传承了民族历史文脉，延续了村庄街巷肌理，从宏观、中观、微观三个层面提出了风貌引导方案，打造集聚民族风韵和时代特征的边境少数民族村庄风貌。

4.尊重村民意愿，共商规划方案

农业农村部规划设计研究院工作人员联合黑龙江省农业农村厅有关同志赴四排村开展了规划调研。规划组先是对全村进行了地毯式勘察和走访，紧接着组织了2次全村座谈会和4次专题交流会，并设立了现场办公室接访村民意见。小组成员每天走村入户，生客变熟人，村民经常主动反映情况、表达诉求。在座谈会上、农户家中，在车上、在餐厅，小组成员都在和乡村干部、村民探讨四排村发展问题。同时，为了提高规划的可读性和操作性，《规划》采用了生动易读的表达形式，如形象定位和宣传口号多采用诗歌形式，读起来朗朗上口、通俗易懂，便于村民理解与实施。

三、规划实施

《规划》获得省、乡、村领导的一致认可。已推动"绿色水稻"和"绿色水产"两大产业快速发展，水稻种植、水产养殖、稻米水产加工、民族手工、自驾营地、乡村民宿等项目逐步落地，村庄风貌改造、旅游配套设施建设有序推进。

■ 第二节　编写目录

《黑龙江省饶河县四排赫哲族乡四排村村庄规划（2019—2030年）》编写目录

总则
第1章　村庄现状
　1.1　县、乡基本概况
　1.2　四排村基本情况
　1.3　上位规划解读
　1.4　优势与问题
　1.5　建设诉求
第2章　总体思路
　2.1　村庄定位
　2.2　规划原则
　2.3　规划目标
第3章　空间布局
　3.1　村域布局
　3.2　村庄布局
第4章　乡村产业发展
　4.1　绿色水稻

　4.2　绿色水产
　4.3　特色产业
第5章　村民住房建设
　5.1　各类住宅规划重点
　5.2　院落与住宅设计
第6章　文化保护与旅游开发
　6.1　弘扬乡村文化
　6.2　发展乡村旅游
第7章　公共服务设施
第8章　道路交通
　8.1　对外交通
　8.2　村域道路
　8.3　村内道路
第9章　基础设施
第10章　村庄风貌引导
　10.1　风貌元素解析

（续）

《黑龙江省饶河县四排赫哲族乡四排村村庄规划（2019—2030年）》编写目录	
10.2　宏观风貌引导	第12章　乡村治理与体制机制创新
10.3　中观风貌引导	12.1　健全乡村治理体系
10.4　微观风貌引导	12.2　体制机制创新
第11章　生态环境保护	**第13章　投资估算与效益分析**
11.1　生态系统保护与修复	13.1　规划投资与重点项目
11.2　农业绿色发展	13.2　建设时序安排
	第14章　保障措施

■ 第三节　精选章节

......

第2章　总体思路

2.1　村庄定位

在边境巩固和特色保护类村庄类型下，综合考虑村区位交通、资源环境、文化特色、发展基础和上级要求等因素，将四排村定位为"边陲明珠·赫哲名村·颐养胜地"，在全省率先实现乡村振兴，成为"两山理论饶河样板，诗意栖居赫哲模版"。

边陲明珠。四排村既是一个位于中俄边境一线的抵边村屯，是实施安边固边兴边政策的载体，更是乌苏里江沿线少数民族特色村屯，是彰显和传承中华优秀传统文化的重要载体。通过全方位的文化保护、旅游开发、产业引导、村庄整治、生态建设和乡风治理等系列措施的开展，力争将四排村打造为中俄边陲的闪亮明珠。

赫哲名村。四排赫哲族乡是全国仅有的3个赫哲族乡之一，四排村不仅承载了四排赫哲族乡全部人口，更是赫哲族代表歌曲《乌苏里船歌》的诞生之地。通过深度挖掘赫哲族文化内涵，弘扬赫哲族独特的渔猎文化、说唱文化、服饰文化、建筑文化、萨满文化和民俗文化，把文化元素深度融入民族村落的风貌改造、旅游产品的开发营销、文化生活的精神骨髓，力争将四排村打造为赫哲风韵的文化宝地。

颐养胜地。四排村是城镇化试点和民族旅游开发的先锋村，不仅拥有卓越的生态环境和珍贵的民族文化，更具备较为完善的生活和旅游服务设施。通过大力开发文化旅游和养生养老相关项目，引爆康养和休闲旅游市场，推动农房变客房、家园变公园、园区变景区、绿水青山变金山银山，力争将四排村打造为山水相依、稻香四溢、歌声萦绕的颐养胜地。

......

2.3 规划目标

到2025年，在全省率先实现乡村振兴，赫哲民族特色村的地位更加稳固，产业发展水平大幅提高，生态宜居环境扎实推进，乡风文明程度明显提高，乡村治理方式更加有效，共同富裕迈出坚实步伐，成为黑龙江省生态产品高地、文脉传承宝地、民族旅游胜地。

产业发展水平大幅提高。绿色江稻、绿色江鱼、特色经作产量分别达到5 000吨、120吨、4 000吨，绿色农产品加工转化率达到90%以上，农业总产值达到5 200万元以上，年吸引境内外游客32万人次以上，旅游总收入3亿元以上。

生态宜居环境扎实推进。农业绿色生产方式全面推行，农业面源污染得到有效治理，秸秆综合利用率达100%，农膜、农药包装物回收利用率达90%以上。农村人居环境大幅改善，村庄绿化率达50%以上，农村生活污水处理率达100%，农村生活垃圾处理率达100%，"乌苏里船歌诞生地"更加秀美。

乡风文明程度明显提高。……

乡村治理方式更加有效。……

共同富裕迈出坚实步伐。……

到2030年，全面实现村业强、村庄美、村民富，成为全国边境少数民族乡村振兴的样板，绘就多彩乌苏里江渔村美丽画卷，"诗和远方——四排村"成为全国知名、国民向往的颐养胜地。

第3章 空间布局

3.1 村域布局

3.1.1 落实"三区三线"划定

结合饶河县与四排乡国土空间规划相关要求，对四排村域进行了"三区三线"的落实与校核，其中"三线"主要落实上位规划确定的生态保护红线、永久基本农田和村庄建设用地边界；"三区"主要根据功能用途分为生活空间、生产空间和生态空间三类空间（图4-4-1）。……

3.1.2 空间布局结构

按照饶河县主体功能区规划、农业农村发展规划和四排乡城乡总体规划等，结合当地资源环境承载力和国土空间开发适宜性评价结论，按照"多规合一"在村域空间层面的要求，遵循全县乡村振兴战略规划的定位指导，规划将以公共管理、商业服务和赫哲族文化体验为核心驱动力，以乡村旅游观光带为联动集聚力，构建起"一心、两带、两区、多园"的空间布局结构，形成"向点集聚、沿带展开、全面发展"的村域发展格局，推动四排村集聚、高效发展（图4-4-2）。……

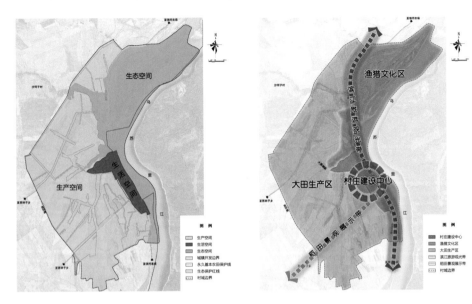

| 图4-4-1　村域"三区三线"落实图 | 图4-4-2　村域空间布局结构图 |

3.1.3　土地用地调整

村域土地主要包括村庄建设用地和非建设用地。依据《黑龙江省国土空间规划用地分类标准（T/HSUO 0001—2019）》和《黑龙江省村庄规划编制导则（T/HSUP 0002—2019）》，将全村分为2大类、7中类、13小类和14微类。通过规划调整，规划建设用地1 623.27亩，占总用地面积的4.87%；非建设用地31 699.33亩，占总用地面积的95.13%。

3.2　村庄布局

3.2.1　功能分区

立足资源禀赋、产业基础和空间布局，聚焦产业融合、公共管理、商业服务、康养度假、民族文化体验、美食品尝和生态宜居等主体功能，规划将村庄建设用地划分为国际康养度假区、加工仓储晒场区、渔村部落民宿区、四排公共服务区、赫哲乡生活居住区、古村小镇商业区、农耕年华体验区、赫哲民族风情区、战略留白发展区和马架子遗址公园10个功能区；规划了美食街和文创街。……

3.2.2　建设用地调整

……

第4章　乡村产业发展

充分挖掘四排村产业发展潜力，开发该村农业多种功能，推动一二三产业融合发展，聚焦"绿色水稻"和"绿色水产"两大产业，突出"绿色生态"和"优质良品"两大特征，延长产业链、提升价值链，为饶河描绘"稻谷丰饶·鱼跃江河"盛世宏图。

4.1 绿色水稻

引乌苏里江水灌溉，建高标准水稻良田。……

推长粒优质香米，建新品种试验展示田。以黑龙江省农业科学院水稻研究所等为技术依托，建设50亩水稻新品种试验田，每年有针对性地开展20种品种试验，从中选择适宜四排积温和环境，同时品质、产量表现优良的长粒、香米品种作为优质品种储备。

树绿色生态理念，建标准化生产基地。建设1万亩绿色优质水稻标准化种植基地。……

抓"鲜、香"高品质特色，强稻米加工包装。建设稻谷晾晒贮藏场及稻米加工车间，配套建设稻谷烘干冷藏保存设施、稻米恒温冷藏系统等，实现稻谷随销随碾，保障稻米新鲜度；引进先进的包装线等，提升稻米包装水平。加强碎米等副产物综合利用，充分挖掘赫哲酒文化，利用碎米等酿造赫哲传统粮食酒。

打"净水、生态"牌，推"乌苏里江香"品牌营销。借势乌苏里江畔良好生态、优美风光，打好乌苏里江"净水"牌、绿色生态稻米牌，着力打造"乌苏里江香"大米品牌。积极对接"饶河大米"地理标志，以"饶河大米＋乌苏里江香"双标识形式宣传推介。逐步开展绿色、有机食品认证。借助赫哲民族乡旅游产业优势，通过开江节等节会，利用自媒体和传统媒体进行品牌营销。

4.2 绿色水产

以"三花五罗"为源，建设水产良种繁育中心。通过饶河县水产总站，与中国水产科学研究院黑龙江水产研究所、东北农业大学、黑龙江生命职业技术学院等科研院校合作，建立联合实验基地，选育、开发经济价值较高的乌苏里江鱼类品种，突破人工繁育技术壁垒，进行繁育技术示范推广。……

以乌苏里江为本，打造生态渔场。利用乌苏里江四排乡段鱼类多、水面大、水质优、不用药、不投喂的特点，在马场岛滩、门前滩、小青河滩建设自然生态渔场。……

以自然优质为先，发展"人放天养"。在大雁湖进行人工投苗、自然放养的生态养殖模式，放养品种主要为翘嘴鲌、鳜鱼、哲罗鱼等名特优鱼类，配养鲤鱼、鲫鱼、草鱼、鲢鳙等大宗淡水鱼类。……

以绿色稻田为基，推进"综合种养"。……

以旅游手礼为主，引导特色加工。结合赫哲族渔猎文化，引导赫香食品有限公司以传统手工艺与现代工艺相结合的方式生产特色化、多样化、高附加值的鱼类产品。一是发展以初加工为主的冰鲜鱼产品；二是利用鱼肉发展鱼松、鱼肉干、鱼罐头、鱼丸、鱼饺、鱼糕等特色食品；三是利用鱼内脏发展鱼子酱等高端保健食品；四是利用鱼骨、鱼皮等副产物发展鱼皮衣、鱼皮画、鱼皮挂件、鱼骨画等文创产品。

以赫哲渔乡为魂，唱响"乌苏江鱼"品牌。……

4.3　特色产业

高效利用生产生态空间，开展特色经作种植。……

深度挖掘赫哲饮食文化，开展特色食品加工。……

多元开发赫哲传统工艺，开展特色民族产品加工。……

第5章　村民住房建设

5.1　各类住宅规划重点

新建建筑物。新建公共服务建筑应体现严谨、高效、亲民，商业服务建筑宜尊重特色商业的品牌文化需求，注重基座形式及色彩对公众的心理影响，基座装修宜采用天然质感的木质、石材、面砖等材料。建筑形式宜采用坡屋顶，根据功能、美观的需要局部可采用尖顶。建筑色彩控制以淡色浅黄、灰、深红色调为主，节点区域采用桦树白、天空蓝、明黄、草绿等相对明亮的色彩。

改造建筑物。平房区现状的老旧建筑，保持原有农户院落空间，减少现状环境和场地最小冲击，改造重点为建筑屋顶、外立面和院落美化；屋顶可通过加层、增设构架、加大檐口比例等手法进行重点处理，彩钢板屋面统一更换为烧结陶粒灰瓦，增加建筑艺术品味；外立面宜统一设计标识、牌匾、灯箱、空调机等室外设施的位置；庭院围墙、大门统一样式，宜采用木栅栏、仿古木架构大门，提升居住景观的整体效果；楼房区多层住宅，改造重点为楼宇间的美化，将院内蔬菜地全部改为四季常绿、两季有花的绿化植被。……

建构筑物高度。建构筑物高度控制分为三个级别：7米、18米、30米。如高度小于7米的建筑，主要为保留的现状平房居住建筑、公共建筑；小于18米的，主要为4层及以下的现状住宅楼、康养、商业建筑；小于30米的，主要为主题观光塔和大型纪念雕塑等建构筑物。

5.2　院落与住宅设计

……

第6章　文化保护与旅游开发

6.1　弘扬乡村文化

6.1.1　挖掘赫哲民族文化

以鱼皮为服，衣着多彩赫哲。赫哲族地处三江高寒地区，无法种植棉、麻等纺织作物，服饰多以鱼兽皮为主,主要包含鱼皮服、鱼皮靰鞡(鱼皮靴)、兽皮衣、桦皮帽、狍头皮帽、"手闷子"(手套)等,并形成冬穿兽皮、夏穿鱼服的穿衣特点,辅以鱼纹、浪花纹、鹿纹、云纹、鱼鳞纹等图案造型,形成独具赫哲民族特色的服饰文化。

以渔猎为生,食遍美味赫哲。赫哲族大多居住于三江流域的江河沿岸,特殊的自然地理环境造就了赫哲族人以渔业生产和狩猎采集为主的渔猎生产方式。形成了鱼肉为主、兽肉次之、粮食为副的特色饮食文化,其中最著名的为"全鱼宴",包含炖鱼、煎鱼、炸鱼、烤鱼、刹生鱼(拌菜生鱼)、生鱼片、鱼干、鱼毛(鱼松)等各类鱼类美食。

以地窨为居,住享古村赫哲。由于渔猎生产要根据生产季节转移生产地点,因而赫哲族人的住房主要分为临时和固定两种,另外还有存放粮食及杂物的辅助性建筑,主要包括撮罗子、地窨子、草窝棚等临时住房和马架子、正房等固定住房,以及鱼篓子等存储用房,辅以鱼皮窗纸、鱼皮画、桦树画等房屋装饰品,构成了富含赫哲民居特色的居住文化。

以萨满为神,礼拜图腾赫哲。赫哲族在"万物有灵论"和原始崇拜基础上,产生了赫哲族的原始宗教——萨满教,并形成以萨满服饰(神帽、神衣、神裙、腰带、神手套、神鞋等)、萨满神具(神鼓、鼓褪、铜镜、神杖、神石、神杆等)、萨满音乐与舞蹈(跳鹿神、神鼓舞和神杖舞等)和图腾神像(鱼神、蛙神、火神、风神、树身等)为主的宗教文化。

以乌日贡为庆,游艺民俗赫哲。"乌日贡"赫哲语代表"喜庆吉日"之意,是赫哲族独有的民族节日。在节日期间,日间举行叉草球、拔河、摔跤、撒网等特色体育比赛,夜间举行篝火晚会,表演富有民族特色的"伊玛堪""嫁令阔"等文艺说唱,并进行萨满舞蹈、传统撒网捕鱼等原始宗教仪式演绎和民族服装展示等民俗文化活动。

6.1.2 制定文化保护措施

……

6.2 发展乡村旅游

发挥"乌苏里船歌诞生地"和"华夏祈福第一乡"的品牌优势,依托赫哲风情园、大顶子山、乌苏里江等优质景观资源,重点发展民族、乡村、生态休闲旅游,把四排村打造成乌苏里江沿线最具赫哲元素的旅游目的地。

6.2.1 旅游形象定位

(1)旅游形象

一路向东去饶河·诗和远方在赫哲

乌苏里船歌诞生地·华夏祈福第一乡

（2）宣传口号

唱游乌苏里·寻梦赫哲乡

领略界江神韵·感受赫哲风情

中俄边界"鱼米乡"·悠闲渔村"世外源"

美鱼、香米、美船歌·一江、一田、一赫哲

赏界江山水千种风情·品赫哲文化万般神韵

游湿地，湖光山色看飞鸟·绕碧波，赫哲人家品江鱼

6.2.2 客源市场分析

……

6.2.3 十大旅游项目

主要精心打造赫哲农耕年华、赫哲古村小镇、赫哲族风情园、赫哲渔村部落、船歌沙滩浴场、旅居自驾营地、现代化农机展示园、大雁湖湿地渔园、马场国际狩猎岛和马架子遗址公园十大旅游项目。……

6.2.4 经典旅游线路

……

第10章 村庄风貌引导

10.1 风貌元素解析

四排村西靠大顶子山，东临乌苏里江。从地脉看，森林生态系统、乌苏里江、大顶子山为其主要元素；从文脉看，渔猎文化、赫哲民俗风情为其主要元素。充分传承赫哲文化，应以生态、民俗、渔猎文化为风貌引导主线，优化布局，在风貌节点、村庄标识、建筑物风格、街道景观、城市雕塑等方面注入赫哲民族文化符号，呈现一个具有时代特点和边境地域特征的村庄风貌。

10.2 宏观风貌引导

景观风貌开放空间。村庄整体风貌的打造应充分挖掘乌苏里江东岸层峦叠嶂的山峰、宽阔的江面、岛屿等自然资源，充分整合西部大尺度农田生态绿廊和大顶子山等空间元素，形成富有渔村特色的生态格局和开放空间。

景观风貌竖向控制。应以重要的景观展开面为视角，体现村与山、水的关系，控制形成具有韵律变化、节奏起伏波动的天际轮廓线。绘制一幅"赫哲民居觅踪迹，乌苏江畔揽胜景"的美丽画卷。

10.3 中观风貌引导

村庄风貌从中观上分为传统特色风貌区、现代新型风貌区、自然滨水风貌区。

传统特色风貌区。该区以体现历史风貌为主，组织以慢生活为核心内容的度假、娱乐、休闲活动，塑造传统渔猎文化特色的建筑风格。建筑色彩以桦树白、猎狗灰为主色调，浅黄色、深红为辅助色调。建筑以低层低密度为主，多层为辅，建筑体量不宜过大，建筑形式可采用赫哲传统"马架子""撮罗子"式的坡顶、"胡如布"的尖顶、"塔克吐"的架空木楼等。控制开发建设强度，统一标识系统，其上可设置赫哲民族乡的徽标，营造浓厚的赫哲文化氛围。

现代新型风貌区。该区应整合创新赫哲族居住特色，强调地域民族传统建筑符号的提炼和传承，整体塑造现代建筑风格、点缀赫哲族文化建筑符号。建筑色彩以黄、深红色调为主，以多层为主，低层为辅，建筑体量不宜过大，宜采用坡屋顶。控制开发强度，把赫哲族独特的渔猎文化融入现代"洋楼式"新房子，创造良好的生活居住环境。

自然滨水风貌区。该区以近水、亲水为基本理念，结合遗址公园、农耕主题乐园、休闲娱乐、民俗风情等多种功能，建设连续多样的开放空间和活动场所，形成多元化的滨水空间和自然景观。重点控制临江界面空间，沿线地区以低矮建筑和游览设施为主，可设置少量与周边环境相呼应的标志性建筑。

10.4 微观风貌引导

（1）村庄风貌节点

出入口。南出入口，打造有地标含义的雕塑景观，体现地方文化特色，要有醒目、强烈的视觉效果，体现村庄的代言性。设置渔猎主题的入村牌楼，配套绿化亮化及导览展示大屏。北出入口，设置欢送主题的出村标志设施，配套绿化、交通指引。

广场、公园。建设休闲广场——莫日根广场，充分融入赫哲文化元素，中间设置地标式景观"晒网曲船"雕塑，象征赫哲人民捕鱼闲暇时，扣船晒网的意境。控制沿广场建筑高度不超过其距广场中心的距离，控制广场绿化覆盖率不低于50%。控制公园绿化覆盖率不低于70%；铺装、小品等可设置展现赫哲民族文化的徽标。

（2）街道景观

交通性景观干道。强调道路街景立面的连续性，沿街建筑宜有较统一的色彩和形体特征，保证连续性道路景观的形成；建立明确的导向系统，并赋予共同特色，增强城市统一感；加强道路绿化和环境整治，建立生态型绿化系统；加强人性化设计，配备与整体环境相协调的道路设施。

生活性景观干道。强调道路街景立面的凹凸变化和高低错落，创造丰富的街道景观，适宜于近距离、慢速交通和人行交通观赏的特点；道路设施设置考虑人群多种使用需求，充分为使用者提供方便；整治道路绿化和照明，营造亲切、和谐的空间尺度和环境气氛。

（3）建构筑物及庭院风格

建筑均为简中式建筑风格，部分节点根据景观需要可采用俄罗斯特色建筑风格，体现边境小村的特点。以赫哲文化为脉络，传承赫哲人"马架子""胡如布"的居住特点，采用人字坡屋顶、锥形尖屋顶等形式塑造好建筑第五立面，以捕猎、鱼皮画、赫哲图腾等极具赫哲文化特色的元素为装饰山墙，采用多种方式丰富建筑细节。

……

（本案例精选章节由本院的常瑞甫、童俊、张汝楠、王能波和刘欣等

主要规划编写人员提供）

案例4-4-2

贵州威宁县小海镇松山村人居环境整治规划
（2019—2022年）

■ 第一节　规划评述

一、规划背景

在农业农村部发展规划司的组织领导下，农业农村部规划设计研究院于2019年初启动了对贵州省毕节市威宁彝族回族苗族自治县的规划帮扶工作，工作范围为威宁县小海镇松山村。2012年以来，松山村落实上轮村庄规划要求，确立了主导产业，稳步推进村庄道路、市政等各项建设，取得了一定成效。规划团队通过实地踏勘、问卷调查、村民走访、部门座谈等多种形式深入调研，认为目前制约松山村发展的主要瓶颈是村容村貌不佳、生活垃圾随意丢弃、生活污水横流、厕所粪污脏乱等人居环境问题。经与松山村村民、村"两委"及村所在地区各级领导充分沟通后，确

定编制《贵州威宁县小海镇松山村人居环境整治规划（2019—2022年）》（以下简称《规划》）。

二、规划特点

1. 注重调查整理分析，充分体现村民意愿

松山村自然村落布局分散，各自然村间、村民间由于自身状况的差别，对村庄的发展需求也有所区别。《规划》采用样本分类调研法，主要结合自然村距离村部的距离、村民家庭富裕程度等要素，将村民家庭分为不同的样本类型，如村部低收入家庭、偏远自然村高收入家庭等，并按照不同的样本分类，以自然村为单位，每个自然村选取3～5个典型家庭进行访谈和问卷调研，了解村民对自身房屋改造、村内公共服务设施建设、道路修建、村庄环境治理的看法与需求，并以此为基础，总结不同自然村村民对村庄人居环境改善需求的特点，为后续的规划设计提供依据。

2. 优化空间布局结构，打造宜居宜业村庄

松山河是松山村的"母亲河"，松山村内各自然村基本沿松山河布局；省道202从"穿村而过"改为"临村而过"后，松山村在不影响交通可达性，且不受外部车辆干扰的情况下，迎来了新发展机遇。基于上述原因，《规划》应用"廊带辐射布局法"对村庄的空间布局进行了优化提升，提出了"沿松山河、省道202分别打造'两轴'，辐射带动村庄全面改善"的发展思路，其中，沿松山河两侧以强化生态保护为主，打造生态休闲轴；沿省道202两侧以布局村庄重点产业为主，打造特色产业轴。松山村"两轴"的确定，为道路交通改善、河道及沿河环境改善等村庄人居环境整治奠定了基础。

3. 整治思路清晰明确，处理方式环保高效

《规划》从生活垃圾治理、生活污水治理、厕所粪污治理等方面提出了总目标与阶段性目标，引导村庄有重点、有层次、分阶段逐步推进人居环境整治。垃圾治理方面，《规划》提出应用"户分类、村收集、镇转运、县处理"处理模式，在村西南部设置垃圾收集站一处，通过村民自行投放、保洁员集中收集，避免了垃圾随意堆放。生活污水治理方面，《规划》结合该村分散布局、地形复杂等特点，提出采用"多户连片、分散收集、适度集中处理"处理模式，布局多处地下式小型污水处理站均采用"生物处理技术工艺"，污水经生物处理达标后，灌溉周边农田或林地，实现尾水回收利用。厕所粪污治理方面，《规划》提出采用"家庭厕所分户改

造、公共厕所统一设置"统分模式，对家庭厕所实施"旱改水"，通过消除茅厕和简陋旱厕，完成户用厕所无害化改造；公共厕所结合村落布局和乡村旅游项目统一设置。

4. 村容村貌全面整治，注重体现当地特色

《规划》结合松山村实际需求和传统风貌特点，从村庄道路、绿地、民居风貌引导、河道与水体净化等方面分别提出详细整治措施，引导该村着力解决道路不畅、环境不佳、街巷不美等问题。在民居风貌引导方面，《规划》采用黔西北地区乡土建筑"坡屋面、小青瓦、穿枓枋、转角楼、雕花窗、白灰墙"民居风格，并结合村部主要街巷进行了沿街立面改造设计。同时，考虑到村庄财政资金有限，规划团队提出废旧材料再利用、撒种草花等适合松山村、简单易行的村庄景观整治措施，并采用现场指导方式协助村干部发动村民自己动手，直接改善村庄环境。

5. 规划成果形式多样，易读易懂务实好用

按照村民易懂、村委能用、乡镇好管的原则，规划团队除制作了《规划》完整本外，还制作了以"规划结论"为内容、图文并茂的《规划》简本，确保规划成果看得懂、记得住、能落地、好监督。同时结合松山村人畜粪污问题较为严重的情况，还单独编制了《贵州毕节威宁松山村人畜粪污资源化利用与生态循环农业建设方案》。

三、规划实施

《规划》完成后，松山村正在逐步推进人居环境整治工作。生活垃圾治理方面，规划前村庄垃圾在村部统一堆放，规划后已经转变为"垃圾分户收集、统一转运至县城"的模式；厕所粪污治理方面，逐步推进"旱改水"厕所改造工程，截至2020年底，全村已有300余户完成改造；村容村貌方面，按照《规划》提出措施，修缮、装修房屋80余户，松山河河道清淤治理工作稳步推进。

■ 第二节　编写目录

《贵州省毕节市威宁县小海镇松山村人居环境整治规划（2019—2022）》编写目录	
第1章　规划背景	1.3　规划期限
1.1　规划意义	1.4　规划依据
1.2　规划范围	

（续）

《贵州省毕节市威宁县小海镇松山村人居环境整治规划（2019—2022）》编写目录	
第2章　现状基础	4.3　厕所改造
2.1　村庄布局	4.4　污水收集及处理
2.2　村容村貌	4.5　基础设施建设
2.3　土地利用现状	4.6　畜粪污资源化利用
2.4　适建性分析	**第5章　树文明新风**
2.5　基础设施	5.1　生活垃圾治理长效机制
第3章　总体思路	5.2　美丽庭院长效机制
3.1　规划思路	5.3　乡土文化传承
3.2　规划原则	**第6章　规划实施**
3.3　规划目标	6.1　加强组织领导
3.4　村庄布局优化	6.2　积极筹措资金
第4章　农村人居环境整治提升	6.3　提升乡风文明
4.1　村容村貌整治	6.4　营造浓厚氛围
4.2　垃圾治理	附：成果表达方式

■ 第三节　精选章节

……

第3章　总体思路

3.1　规划思路

牢固树立新发展理念，全面实施乡村振兴战略，以建设美丽宜居乡村为导向，以推进农村人居环境三年整治行动为依托，以顺应广大村民过上美好生活期待为目标，统筹推进村庄布局布点、农房布置、风貌指引、基础设施等村容村貌提升，重点开展厕所改造、垃圾处理、污水处理等生态环境整治行动，促进山水、田园、林地和村庄有机融合，构建生活垃圾治理、美丽庭院等人居环境长效机制，精心打造区域乡村振兴典型示范村，实现村庄绿化美化亮化，建成绿意萦绕、整洁秀美、生活多姿、和谐奋进的美丽幸福新松山。

……

3.4　村庄布局优化

布局思路。以景区化理念规划村庄，重点从空间结构、用地布局、道路交通、绿地景观、河流水系、公共设施六大方面进行重新梳理和优化，为村民宜居生活和未来乡村旅游发展创造一个布局合理、自然健康的生活环境。

空间结构。结合区域地形地貌、道路交通、产业现状和村庄现状等，因地制宜地提出松山村空间发展结构为"一心、两轴、五板块"空间结构（图4-4-3、图4-4-4）。……

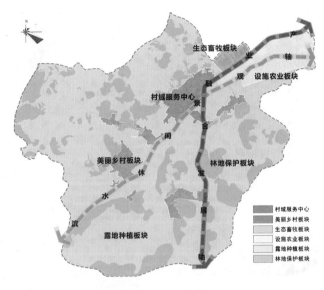

图4-4-3 空间结构规划图

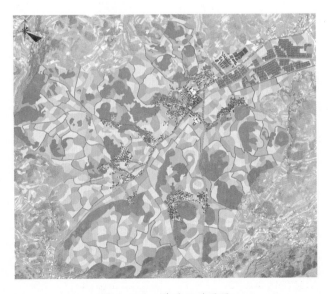

图4-4-4 总平面效果图

第4章 农村人居环境整治提升

4.1 村容村貌整治

4.1.1 建设思路

针对松山村现状较为突出的村容村貌问题，因地制宜进行规划。重点包括丰富并完善道路系统建设、结合农业景观打造多级绿地体系、依据民居质量引导农房整治与新建、修复河道水体塑造滨水空间、优化主要街道展示乡村风貌等。希望通过规划的积极引导，着力解决松山村环境不佳、街巷不美的问题。

4.1.2 建设重点

（1）村庄道路整治

为满足村民日常出行的要求，规划区道路形成多级交通体系，分别为过境交通、区域主路，村庄干路（主干路和次干路）、支路和步行路（图4-4-5）。

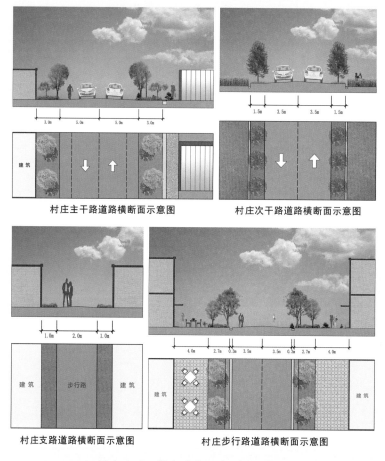

图4-4-5 村庄道路交通断面设计图

过境交通。过境交通主要为X778县道及改道部分，形成松山村主要对外交通线路。

村庄主路。指X778县道西侧的主要村庄道路，形成串联村庄的村庄主路。

村庄次路。指每个村庄组团中的主要道路，形成串联村庄内部的村庄次路。

村庄支路。指村庄内其他等级较低的道路。

步行路。指原X778县道从村部前穿过的部分，形成以展示、体验、娱乐等功能于一体的步行路。

（2）村庄绿地整治

根据绿地功能不同，村庄分为多个等级的绿地体系，分别为院内绿地、街旁绿地、广场绿地、生态绿地和农业绿地。

院内绿地。指的每家每户庭院内部的绿地，既可作为农业种植使用，也可进行花卉苗木等景观植物种植使用，丰富院落的景观效果。

街旁绿地。指院落与院落之间布局的绿地，作为主要的街巷绿化使用，丰富街道的绿地体系，构建良好的生态环境。

广场绿地。指在广场和公共活动空间设置的绿地，主要以花卉种植为主，强调村民在休闲活动中的体验感。

生态绿地。指村域内的生态林地。

农业绿地。指村域内的农业种植用地，通过农业种植，丰富村庄的多层级绿化体系。

（3）民居整治与风貌引导

根据规划区建筑质量情况，将现状建筑分为保留、改造、修缮、拆除和新建五大类，并根据当地的文化风格和建筑形式，对现状建筑提出整治和引导方案。

保留类。以主街道两侧的建筑为主，现状建筑较新，建成时间较短，多采用砖混结构、框架结构，建筑形式符合当地传统模式和要求。这部分建筑全部保留，仅做必要的维护（图4-4-6）。

图4-4-6　保留类建筑意向图

改造类。穿插分布在村庄中，和保留建筑一样，现状建筑较新，但建筑形式不符合当地传统的模式和要求，如屋顶未采用统一坡屋顶样式，使用了平屋顶。建筑立面不是白色或浅色，使用了绿色等颜色。这部分建筑因建造时间较短，同样进行保留，但为了与周边建筑样式统一，应进行统一改造（图4-4-7）。

图4-4-7　改造类建筑意向图

修缮类。绝大部分村庄符合当地传统模式和要求，体现当地文化特色和风土民俗，这部分建筑以保留为主。但建筑年代较为久远，多为木质房屋和土坯房，由于缺乏修缮，部分建筑出现了破损和墙壁裂缝的问题，为了规避可能出现的房屋倒塌问题，需要进行统一的修缮，例如破损窗户、门等的修复与更换，屋顶瓦片的修补，墙壁裂缝的修复，墙体的加固等（图4-4-8）。

图4-4-8　修缮类建筑意向图

拆除类。规划区中存在部分较为残破且无人居住的房屋，该部分房屋不仅影响村庄整体的形象，而且安全隐患较大，存在随时倒塌的危险，且修复难度较大，费用较高，这部分建筑建议立即拆除（图4-4-9）。

图4-4-9　拆除类建筑意向图

新建类。新建原因分为两种，一种是危房拆除后，需要对村民的房屋进行新建，保证村民正常的日常生活。另一种是为村民生活提供保障的公共服务设施和接待设施，包括宾馆、活动中心等。新建建筑需要符合贵州省村庄建设的要求，在建筑形式、建筑高度、建筑色彩上与现状建筑协调统一。根据规划区现状情况和区域建筑特色，选取"小青瓦、坡面屋、穿斗枋、转角楼、雕花窗、白粉墙"作为建筑要素（图4-4-10）。

图4-4-10　新建类建筑意向图

（4）河道整治与水体净化

依据现状河道、水库和水塘等情况，提出清淤、驳岸形式改造和水体净化等整治与引导方案（图4-4-11）……

图4-4-11　河道整治与水体净化意向图

（5）公共设施配套……

（6）重点街巷立面整治

松山村有一条主要的街道，是村民出行、购物、赶集、活动的重要场所，根据街道的现状对其进行改造，美化环境，为村民提供更多的服务活动（图4-4-12至图4-4-14）。

图4-4-12　街景立面现状照片

图4-4-13　街景立面规划总体效果图

图4-4-14　街景立面放大效果图

（7）其他节点设计（图4-4-15）

图4-4-15　其他细节设计效果图

　　村门。在村庄南侧入口处设置村门。选择以木质结构为主具有当地特色的村门，或以石质为主的简约派风格村门。

　　寨门。在中心村步行街北侧，沿村庄入口道路共建设5个寨门。选用小巧且符合当地民居和环境特色的寨门形式。

　　标识系统。选择容易识别且符合当地风格的标识系统。

4.2　垃圾治理

4.2.1　建设思路

规划采用"户分类、村收集、镇转运、县处理"的农村生活垃圾治理模式，重点加强村庄垃圾分类与收集，合理布局废物箱和垃圾收集点位置，鼓励采用密闭式垃圾收集设施，推行适合农村特点的垃圾就地分类和资源化利用方式，以"两筐一凼、分类减量"积极引导开展农村垃圾分类减量工作，着力解决农村垃圾乱扔乱放的问题（图4-4-16）。

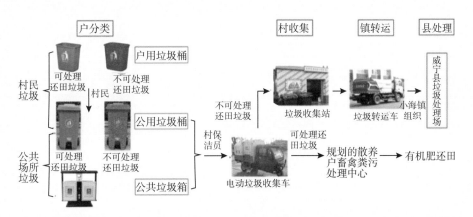

图4-4-16　垃圾收集处理模式及流程图

4.2.2　建设重点

垃圾量。根据人均生活垃圾产生量和人口数，确定生活垃圾量。规划选取人均生活垃圾产生量1千克/人/天，人口数为4 060人，计算得出总生活垃圾量为4 060千克/天。

垃圾分类。生活垃圾实行简洁易懂的"两分法"，分为可处理还田垃圾和不可处理还田垃圾两类。可腐烂垃圾即为可处理还田垃圾，此种垃圾运至规划的散养户畜禽粪污与厕污处理中心进行堆肥，变废为宝，还田利用。不可腐烂垃圾即为不可处理还田垃圾，由小海镇组织运至威宁县垃圾处理场进行集中处理。

垃圾收集设施布置。户用垃圾桶每户配备2个，每个垃圾桶容量以6～8升为宜；公用垃圾桶按照服务农户10户、服务半径50～100米、容积按300～500升进行配置；结合主导风向、交通便捷程度、距村庄远近等因素，在村内设置1个密闭式垃圾收集站进行集中收置，再由小海镇组织运至威宁县进行集中处理，运输过程中应保持密闭或覆盖。另外，在设施农业区、畜牧养殖区应单独设置垃圾收集点，用于生活生产垃圾收集，其中可处理还田垃圾收集后在村内堆肥场进行处理后还田利用（图4-4-17）。

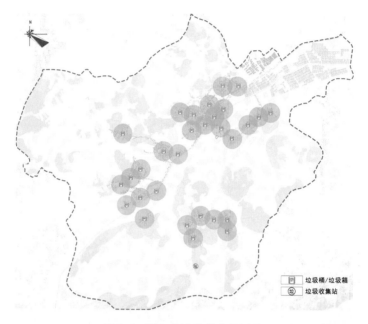

图4-4-17　垃圾收集点规划图

4.3　厕所改造

4.3.1　建设思路

开展农村"厕所革命"宣传活动，宣传农村改厕的重要意义，加强卫生防疫知识等宣传教育，引导农民主动改厕。鼓励农户建设和改造户用厕所为水冲厕所，基本消除茅圈和简陋旱厕，促进农村无害化户用卫生厕所普及率达到90%以上。防范形式主义、面子工程等落后的治理思路，让民众能真正用上卫生厕所，成为最贴心的精准扶贫（图4-4-18）。

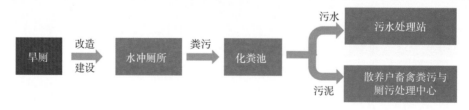

图4-4-18　厕所改造粪污治理流程图

4.3.2　建设重点

公共厕所配置。按照每座公共厕所服务半径200～300米标准配置，村内和步行街区域共设置公共厕所17座，每座规划面积约50平方米，每座服务500～1 000人；畜牧养殖区和设施农业区自行设置内部厕所，不再单独规划（图4-4-19）。

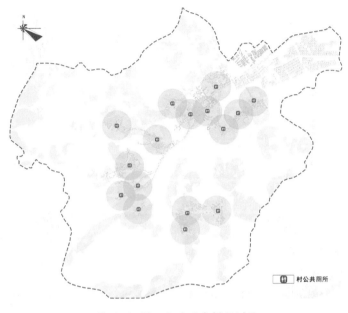

图 4-4-19　公共卫生间规划图

　　户用厕所改造选型。根据村庄实际和村民需求，从三格式化粪池、双瓮漏斗式化粪池和三联通式沼气等类型中，选择当地便捷适用的厕所类型。

　　加强厕所粪污治理。实行"分户改造、集中处理"的模式，使厕所粪污基本得到处理或资源化利用。经化粪池处理后的污水接入污水管网，排至污水处理站进行处理。户用厕所、公共厕所和分散饲养的畜禽粪便及时收集，用密闭容器运送至堆肥场进行堆肥处理。

　　4.4　污水收集及处理

　　4.4.1　建设思路

　　按照"就近建设、分散治理、达标排放、就地利用"原则，排水体制采用雨、污水分流排放体制，根据地形特点沿道路两侧布置排水沟，雨水经排水沟排至村内自然水体；生活污水经化粪池处理后排入污水管网中，最终通过处理达标后回用于农田灌溉，着力解决农村污水横流、水体黑臭等问题。

　　4.4.2　建设重点（图4-4-20）

图4-4-20 污水处理工艺流程图

污水排水量。污水排水量按生活用水量的85%计算,用水定额取80升/人/天,用水人数为4 060人,则总的排水量为276立方米/天。

污水管网。农户厕所、厨房、洗涤池等污水汇集至化粪池,各户化粪池排水口通过排水管道汇集到规划新建的污水处理设施。依地势建设排水管网系统,通过污水管网的建设,实现雨污分流。根据村庄庭院的空间分布情况和地势坡度条件,敷设多户连片污水分散收集的污水管网,把污水收集到污水处理站。污水干管管径为DN200,污水管的起点埋深不小于0.9米,在管道交汇、转弯处,管径或坡度改变处、跌水处及直线管段上每隔40米设检查井。

污水处理设施。根据村庄庭院的空间分布情况和地势坡度条件,建设多户连片污水分散处理站,污水处理站选址在村庄夏季主导风向的下风向、村庄水系下游,并靠近农田灌溉区。污水经污水管网重力排至污水处理站,经处理达到《农田灌溉水质标准》(GB 5084—2005)后,灌溉农田。污水处理站采用生物接触氧化工艺,选用地下式成套设备(图4-4-21)。

图4-4-21 污水工程规划图

......

4.6 畜粪污资源化利用

......

附：成果表达方式

规划成果包括3个部分，分别为《贵州毕节威宁松山村人居环境整治规划（2019—2022年）》完整本、简本和《贵州毕节威宁松山村人畜粪污资源化利用与生态循环农业建设方案》（图4-4-22）。

图4-4-22 《贵州毕节威宁松山村人居环境整治规划》完整本与简本、
《贵州毕节威宁松山村人畜粪污资源化利用与生态循环农业建设方案》

（本案例精选章节由本院的张跃峰、张秋玲、李淼、张月红和宋立秋等
主要规划编写人员提供）

案例4-4-3

湖北来凤县旧司镇后坝村村庄规划（2020—2025年）

■ 第一节 规划评述

一、规划背景

后坝村是湖北省恩施土家族苗族自治州（以下简称恩施州）来凤县特色产业发展重点村。多年来，农业农村部发展规划司在党建结对帮扶过程中，及时帮助后坝村理清发展思路，培育产业发展带头人，扶持发展蔬菜、水果等产业，提升基层

党支部战斗力，促进后坝村取得了较快的发展并成功实现脱贫。但如何做好脱贫攻坚与乡村振兴有效衔接，是当前和今后一个时期后坝村所面临的重大课题。为此，2019年，农业农村部发展规划司组织编制了《恩施州来凤县旧司镇后坝村村庄规划（2020—2025年）》（以下简称《规划》）。

二、规划特点

1. 深入实际调研，解剖问题要害

为了解村庄资源条件、掌握发展现状、查找存在问题、分析优势特色条件，在与州、县、镇政府相关领导座谈交流的基础上，规划组深入到后坝村进行实地调研，与村领导班子座谈，重点访谈了村民代表、回乡创业人员、外来投资企业、合作社和大户负责人等，充分了解各级政府和各类主体想法与建议。通过调研，规划组梳理出了后坝村存在的藤茶产业不稳定、现有蔬菜水果主导产业不成规模、农业农村基础设施较为薄弱、农村三产融合程度不高等问题，为编制好《规划》打下了坚实基础。

2. 明确发展定位，提出规划目标

《规划》充分分析现实基础，结合多方发展诉求，确定了后坝村发展定位，即打造湖北省武陵山区聚集提升类示范村、恩施州脱贫攻坚与乡村振兴有机衔接示范村、来凤县一二三产业融合及村镇融合发展示范村。按照乡村振兴战略总要求，提出了到2025年"乡村产业体系基本形成，生态宜居环境显著改善，乡风文明更见成效，乡村善治不断增强，农民增收渠道不断拓宽"的发展目标，力争把后坝村建设成为新时代脱贫攻坚与乡村振兴有机衔接的村庄典范。

3. 选准主导产业，巩固脱贫成果

《规划》按照恩施州和来凤县等上位规划提出的"重点在旧司镇发展高山蔬菜等产业"的发展定位，充分发挥旧司镇镇区距黔张常铁路来凤站15公里的区位优势，同时结合后坝村水土资源条件，最终选定高山蔬菜、优质水果为主导产业，并提出提升设施装备条件、培育新型农业经营主体、建立帮扶利益联结机制等重点任务，实现产业持续稳定发展。

4. 创新成果表达方式，形成"一图一表一说明"

《规划》在常规、传统成果表达基础上，采用了"一图一表一说明"表达方法，把规划中"三区三线"图、空间结构图、产业布局图、重点建设项目分布图和近期重点建设项目一览表，以及规划说明等以图、表、说明书等形式展示出来，让村民

一目了然、易懂易记。这一表达方式得到了州、县、镇各级政府的肯定，受到了后坝村广大村民的欢迎，确保村民易懂、村委能用、乡镇好管，实现了吸引人、看得懂、记得住、能落地的多重效果。

三、规划实施

《规划》已经得到农业农村部发展规划司、恩施州农业农村局、来凤县农业农村局、旧司镇政府、后坝村村委班子和村民代表的一致的肯定和认可。后坝村正在按照规划内容推动高山设施蔬菜、优质水果两大主导产业的发展，并开始启动设施蔬菜等工程项目建设。

■ 第二节　编写目录

《湖北省恩施州来凤县旧司镇后坝村村庄规划（2020—2025年)》编写目录

第1章　总则
- 1.1　规划背景
- 1.2　规划依据
- 1.3　规划期限
- 1.4　规划范围

第2章　村庄概况
- 2.1　区位交通
- 2.2　社会经济
- 2.3　人口现状
- 2.4　用地现状
- 2.5　产业发展概况
- 2.6　资源环境现状
- 2.7　农村人居环境现状
- 2.8　建筑风貌现状
- 2.9　基础设施与公共服务设施现状
- 2.10　基层党组织建设现状

第3章　现状综合评价
- 3.1　发展优势分析
- 3.2　存在问题

第4章　总体思路与目标
- 4.1　村庄定位
- 4.2　发展思路
- 4.3　规划原则
- 4.4　发展目标

第5章　空间布局
- 5.1　村域空间管控
- 5.2　土地利用
- 5.3　空间布局
- 5.4　产业布局

第6章　农业产业发展
- 6.1　主导产业选择
- 6.2　发展建设重点

第7章　生态环境保护
- 7.1　推进化肥农药减量
- 7.2　推进农业废弃物资源化利用

第8章　农村人居环境整治
- 8.1　加快农村改厕进程
- 8.2　建立垃圾处理体系

（续）

《湖北省恩施州来凤县旧司镇后坝村村庄规划（2020—2025年）》编写目录	
8.3 推进生活污水治理	第12章 村庄基础设施与公共服务
第9章 村庄风貌引导	12.1 完善基础设施
9.1 空间风貌引导	12.2 强化公共服务
9.2 建筑风貌引导	**第13章 重点项目与投资估算**
9.3 打造特色民宿	13.1 工程项目
第10章 文化保护与开发	13.2 投资估算及资金筹措
10.1 保护特色文化	13.3. 效益分析
10.2 丰富村庄文化	**第14章 保障措施**
第11章 村庄治理	14.1 组织保障
11.1 加强基层党组织队伍建设	14.2 政策保障
11.2 促进自治法治德治有机结合	14.3 投入保障
	14.4 机制保障
	附：成果表达方式

■ 第三节　精选章节

......

第2章　村庄概况

2.1　区位交通

后坝村隶属于恩施州来凤县旧司镇，其所在的来凤县位于湖北省西南部、湘鄂渝三省交界处，是湖北的"西大门"。县城北距恩施130公里，南距湖南张家界190公里，西距重庆黔江100公里。2019年底正式通车的黔张常铁路设有来凤站，使此地的区位优势更加显现。后坝村位于来凤县中部，距县城32公里，距来凤铁路站15公里，紧邻旧司镇镇区，区位条件较好。主要对外交通为034县道，通往来凤县城。村内河流洗脚溪北侧为027乡道，南侧为村庄路（图4-4-23）。

2.2　社会经济

2019年后坝村全村经济总收入约2050万元，村集体收入约2.5万元，农民人均可支配收入9600元。主要产业有种植业、养殖业，农家乐等服务业刚刚起步，农民收入来源主要为打工和务农收入。后坝村现有建筑工程队2家，从业人员11人。

近年来，在村"两委"的带领下，反复选择农业主导产业，已初步定型；实施了11组、12组易地搬迁；开展了垃圾、污水处理等乡村环境整治，农村居住环境得到改善；

建设了文化广场、农家书屋、文化活动室、养老院等，实现了自来水、互联网、有线电视等入户，村民文化生活水平得到提高。后坝村先后获得"来凤县社会经济发展先进村""农业特色板块基地建设示范村""恩施州科技示范村"等荣誉称号。

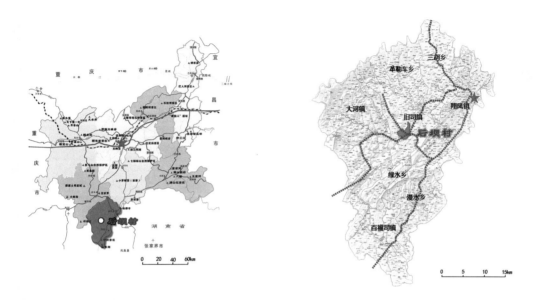

图4-4-23　后坝村区位交通图

2.3　人口现状

后坝村共有12个村民小组，535户（宅基地户498户，拥有住房户454户，常住户376户），总人口1 850人，其中外出务工1 050人。主要民族有汉族、土家族、苗族。户籍人口中，男性956人，占比为51.7%，女性894人，占比为48.3%。学龄儿童276人，占比为14.9%。户籍老年人口247人，占比为13.4%。户籍人口中受中等教育及以上114人，占比6.2%。

2.4　用地现状

后坝村土地全部为集体所有。村域总面积为4.57平方公里（6 852亩），大部分用地为耕地和山林地。其中建设用地662亩，占村域总面积的9.66%；非建设用地4.13平方公里（6 190亩），占村域总面积的90.34%（图4-4-24、图4-4-25）。

建设用地。后坝村建设用地662亩，其中住宅用地451亩；公共设施用地73亩，主要是村委会、养老院、学校、老年活动中心、卫生室等设施用地；道路广场用地99亩，主要为村内道路、文化广场用地；村庄其他建设用地39亩，主要为道路两侧闲置地。

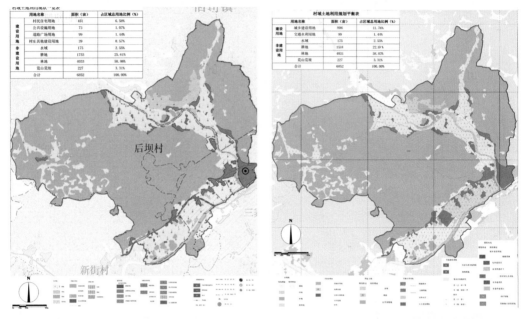

图4-4-24　后坝村土地利用现状图　　　　图4-4-25　后坝村土地利用规划图

非建设用地。后坝村非建设用地4.13平方公里（6 190亩），其中耕地1 755亩，荒山荒坡227亩，林地4 033亩，水域面积175亩。

2.5　产业发展概况

种植业现状。全村可耕地面积800亩，种植业品种包括蔬菜、水果、百合、黄精、玉米等。其中蔬菜面积42亩（包括蔬菜大棚2亩），水果面积110亩，百合面积350亩，黄精基地105亩，其他193亩。

养殖业现状。后坝村畜禽养殖种类主要为生猪、土鸡、小龙虾、鱼等。生猪存栏量为480头，涉及103家养殖户；土鸡存栏量为3 500只，涉及4家养殖户；小龙虾养殖规模10 000尾，鱼养殖3 000尾，有1家养殖户。

……

第3章　现状综合评价

……

3.2　存在问题

主导产业不成规模。蔬菜、水果还未形成规模，种植、加工、仓储、物流、交易等全产业链条亟待完善。……

基础设施较为薄弱。农田水利等农业基础设施建设滞后，灌排设施不完备。农业机械装备不足，设施农业比重小，农产品产后商品化处理设施不足。村庄支路建设不足，仍有两条断头路。农家乐、游览步道等旅游配套设施建设薄弱，旅游接待能力十分有限。

农村三产融合程度不高。产品主要为初级农产品，缺少加工仓储物流设施，电子商务、创业创新等新业态有待发展。农业的多功能性挖掘不足，休闲农业与乡村旅游发展滞后。一二三产业融合不够，带动农民增收能力弱。

第4章　总体思路与目标

4.1　村庄定位

后坝村发展定位为：

湖北省武陵山区聚集提升类示范村

恩施州脱贫攻坚与乡村振兴有机衔接示范村

来凤县一二三产业融合、村镇融合发展示范村

旧司镇后花园

4.2　发展思路

按照"产业兴旺、生态宜居、乡风文明、治理有效、生活富裕"总要求，以后坝村资源禀赋为基础，紧密融合旧司镇区建设，立足蔬菜、水果主导产业，大力发展种养循环生态农业，有力推动一二三产业融合发展，稳步推进美丽乡村建设，把后坝村建设成为新时代脱贫攻坚与乡村振兴有机衔接的村庄典范。

……

4.4　发展目标

到2025年，乡村产业体系基本形成，生态宜居环境扎实推进，乡风文明更见成效，乡村善治不断增强，农民增收渠道不断拓宽。

产业更兴旺。乡村主导产业稳定高效，产品质量明显提高，一二三产业融合发展稳步推进。到2025年，优质蔬菜年产量达到1 500吨，优质水果年产量达到600吨，蔬果等农产品加工、冷链、保鲜能力达到2 000吨，休闲农业和乡村旅游接待人次达到3 000人次。

生态更宜居。……

乡风更文明。……

治理更有效。……

生活更富裕。……

第5章 空间布局

5.1 村域空间管控

5.1.1 落实"三区三线"

结合该县城乡总体规划（2013—2030年）、土地利用总体规划（2006凤县土地利年）和旧司镇来凤县旧司镇全域规划（2014凤县旧司），按照"多规合一"相关要求，划定后坝村村域的"三区三线"，其中"三区"突出主导功能的划分，"三线"侧重边界的刚性管控（图4-4-26）。

5.1.2 空间用途管控

适建区。包括现状已建成区和在规划中划定的可以安排城镇开发项目的地区，主要为地质灾害低易发区和不易发区，以及工程建设适宜性较好的地区。

禁建区。包括村庄内基本农田、梁家坡、龙家坡、老峡河、洗脚溪及村域其他河流、渠道等水域。

限建区。主要为适建区和禁建区以外的区域，后坝村限建区范围主要为一般农田、地势较为平坦的林地等（图4-4-27）。

图4-4-26 村域"三区三线"图

图4-4-27 后坝村空间管控图

5.2 土地利用

......

5.3　空间布局

统筹生产、生活、生态三大空间，构建"两横两纵两区"的空间结构。两横，指穿越6～10组的027乡道和洗脚溪；两纵，指穿越1～5组的034县道和老峡河；两区，指美丽乡村集聚提升区、生态涵养区（图4-4-28）。

5.4　产业布局

按照该村产业发展及未来需求，结合土地承载力等条件，后坝村产业布局为"一心一带七区"。一心，即综合服务中心，兼具乡村建设和产业发展服务中心和乡村旅游服务中心功能；一带，即主导产业发展及休闲农业旅游带，依托"两横两纵"，大力发展设施蔬菜、水果主导产业及农业观光采摘和农家乐；七区，即设施蔬菜生产区，水果生产区，蔬果等加工、仓储、物流、交易区，特色养殖区，休闲农业与乡村旅游区，现有黄精生产区，产业预留区（图4-4-29）。

图4-4-28　空间总体布局图

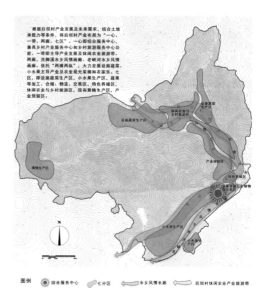

图4-4-29　产业布局图

第6章　农业产业发展

综合考虑后坝村区位条件、资源禀赋、产业基础、市场需求、带动能力等因素，按照"高山蔬菜为主、优质水果为辅、农旅结合"的发展思路，选择高山蔬菜、优质水果为主导产业，因地制宜发展中药材、特色养殖等特色产业。规划期通过提升产业基础，延长产业链条，拓展农业功能，培育村庄经济增长新动能，为后坝村农业现代化奠定坚实基础。

6.1 主导产业选择

6.1.1 高山蔬菜

对接杭州（后坝村对口帮扶城市）、成都以及周边区域的市场需求和已有销售渠道，结合来凤县蔬菜产业发展布局，发挥来凤产地环境好的资源优势，以生姜、大头菜、辣椒等本地名特优产品为重点，大力发展高山蔬菜产业，开展订单生产。建设先进适用的大棚、智能温室等设施，打造辐射周边区域的蔬菜种苗供应中心（工厂化集约育苗温室1000平方米），不断提高优质蔬菜种苗繁育能力。利用当地山区地形和气候条件，建设标准化蔬菜种植基地，配备水肥一体化设施，推广绿色高效栽培技术，不断提高蔬菜供应能力。配套建设净菜加工和分级包装设施、产地冷藏设施，提高商品化处理能力。预计到2025年，后坝村设施蔬菜种植面积将达到300亩，年育苗200万株，蔬菜产量达到1500吨，蔬菜产值达到900万元。

6.1.2 优质水果

对接目标市场需求和已有销售渠道，发挥地方品种优势，积极培育新型经营主体，引导和支持新型经营主体开展水果基地建设，选择柑橘、柚子、桃、梨等地方名特优品种，建设标准化果园，加快地方品种改良，配套产后储藏和分级处理设施设备，不断提高单产水平和果品质量，打造优质的水果生产基地。预计到2025年，后坝优质水果种植面积将达到200亩，产量600吨，水果产业产值达到600万元。

其他特色产业。中药材、特色养殖等产业要立足现状及目标市场需求，以基地建设为抓手，不断提高种养水平和规模。提升现有105亩黄精生产基地标准化水平；稳步扩大生猪养殖规模，配套建设仔猪交易市场和饲料加工厂；进一步做精做靓鱼、小龙虾等特色水产养殖，形成产业新的增长点。预计到2025年，其他特色产业产值总体将达到1500万元。

6.2 发展建设重点

6.2.1 提升设施装备条件

建设设施蔬菜种植基地。在村庄北部洗脚溪两侧的6～10组发展设施蔬菜种植基地300亩，重点建设蔬菜大棚15万平方米，推进标准化基地，配套完善灌溉水源、引水管网、农田灌排等设施，推广绿色蔬菜标准化生产技术，不断优化蔬菜品种结构，选择辣椒、番茄、黄瓜等品种，建成标准化种植基地。发展蔬菜工厂化育苗，建设集约化育苗中心1000平方米，年产种苗200万株，商品化供苗率达到95%以上。蔬菜大棚建设要求高效节约，既坚固耐用又适于各种蔬菜生产技术应用，利于农民提高生产技术。在蔬菜品种选择上，一部分采取订单农业的形式，和农园、果蔬合作社合作，按照成都、武汉等市场订单需求品种，进行标准化生产；另一部分由村集体经济合作组织结合旧司镇、来凤县的市场需求，生产满足本地需求的品种，生产规模应与市场需求做好充分对接。

建设标准化水果生产基地。在村庄南部老峡河两侧的 1～5 组发展水果种植基地 200 亩。按照适地适栽的原则，持续推进标准化新果园建设，逐步完善园地基础设施及装备配套。重点加强土地整理、土壤改良、田间道路、农田水利、防灾减灾、病虫害防控等设施建设。建设蓄水池蓄存天然降水，解决季节性缺水；推广水肥一体化模式，推行有机肥替代化肥，实现绿色生产；鼓励积极引进适应生产需要的先进农机具，推广应用适用栽培品种和技术。水果基地选择柑橘、柚子、桃、梨等名优品种，推行"订单保底、合同价收购、二次分红"的"订单农业"方式，完善农民利益联结机制。

建设一二三产业融合发展设施。加强蔬菜采后初加工设施建设，引进培育新型经营主体建设地头预冷和保鲜冷藏设施，发展净菜加工，提高蔬菜采后清洗、分级、预冷、保鲜、包装等商品化处理水平。加强果品采后初加工设施建设，重点支持经营主体配套简易分选、预冷、包装、保鲜等设施设备，进行商品化包装销售。加强产地交易市场建设，依托良好的区位优势，建设交易大棚、冷藏库、加工处理车间等设施，建成服务旧司镇、辐射大河镇等周边乡镇的区域农产品交易市场。加强电商流通设施建设，引入电子商务企业进农村，引进供销合作社、邮政快递企业等延伸乡村物流服务网络，加强村级电商服务站点建设，推动农产品进城、工业品下乡双向流通。加强全过程农产品质量安全和食品安全监管，建立农产品质量检测和质量追溯体系。加强农家乐、蔬果采摘、休闲垂钓、教育培训等农旅融合设施建设，培育产业发展新业态。

发展其他特色产业。发挥区位优势，为旧司镇生猪养殖配套建设仔猪交易市场（占地 10 亩）和年加工能力 5 万吨的饲料加工厂（占地 30 亩）。进一步做精做靓鱼、小龙虾等特色水产养殖。

……

第13章　重点项目与投资估算

13.1　工程项目

围绕后坝农业农村发展中遇到的薄弱环节，统筹安排中央财政资金、地方财政资金，通过财政资金撬动社会资金投入，重点实施农业产业发展类项目、人居环境整治类项目和基础设施与公共服务设施提升类项目三大类项目，共计22个项目，通过项目建设实现后坝村产业提质增效、农村一二三产业融合发展、乡村美丽宜居。

……

附：成果表达方式

以"一图一表一说明"创新规划成果表达方式（图4-4-30）。

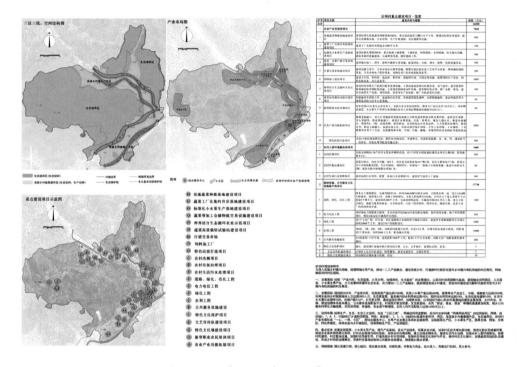

图4-4-30 "一图一表一说明"公示图

（本案例精选章节由本院的徐力兴、谭利伟、崔永伟和徐哲等
主要规划编写人员提供）

主要参考文献

蔡克光，陈烈，2010.基于公共政策视角的城市规划研究进展［J］.城市问题（11）：52-55.

蔡楠，等，2018."多规合一"信息化平台建设与应用探索［J］.青海师范大学学报，3（11）：53-55.

蔡守秋，2000.环境资源法学教程［M］.武汉：武汉大学出版社.

曹春华，2012.村庄规划的困境及发展趋向：以统筹城乡发展背景下村庄规划的法制化建设为视角［J］.宁夏大学学报（人文社会科学版）34（6）：48-57.

曹康，张庭伟，2019.规划理论及1978年以来中国规划理论的进展［J］.城市规划，43（11）：61-80.

曹璐，2018.乡村规划体系的问题与创新方向［J］.中国土地（8）：13-14.

毕凌岚，2018.城乡规划方法导论［M］.北京：中国建筑工业出版社.

边文娟，2015.基于新文脉主义的城市色彩可持续发展研究［D］.天津：天津大学.

陈威，2007.景观新农村：乡村景观规划理论与方法［M］.北京：中国电力出版社.

陈锡文，2021.关于《中华人民共和国乡村振兴促进法（草案）》的说明：2020年6月18日在第十三届全国人民代表大会常务委员会第十九次会议上［J］.中华人民共和国全国人民代表大会常务委员会公报（4）：685-688.

陈锡文，2017.走中国特色社会主义乡村振兴道路［M］.北京：中央文献出版社.

陈学信，2020.二元经济的增长模型分析［J］.山东工商学院学报，34（2）：87-95.

陈运贵，2019.乡村文化振兴的逻辑内涵探究［J］.湖北经济学院学报（人文社会科学版）16（11）：105-107.

陈占祥，1979.雅典宪章与马丘比丘宪章述评［J］.国际城市规划，00（1）：41-42.

程方炎，贺雄，1998.从人本主义到人本主义的理性化：雅典宪章与马丘比丘宪章的规划理念比较及其启示［J］.城市研究（3）：23-26.

程广丽，2019.新时代中国特色社会主义生态文明：逻辑起点、理论实质与重要意义［J］.思想理论教育导刊（1）：34-37.

狄涛，2014.现代田园城市规划理论的溯源与实践研究：以西咸新区为例［D］.陕西：长安大学.

丁文剑，2003.建筑环境设计与中国古代风水理论［D］.江苏：河海大学.

董茜，李金燕，2008.礼制思想在中国传统建筑装饰中的体现［J］.山西建筑，34（25）：43-44.

范国杰，2010.广亩城市研究［J］.山西建筑，360（26）：20–21.

樊启隽，2018.浅析村庄规划中大数据思维及技术策略的应用［J］.智能城市，22（26）：43–44.

高福元，2000.在实践中形成的伟大旗帜：论邓小平建设有中国特色社会主义理论的形成发展、历史地位和指导意义［J］.河北水利·理论学习（1）：54–55.

高密，2012.基于产业结构调整视角下的乡村规划方法初探：以重庆市南川区"三乡"乡规划为例［D］.重庆：重庆大学.

高君，2016.中国农民发展理论研究［M］.北京：人民出版社.

高宁，2012.基于农业城市主义理论的规划思想与空间模式研究［D］.浙江：浙江大学.

高中岗，卢青华，2013.霍华德田园城市理论的思想价值及其现实启示：重读《明日的田园城市》有感［J］.规划师，29（11）.

顾朝林，2018.新时代乡村规划［M］.北京：科学出版社.

关卓然，2017.柯布西耶现代城市规划思想的理想与误区［D］.北京：北京交通大学.

国际现代建筑学会，清华大学营建学系，2007.雅典宪章［J］.城市发展研究，14（5）：123–126.

国家统计局，2006.关于统计上划分城乡的暂行规定［J］.城市规划通讯（11）：12.

韩长赋，2020.抓好"三农"领域重点工作 确保如期实现全面小康：中央农办主任、农业农村部部长韩长赋就2020年中央一号文件答记者问［J］.农村工作通讯（4）：10–13.

韩俊，2018.谋划新时代乡村振兴的顶层设计：中央农办主任韩俊解读2018年中央一号文件［J］.农村工作通讯（3）：20–21.

韩俊，宋洪远，等，2019.新中国70年农村发展与制度变迁［M］.北京：人民出版社.

韩俊，2018.关于实施乡村振兴战略的八个关键性问题［J］.中国党政干部论坛（4）.

郝晓斌，章明卓，2014.沙里宁有机疏散理论研究综述［J］.山西建筑，40（35）：21–22.

何安琪，等，2019.基于海南省"多规合一"的市县总体规划调整完善编制方法研究［J］.价值工程，02：76–78.

贺业钜，1990.商都"殷"规划初探［J］.城市规划，2.

何舒文，2008.分散主义：城市蔓延的原罪：论分散主义思想史［J］.随想杂谈，24（11）：97–100.

胡江伟，2010.中国近代城市规划中的传统思想研究［D］.湖北：武汉理工大学.

胡晓亮，李红波，张小林，袁源，2020，乡村概念再认知［J］.地理学报，75（2）：398–409.

黄爱朋，等，2008.精明增长理论对村庄规划编制的启示：以广州市萝岗区九龙镇麦村村庄规划为例［J］.规划师·规划设计，11：40–42.

黄征学，2019.国家规划体系演进的逻辑［J］.中国发展观察（14）：29–31.

蒋诗贤，2014.建筑风水理论合理性解读［D］.广东：华南理工大学.

吉玫成，黄秋实，2018.近年来国内关于乡村规划的研究综述［J］.城市规划，21（12）：14–16.

贾铠阳，乔伟峰，王亚华，戈大专，黄璐莹，2019.乡村振兴背景下村域尺度国土空间规划：认知、职能与构建［J］.中国土地科学，33（8）：16–23.

焦泽阳，2012.中国传统伦理与古代都城形态礼制特征的历史演进研究［D］.江苏：南京大学.

邵艳丽，王璇，2019.我国乡村规划的理论与应用研究［J］.中国工程科学，21（2）：21–26.

邵艳丽，2017.统筹城乡背景下镇之职能重设［J］.小城镇建设（2）：38–44.

李冰倩，2016.基于风水理论的陕北窑洞村落选址与布局研究［D］.陕西：西安建筑科技大学.

李玲，2011.中国古建筑和谐理念研究［D］.山东：山东大学.

李京生，2019.乡村规划原理［M］.北京：中国建筑出版社.

李京生，2018.村庄规划的主体是村民［J］.农村工作通讯（22）：57–58.

黎国庆，2019."中国乡建院"的乡村建设理念与实践研究［D］.广东：华南理工大学.

林峰，等，2018.乡村振兴战略规划与实施［M］.北京：中国农业出版社.

刘灿,2021.深化学科认知与构建中国特色社会主义政治经济学理论体系［J］.政治经济学评论,12（1）：33–46.

刘国新，王君华，2006.近现代西方城市规划理论综述［J］.特区经济·经济述评，343–344.

刘金梁，等，2012.探风水对乡村人居环境改善的启示［J］.安徽建筑，01（92）：49–50，97.

刘建荣，2019."天人合一"思想的乡村生态文化建设启示［J］.中南林业科技大学学报（社会科学版），13（4）：20–25.

刘立文，2018."三生"视角下县（市）域乡村建设规划的思路与方法：以《灌云县域乡村建设规划》为例［J］.江苏城市规划，11：21–26.

刘沛林，1998.论中国古代的村落规划思想.自然科学史研究（1）：2–8.

刘士林，2020.中国城市规划理念的反思和变革：超越"集中主义"与"分散主义"［J］.同济大学学报（社会科学版），31（3）：39–47.

刘伟毅，胡威，杨娟，2015.新常态：传承与变革：2015中国城市规划年会论文集［M］.北京：中国建筑工业出版社.

刘艳，2018."精明收缩"视角下的乡村规划建设［J］.城乡建设，11：219.

刘亦师，2021.19世纪中叶英国卫生改革与伦敦市政建设（1838–1875）：兼论西方现代城市规划之起源（上）［R/OL］.北京规划建设（2021–04–06）.

雒占福，2009.基于精明增长的城市空间扩展研究：以兰州市为例［D］.甘肃：西北师范大学.

孟祥凤，2019.东北老工业城市用地精明收缩模式研究［D］.吉林：吉林大学.

慕野，2005.集中、分散与分散化集中：以北京总规修编（2004–2020）为例解析我国大城市可持续发展的城市空间结构［D］.辽宁：大连理工大学.

农业部，2003.优势农产品区域布局规划（2003–207年）［N］.农民日报，2–13（7）.

农业部新闻办公室，2012.农业部新闻办公室就《全国现代农业发展规划》答记者问［J］.农民科技培训（4）：4–5.

潘晔，2020.城乡关系研究的演变逻辑与评析［J］.经济问题（4）：77–85.

齐卫平，2020.决胜全面建成小康社会的理论指导和实践指南：习近平总书记关于全面建成小康社会重要论述研究［J］.毛泽东邓小平理论研究（4）：8-15，107.

乔一真，张爱国，2012.风水学对现代城市规划的启示与应用［J］.德州学院学报，28：85-86.

仇保兴，2017.城市规划学心理性主义思想初探：复杂自适应系统（CAS）视角［J］.城市发展研究，24（1）：1-8.

邱瑛，2010.中国近代分散主义城市规划思潮的历史研究［D］.湖北：武汉理工大学.

全国城市规划执业制度管理委员会，2011.城市规划原理［M］.北京：中国计划出版社.

全国咨询工程师（投资）执业资格考试参考教材编写委员会，2018.现代咨询方法与实务.北京：中国统计出版社.

单飞跃，范锐敏，2009.农民发展权探源：从制约农民发展的问题引入［J］.上海财经大学学报11（5）：29-36.

邵志伟，2012.易学象数下的中国建筑与园林营构［D］.山东：山东大学.

史舸，吴志强，孙雅楠，2009.城市规划理论类型划分的研究综述［J］.国际城市规划，24（1）：48-55，83.

宋品颖，2011.浅议中国古民居中的传统文化思想［J］.科技资讯·建筑科学，30（56）：76.

隋斌，2011.农业建设项目管理［M］.北京：中国农业出版社.

谭震林，1960.一九五六年到一九六七年全国农业发展纲要［M］.北京：人民出版社.

陶通艾，2019.湄潭县推进农村公共服务统筹规划探索［J］.理论与当代（5）：36-37.

唐华俊，罗其友，等，2019.农业区域发展学导论［M］.北京：科学出版社.

唐仁建，中央农办主任、农业农村部部长唐仁建解读二〇二一年中央一号文件 全面推进乡村振兴加快农业农村现代化［J］.农民文摘，2021（3）：4-7.

田维波，2012.我国农业发展的空间结构演化及其影响因素研究［D］.西南大学.

童明，1998.现代城市规划中的理性主义［J］.城市规划刊汇（1）：3-7.

王立良，2018.基于可持续发展的乡村发展、规划建设策略与方法：以荆州市观音垱镇朱场村为例［J］.价值工程，32（18）：42-44.

王楠，王娟，2009.卫星城理论体系评述［J］.商场现代化·区域经济（下旬刊）：75-76.

王树进，2011.农业园区规划设计［M］.北京：科学出版社.

王同林，2019.精明收缩视角下铜陵市工业园区优化研究［D］.安徽：安徽建筑大学.

王英，2011.浅析霍华德的田园城市理论［J］.潍坊学院学报，11（1）：51-53.

王影影，2017.精明收缩视角下苏南乡村空间发展策略研究［D］.江苏：苏州科技大学.

王勇忠，2019.《1963—1972年农业科学技术发展规划纲要》研究［J］.当代中国史研究，26（2）：28-36，156-157.

魏晓莎，2019.从二元结构到城乡融合的中国特色农村发展道路研究［J］.农业经济（2）：26-28.

韦亚平，赵民，2003.关于城市规划的理想主义与理想主义理念：对"近期建设规划"讨论的思考

［J］.城市规划，27（8）：49-55.

巫柳兰，2017.传统古村落选址和布局中的风水研究［J］.科教文汇，408：144-145.

巫清华，2011.风水与历史文化村镇保护研究［D］.长沙：湖南师范大学（硕士学位论文）.

武小龙，刘祖云，2013.城乡关系理论研究的脉络与走向［J］.领导科学（11）：8-11.

吴志强，李德华，2010.城市规划原理（第四版）［M］.北京：中国建筑工业出版社.

向岚麟，吕斌，2010.光明城与广亩城的哲学观对照［J］.人文地理（4）：36-40，160.

谢霏雯，吴蓉，李志刚，2016."十三五"时期乡村规划的发展与变革［J］.规划师，32（3）：
　　24-28.

邢翔，2012.论城乡规划的本质［J］.河南社会科学，20（5）：10-12.

徐斌，秦咸阳，2014.汉长安象天法地规划思想与方法研究［D］.北京：清华大学.

许婵，等，2016.后现代主义视角下的城市规划及其对中国的启示［J］.现代城市研究（4）：2-9.

薛安伟，2020.中国构建"双循环"新发展格局的重大意义：学习习近平总书记关于新发展格局的
　　重要论述［J］.毛泽东邓小平理论研究（9）：20-27，108.

杨程程，2021.论新时代创新型国家建设：意义、内涵与路径：学习习近平总书记关于创新型国家
　　建设的重要论述［J］.社会主义研究（1）：69-76.

杨柳，2005.风水思想与古代山水城市营建研究［D］.重庆：重庆大学.

杨凯波，2019.风水理论在扬州城市规划建设中的应用研究［J］.安徽建筑，12（11）：31-32，56.

杨伟民，等，新中国发展规划70年［M］.北京：人民出版社.

杨永恒，陈升，2019.现代治理视角下的发展规划：理论、实践和前瞻［M］.北京：清华大学出
　　版社.

杨峻，蒋子杰，2014.浅议传统风水理论在生态建筑学中的理性表达［J］.中国人口·资源与环境，
　　34（5）：376-379.

杨振之，2011.论"原乡规划"及其乡村规划思想［J］.新农村建设：城市发展研究，18（10）：
　　14-18.

叶超，陈明星，2008.国外城乡关系理论演变及其启示［J］.中国人口·资源与环境（1）：34-39.

叶红，2015.珠三角村庄规划编制体系研究［D］.广东：华南理工大学.

余添，2016.礼制视角下的成都城选址研究［D］.四川：西南交通大学.

叶齐茂，2016.广亩城市上［J］.国际城市规划，31（6）：39，119.

叶齐茂，2016.广亩城市下［J］.国际城市规划，31（6）：54，90.

佚名，2010.如何实施城市规划的主导思想：关于《雅典宪章》与《马丘比丘宪章》之间的关系及
　　变化［J］.中华民居·城市规划（11）：68-73.

佚名，2010.世界城市"精明增长"的理论与实践［J］.学界动态，19（2）：76-78.

余昊东，张霞，刘超，2019.扎实开展"万名干部规划家乡行动"努力建设美丽临沧［J］.社会主义
　　论坛（5）：64.

禹文东，2011.风水理论在园林规划设计中的应用［D］.山东：山东农业大学.

张彩云，2018."多规合一"背景下的村规划编制方法探讨［J］.建筑·节能，12（132）：208-209.

张晨，等，2018.村庄规划调研阶段村民参与方法优化策略研究—来自珠海东澳岛渔村调研实践［J］.小城镇建设，36（10）：67-72，78.

张聪林，2005.基于公共政策的城市规划过程研究［D］.湖北：华中科技大学.

张帆，朱嵘，2005.基于Mcloughlin系统论的城市规划管理研究［J］.规划研究·上海城市规划（4）：13-17.

张京祥，2005.西方城市规划思想史纲［M］.南京：东南大学出版社.

张娟，李江风，2006.美国"精明增长"对我国城市空间扩展的启示［J］.城市管理与科技，8（5）：203-206.

张满银，2020.中国特色区域规划体系研究［J］.中国软科学（5）：72-84.

张小林，1998.乡村概念辨析［J］.地理学报（4）：3-5.

张艳伟，高春雨，余婧婧，莫际仙，覃诚，2018.中国传统农业规划实践与启示［J］.中国农业资源与区划，39（11）：135-141，162.

张映莹，1997.中国古代工官制度［J］.古建园林技术（1）.

张瑜，等2007.从有机疏散到生态城市规划［J］.山西建筑，33（18）：10-11.

张勇，余欣荣，2018.实施乡村振兴战略的总蓝图、总路线图：国家发改委副主任张勇、农业农村部副部长余欣荣解读《乡村振兴战略规划（2018-2022年）》［J］.农村经营管理（10）：7-13.

赵若梅，李嘉林，2012.后现代主义城市规划与设计的理念在中国实践的初步探索：以部分旧工业区的变迁和改造为例［J］.江苏建筑（1）：1-3.

赵鹏军，空路，2016.基于文脉主义的历史小城镇保护规划理念与实践［J］.城镇规划·小城镇建设（12）：45-50.

赵四化，2010.从周礼看早期城市规划思想的礼制特征［J］.山西建筑，36（17）：38-39.

郑财贵，等，2009.论一体化管理的国土整治规划思想：以重庆市璧山县大路镇国土整治规划为例［J］.中国农学通报，25（24）：434-438.

郑国，叶裕民，2009.中国城乡关系的阶段性与统筹发展模式研究［J］.中国人民大学学报，23（6）：87-92.

宗仁，2018.霍华德"田园城市"理论对中国城市发展的现实借鉴［J］.现代城市研究（2）：77-81.

中共中央、国务院印发《乡村振兴战略规划（2018—2022年）》［J］.中华人民共和国国务院公报，2018（29：9-47.）

中共中央关于制定国民经济和社会发展第十四个五年规划和二〇三五年远景目标的建议［M］.北京：人民出版社.

中共中央党史和文献研究院，2019.习近平关于"三农"工作论述摘编［M］.北京：中央文献出版社.

中国城市规划学会，2018. 2018中国城市规划年会论文集［C］.浙江.

中国建筑学会建筑史学分会，1984.建筑历史与理论（第三、四辑）会议文集：关于我国古代城市规划体系之形成及其传统发展的若干问题［C］.江苏：［贺业钜，江苏人民出版社］.

中央农办，2020.坚持和加强党对农村工作的全面领导：中央农办负责人就《中国共产党农村工作条例》答记者问［J］.农村工作通讯（15）：12-15.

周国艳，等，2010.西方现代城市规划理论概论［M］.南京：东南大学出版社.

周珂，顾晶，2019.中国古典美学、乡规民约与乡村规划实践［J］.乡村规划建设（1）：170-183.

周游，魏开，周剑云，戚冬瑾，2014.我国乡村规划编制体系研究综述［J］.南方建筑（2）：24-29.

周游，2016.广东省乡村规划体系框架的构建研究［D］.广东：华南理工大学.

周晓婧，2017.浅谈"天人合一"哲学思想对中国古典园林的影响［J］.美术教育研究·园林与建筑（15）：99.

朱宁，任云英，2016.西方建筑文脉主义思潮及其理性思辨［J］.151（10）：112-113.

朱琦静，2016.精明收缩视角下严寒地区村庄空间优化策略［D］.黑龙江：哈尔滨工业大学.

图书在版编目（CIP）数据

乡村规划理论与实践探索 / 农业农村部规划设计研究院编著. —北京：中国农业出版社，2021.10
ISBN 978-7-109-28837-9

Ⅰ.①乡…　Ⅱ.①农…　Ⅲ.①乡村规划—研究—中国
Ⅳ.①TU982.29

中国版本图书馆CIP数据核字（2021）第207298号

乡村规划理论与实践探索
XIANGCUN GUIHUA LILUN YU SHIJIAN TANSUO

中国农业出版社出版
地址：北京市朝阳区麦子店街18号楼
邮编：100125
责任编辑：张丽四
版式设计：杨　婧　责任校对：刘丽香
印刷：中农印务有限公司
版次：2021年10月第1版
印次：2021年10月北京第1次印刷
发行：新华书店北京发行所
开本：787mm×1092mm　1/16
印张：19.25
字数：400千字
定价：168.00元